生物工程专业特色教材

生物技术产业政策与项目申报

主　编　陈存武　陈乃富

编　委　韩邦兴　孙传伯　王寅嵩
　　　　姚厚军　戴　军　张　莉

合肥工业大学出版社

生物工程专业特色教材

生物技术产业政策

与项目申报

主　编　花海荣　陈芝飞

副主编　李宁丁　朱科先　阮桂海　王宝珍

参　编　刘一飞　俞　霞　方　陈

合肥工业大学出版社

前　言

　　本书根据皖西学院生物工程省级特色专业的人才培养方案和教学大纲的要求编写而成。

　　本书系统地总结了国家有关生物技术的产业政策及安徽省有关生物技术领域的产业政策，列举了与生物技术企业相关的项目申报与实施材料，突出了国家科技计划体系及相关项目实施材料，将生物技术产业政策与项目申报有机结合，并引入相关实例，具有较强的应用性，符合生物技术类企业的实际需求。全书分为生物技术产业政策与生物技术企业的项目申报两部分，共16章。

　　本书可作为高等学校生物工程专业的规划教材，也可作为生物类企业、工厂的在职人员尤其是从事生产和营销的管理人员培训教材和自学参考用书。

　　由于编者水平有限，书中错误缺点在所难免，恳请读者批评指正。

生物工程专业特色课程编写组

2017 年 6 月

目　　录

第一章 "十三五" 国家科技创新规划

依据《中华人民共和国国民经济和社会发展第十三个五年规划纲要》《国家创新驱动发展战略纲要》和《国家中长期科学和技术发展规划纲要(2006—2020年)》编制,主要明确"十三五"时期科技创新的总体思路、发展目标、主要任务和重大举措,是国家在科技创新领域的重点专项规划,是我国迈进创新型国家行列的行动指南。

第一节 迈进创新型国家行列

"十三五"时期是全面建成小康社会和进入创新型国家行列的决胜阶段,是深入实施创新驱动发展战略、全面深化科技体制改革的关键时期,必须认真贯彻落实党中央、国务院决策部署,面向全球、立足全局,深刻认识并准确把握经济发展新常态的新要求和国内外科技创新的新趋势,系统谋划创新发展新路径,以科技创新为引领开拓发展新境界,加速迈进创新型国家行列,加快建设世界科技强国。

一、把握科技创新发展新态势

"十二五"以来特别是党的十八大以来,党中央、国务院高度重视科技创新,做出深入实施创新驱动发展战略的重大决策部署。我国科技创新步入以跟踪为主转向跟踪和并跑、领跑并存的新阶段,正处于从量的积累向质的飞跃、从点的突破向系统能力提升的重要时期,在国家发展全局中的核心位置更加凸显,在全球创新版图中的位势进一步提升,已成为具有重要影响力的科技大国。

科技创新能力持续提升,战略高新技术不断突破,基础研究国际影响力大幅增强。取得载人航天和探月工程、载人深潜、深地钻探、超级计算、量子反常霍尔效应、量子通信、中微子振荡、诱导多功能干细胞等重大创新成果。2015 年，全社会研究与试验发展经费支出达 14220 亿元；国际科技论文数稳居世界第 2 位，被引用数升至第 4 位；全国技术合同成交金额达到 9835 亿元；国家综合创新能力跻身世界第 18 位。经济增长的科技含量不断提升，科技进步贡献率从 2010 年的 50.9％提高到 2015 年的 55.3％。高速铁路、水电装备、特高压输变电、杂交水稻、第四代移动通信（4G）、对地观测卫星、北斗导航、电动汽车等重大装备和战略产品取得重大突破，部分产品和技术开始走向世界。科技体制改革向系统化纵深化迈进，中央财政科技计划（专项、基金等）管理改革取得实质性进展，科技资源统筹协调进一步加强，市场导向的技术创新机制逐步完善，企业技术创新主体地位不断增强。科技创新国际化水平大幅提升，国际科技合作深入开展，国际顶尖科技人才、研发机构等高端创新资源加速集聚，科技外交在国家总体外交中的作用日益凸显。全社会创新创业生态不断优化，国家自主创新示范区和高新技术产业开发区成为创新创业重要载体，《中华人民共和国促进科技成果转化法》修订实施，企业研发费用加计扣除等政策落实成效明显，科技与金融结合更加紧密，公民科学素质稳步提升，全社会创新意识和创新活力显著增强。

"十三五"时期，世界科技创新呈现新趋势，国内经济社会发展进入新常态。

全球新一轮科技革命和产业变革蓄势待发。科学技术从微观到宏观各个尺度向纵深演进，学科多点突破、交叉融合趋势日益明显。物质结构、宇宙演化、生命起源、意识本质等一些重大科学问题的原创性突破正在开辟新前沿新方向，信息网络、人工智能、生物技术、清洁能源、新材料、先进制造等领域呈现群体跃进态势，颠覆性技术不断涌现，催生新经济、新产业、新业态、新模式，对人类生产方式、生活方式乃至思维方式将产生前所未有的深刻影响。科技创新在应对人类共同挑战、实现可持续发展中发挥着日益重要的作用。全球创新创业进入高度密集活跃期，人才、知识、技术、资本等创新资源全球流动的速度、范围和规模达到空前水平。创新模式发生重大变化，创新活动的网络化、全球化特征更加突出。全球创新版图正在加速重构，创新多极化趋势日益明显，科技创新成为各国实现经济再平衡、打造国家竞争新优势的核心，正在深刻影响和改变国家力量对比，重塑世界经济结构和国际竞争格局。

我国经济发展进入速度变化、结构优化和动力转换的新常态。推进供给侧结构性改革，促进经济提质增效、转型升级，迫切需要依靠科技创新培育发展新动力。协调推进新型工业化、信息化、城镇化、农业现代化和绿色化、建设生态文明，迫切需要依靠科技创新突破资源环境瓶颈制约。应对人口老龄化、消除贫困、增强人民健康素质、创新社会治理，迫切需要依靠科技创新支撑民生改善。落实总体国家安全观,维护国家安全和战略利益,迫切需要依靠科技创新提供强大保障。同时,我国国民收入稳步增加,市场需求加速释放,产业体系更加完备,体制活力显著增强,教育水平和人力资本素质持续提升,经济具有持续向好发展的巨大潜力、韧性和回旋余地,综合国力将再上新台阶,必将为科技创新的加速突破提供坚实基础。

同时,必须清醒地认识到,与进入创新型国家行列和建设世界科技强国的要求相比,我国科技创新还存在一些薄弱环节和深层次问题,主要表现为:科技基础仍然薄弱,科技创新能力特别是原创能力还有很大差距,关键领域核心技术受制于人的局面没有从根本上改变,许多产业仍处于全球价值链中低端,科技对经济增长的贡献率还不够高。制约创新发展的思想观念和深层次体制机制障碍依然存在,创新体系整体效能不高。高层次领军人才和高技能人才十分缺乏,创新型企业家群体亟须发展壮大。激励创新的环境亟待完善,政策措施落实力度需要进一步加强,创新资源开放共享水平有待提高,科学精神和创新文化需要进一步弘扬。

综合判断,我国科技创新正处于可以大有作为的重要战略机遇期,也面临着差距进一步拉大的风险。必须牢牢把握机遇,树立创新自信,增强忧患意识,勇于攻坚克难。主动顺应和引领时代潮流,把科技创新摆在更加重要位置,优化科技事业发展总体布局,让创新成为国家意志和全社会的共同行动,在新的历史起点上开创国家创新发展新局面,开启建设世界科技强国新征程。

二、确立科技创新发展新蓝图

1. 指导思想

"十三五"时期科技创新的指导思想是:高举中国特色社会主义伟大旗帜,全面贯彻党的十八大和十八届三中、四中、五中全会精神,以马克思列宁主义、毛泽东思想、邓小平理论、"三个代表"重要思想、科学发展观为指导。深入贯彻习近平总书记系列重要讲话精神,认真落实党中央、国务院决策部署,坚持"五位一体"总体布局和"四个全面"战略布局,坚持创新、协调、绿色、开放、共享发展理念,坚持自主创新、重点跨越、支撑发展、引领未来的指导方针,坚持创新是引领发展的第一动力,把创新摆在国家发展全局的核心位置。以深入实施创新驱动发展战略、支撑供给侧结构性改革为主线,全面深化科技体制改革,大力推进以科技创新为核心的全面创新。着力增强自主创新能力,着力建设创新型人才队伍,着力扩大科技开放合作,着力推进大众创业万众创新,塑造更多依靠创新驱动、更多发挥先发优势的引领型发展,确保如期进入创新型国家行列,为建成世界科技强国奠定坚实基础，为实现"两个一百年"奋斗目标和中华民族伟大复兴中国梦提供强大动力。

2. 基本原则

——坚持把支撑国家重大需求作为战略任务。聚焦国家战略和经济社会发展重大需求，明确主攻方向和突破口；加强关键核心共性技术研发和转化应用；充分发挥科技创新在培育发展战略性新兴产业、促进经济提质增效升级、塑造引领型发展和维护国家安全中的重要作用。

——坚持把加速赶超引领作为发展重点。把握世界科技前沿发展态势，在关系长远发展的基础前沿领域，超前规划布局，实施非对称战略，强化原始创新，加强基础研究，在独创独有上下功夫，全面增强自主创新能力，在重要科技领域实现跨越发展，跟上甚至引领世界科技发展新方向，掌握新一轮全球科技竞争的战略主动。

——坚持把科技为民作为根本宗旨。紧紧围绕人民切身利益和紧迫需求，把科技创新与改善民生福祉相结合，发挥科技创新在提高人民生活水平、增强全民科学文化素质和健康素质、促进高质量就业创业、扶贫脱贫、建设资源节约型环境友好型社会中的重要作用，让更多创新成果由人民共享，提升民众获得感。

——坚持把深化改革作为强大动力。坚持科技体制改革和经济社会领域改革同步发力，充分发挥市场配置创新资源的决定性作用和更好发挥政府作用，强化技术创新的市场导向机制，破除科技与经济深度融合的体制机制障碍，激励原创突破和成果转化，切实提高科技投入效率，形成充满活力的科技管理和运行机制，为创新发展提供持续动力。

——坚持把人才驱动作为本质要求。落实人才优先发展战略，把人才资源开发摆在科技创新最优先的位置，在创新实践中发现人才，在创新活动中培养人才，在创新事业中凝聚人才，改革人才培养使用机制，培育造就规模宏大、结构合理、素质优良的人才队伍。

——坚持把全球视野作为重要导向。主动融入布局全球创新网络，在全球范围内优化配置创新资源，把科技创新与国家外交战略相结合，推动建立广泛的创新共同体，在更高水平上开展科技创新合作，力争成为若干重要领域的引领者和重要规则的贡献者，提高在全球创新治理中的话语权。

3. 发展目标

"十三五"科技创新的总体目标是：国家科技实力和创新能力大幅跃升，创新驱动发展成效显著，国家综合创新能力世界排名进入前15位，迈进创新型国家行列，有力支撑全面建成小康社会目标实现。

——自主创新能力全面提升。基础研究和战略高技术取得重大突破，原始创新能力和国际竞争力显著提升，整体水平由跟跑为主向并行、领跑为主转变。研究与试验发展经费投入强度达到2.5%，基础研究占全社会研发投入比例大幅提高，规模以上工业企业研发经费支出与主营业务收入之比达到1.1%；国际科技论文被引次数达到世界第二；每万人口发明专利拥有量达到12件，通过《专利合作条约》（PCT）途径提交的专利申请量比2015年翻一番。

——科技创新支撑引领作用显著增强。科技创新作为经济工作的重要方面，在促进经济平衡性、包容性和可持续性发展中的作用更加突出，科技进步贡献率达到60%。高新技术企业营业收入达到34万亿元，知识密集型服务业增加值占国内生产总值（GDP）的比例达到20%，全国技术合同成交金额达到2万亿元；成长起一批世界领先的创新型企业、品牌和标准，若干企业进入世界创新百强，形成一批具有强大辐射带动作用的区域创新增长极，新产业、新经济成为创造国民财富和高质量就业的新动力，创新成果更多为人民共享。

——创新型人才规模质量同步提升。规模宏大、结构合理、素质优良的创新型科技人才队伍初步形成，涌现一批战略科技人才、科技领军人才、创新型企业家和高技能人才，青年科技人才队伍进一步壮大，人力资源结构和就业结构显著改善，每万名就业人员中研发人员达到60人/年。人才评价、流动、激励机制更加完善，各类人才创新活力充分激发。

——有利于创新的体制机制更加成熟定型。科技创新基础制度和政策体系基本形成，科技创新管理的法治化水平明显提高，创新治理能力建设取得重大进展。以企业为主体、市场为导向的技术创新体系更加健全，高等学校、科研院所治理结构和发展机制更加科学，军民融合创新机制更加完善，国家创新体系整体效能显著提升。

——创新创业生态更加优化。科技创新政策法规不断完善，知识产权得到有效保护。科技与金融结合更加紧密，创新创业服务更加高效便捷。人才、技术、资本等创新要素流动更加顺畅，科技创新全方位开放格局初步形成。科学精神进一步弘扬，创新创业文化氛围更加浓厚，全社会科学文化素质明显提高，公民具备科学素质的比例超过10%。

专栏1 "十三五"科技创新主要指标

	指 标	2015年指标值	2020年目标值
1	国家综合创新能力世界排名（位）	18	15
2	科技进步贡献率（%）	55.3	60
3	研究与试验发展经费投入强度（%）	2.1	2.5

（续表）

指 标	2015 年指标值	2020 年目标值
4	每万名就业人员中研发人员（人年）	48.5	60
5	高新技术企业营业收入（万亿元）	22.2	34
6	知识密集型服务业增加值占国内生产总值的比例（%）	15.6	20
7	规模以上工业企业研发经费支出与主营业务收入之比（%）	0.9	1.1
8	国际科技论文被引次数世界排名	4	2
9	PCT 专利申请量（万件）	3.05	翻一番
10	每万人口发明专利拥有量（件）	6.3	12
11	全国技术合同成交金额（亿元）	9835	20000
12	公民具备科学素质的比例（%）	6.2	10

4. 总体部署

未来五年，我国科技创新工作将紧紧围绕深入实施国家"十三五"规划纲要和创新驱动发展战略纲要，有力支撑"中国制造2025"、"互联网＋"、网络强国、海洋强国、航天强国、健康中国建设、军民融合发展、"一带一路"建设、京津冀协同发展、长江经济带发展等国家战略实施，充分发挥科技创新在推动产业迈向中高端、增添发展新动能、拓展发展新空间、提高发展质量和效益中的核心引领作用。

一是围绕构筑国家先发优势，加强兼顾当前和长远的重大战略布局。加快实施国家科技重大专项，启动"科技创新2030—重大项目"；构建具有国际竞争力的产业技术体系，加强现代农业、新一代信息技术、智能制造、能源等领域一体化部署，推进颠覆性技术创新，加速引领产业变革；健全支撑民生改善和可持续发展的技术体系，突破资源环境、人口健康、公共安全等领域的瓶颈制约；建立保障国家安全和战略利益的技术体系，发展深海、深地、深空、深蓝等领域的战略高技术。

二是围绕增强原始创新能力，培育重要战略创新力量。持续加强基础研究，全面布局、前瞻部署，聚焦重大科学问题，提出并牵头组织国际大科学计划和大科学工程，力争在更多基础前沿领域引领世界科学方向，在更多战略性领域实现率先突破；完善以国家实验室为引领的创新基地建设，按功能定位分类推进科研基地的优化整合。培育造就一批世界水平的科学家、科技领军人才、高技能人才和高水平创新团队，支持青年科技人才脱颖而出，壮大创新型企业家队伍。

三是围绕拓展创新发展空间，统筹国内国际两个大局。支持北京、上海建设具有全球影响力的科技创新中心，建设一批具有重大带动作用的创新型省市和区域创新中心，推动国家自主创新示范区和高新区创新发展，系统推进全面创新改革试验；完善区域协同创新机制，加大科技扶贫力度，激发基层创新活力；打造"一带一路"协同创新共同体，提高全球配置创新资源的能力，深度参与全球创新治理，促进创新资源双向开放和流动。

四是围绕推进大众创业万众创新，构建良好创新创业生态。大力发展科技服务业，建立统一开放的技术交易市场体系，提升面向创新全链条的服务能力；加强创新创业综合载体建设，发展众创空间，支持众创、众包、众扶、众筹，服务实体经济转型升级；深入实施知识产权和技术标准战略。完善科技与金融结合机制，大力发展创业投资和多层次资本市场。

五是围绕破除束缚创新和成果转化的制度障碍，全面深化科技体制改革。加快中央财政科技计划（专项、基金等）管理改革，强化科技资源的统筹协调；深入实施国家技术创新工程，建设国家技术创新中心，提高企业创新能力；推动健全现代大学制度和科研院所制度，培育面向市场的新型研发机构，构建更加高效的科研组织体系；实施促进科技成果转移转化行动，完善科技成果转移转化机制，大力推进军民融合科技创新。

六是围绕夯实创新的群众和社会基础，加强科普和创新文化建设。深入实施全民科学素质行动，全面推进全民科学素质整体水平的提升；加强科普基础设施建设，大力推动科普信息化，培育发展科普产业；推动高等学校、科研院所和企业的各类科研设施向社会公众开放；弘扬科学精神，加强科研诚信建设，增强与公众的互动交流，培育尊重知识、崇尚创造、追求卓越的企业家精神和创新文化。

三、建设高效协同国家创新体系

深入实施创新驱动发展战略，支撑供给侧结构性改革，必须统筹推进高效协同的国家创新体系建设，促进各类创新主体协同互动、创新要素顺畅流动高效配置，形成创新驱动发展的实践载体、制度安排和环境保障。

1. 培育充满活力的创新主体

进一步明确各类创新主体的功能定位，突出创新人才的核心驱动作用，增强企业的创新主体地位和主导作用，发挥国家科研机构的骨干和引领作用，发挥高等学校的基础和生力军作用，鼓励和引导新型研发机构等发展，充分发挥科技类社会组织的作用，激发各类创新主体活力，系统提升创新主体能力。

2. 系统布局高水平创新基地

瞄准世界科技前沿和产业变革趋势，聚焦国家战略需求，按照创新链、产业链加强系统整合布局，以国家实验室为引领，形成功能完备、相互衔接的创新基地，充分聚集一流人才，增强创新储备，提升创新全链条支撑能力，为实现重大创新突破、培育高端产业奠定重要基础。

3. 打造高端引领的创新增长极

遵循创新区域高度聚集规律，结合区域创新发展需求，引导高端创新要素围绕区域生产力布局加速流动和聚集，以国家自主创新示范区和高新区为基础、区域创新中心和跨区域创新平台为龙头，推动优势区域打造具有重大引领作用和全球影响力的创新高地，形成区域创新发展梯次布局，带动区域创新水平整体提升。

4. 构建开放协同的创新网络

围绕打通科技与经济的通道，以技术市场、资本市场、人才市场为纽带，以资源开放共享为手段，围绕产业链部署创新链，围绕创新链完善资金链。加强各类创新主体间合作，促进产学研用紧密结合，推进科教融合发展，深化军民融合创新，健全创新创业服务体系，构建多主体协同互动与大众创新创业有机结合的开放高效创新网络。

5. 建立现代创新治理结构

进一步明确政府和市场分工，持续推进简政放权、放管结合、优化服务改革，推动政府职能从研发管理向创新服务转变；明确和完善中央与地方分工，强化上下联动和统筹协调；加强科技高端智库建设，完善科技创新重大决策机制；改革完善资源配置机制，引导社会资源向创新集聚，提高资源配置效率，形成政府引导作用与市场决定性作用有机结合的创新驱动制度安排。

6. 营造良好创新生态

强化创新的法治保障，积极营造有利于知识产权创造和保护的法治环境；持续优化创新政策供给，构建普惠性创新政策体系，增强政策储备，加大重点政策落实力度；激发全社会的创造活力，营造崇尚创新创业的文化环境。

第二节　构筑国家先发优势

围绕提升产业竞争力、改善民生和保障国家安全的战略需求，加强重点领域的系统部署，为塑造更多依靠创新驱动、发挥先发优势的引领型发展提供有力支撑。

四、实施关系国家全局和长远的重大科技项目

重大科技项目是体现国家战略目标、集成科技资源、实现重点领域跨越发展的重要抓手。"十三五"期间,要在实施好已有国家科技重大专项的基础上,面向2030年再部署一批体现国家战略意图的重大科技项目,探索社会主义市场经济条件下科技创新的新型举国体制,完善重大项目组织模式,在战略必争领域抢占未来竞争制高点,开辟产业发展新方向,培育新经济增长点,带动生产力跨越发展,为提高国家综合竞争力、保障国家安全提供强大支撑。

1. 深入实施国家科技重大专项

按照聚焦目标、突出重点、加快推进的要求,加快实施已部署的国家科技重大专项,推动专项成果应用及产业化,提升专项实施成效,确保实现专项目标。持续攻克"核高基"(核心电子器件、高端通用芯片、基础软件)、集成电路装备、宽带移动通信、数控机床、油气开发、核电、水污染治理、转基因、新药创制、传染病防治等关键核心技术,着力解决制约经济社会发展和事关国家安全的重大科技问题;研发具有国际竞争力的重大战略产品,建设高水平重大示范工程,发挥对民生改善和国家支柱产业发展的辐射带动作用;凝聚和培养一批科技领军人才和高水平创新创业团队,建成一批引领性强的创新平台和具有国际影响力的产业化基地,造就一批具有较强国际竞争力的创新型领军企业,在部分领域形成世界领先的高科技产业。

专栏2 国家科技重大专项

(1)核心电子器件、高端通用芯片及基础软件产品。突破超级计算机中央处理器(CPU)架构设计技术,提升服务器及桌面计算机CPU、操作系统和数据库、办公软件等的功能、效能和可靠性,攻克智能终端嵌入式CPU和操作系统的高性能低功耗等核心关键技术;面向云计算、大数据等新需求开展操作系统等关键基础软硬件研发,基本形成核心电子器件、高端通用芯片和基础软件产品的自主发展能力,扭转我国基础信息产品在安全可控、自主保障方面的被动局面。

(2)极大规模集成电路制造装备及成套工艺。攻克14纳米刻蚀设备、薄膜设备、掺杂设备等高端制造装备及零部件,突破28纳米浸没式光刻机及核心部件,研制300毫米硅片等关键材料,研发14纳米逻辑与存储芯片成套工艺及相应系统封测技术,开展75纳米关键技术研究,形成28—14纳米装备、材料、工艺、封测等较完整的产业链,整体创新能力进入世界先行列。

(3)新一代宽带无线移动通信网。开展第五代移动通信(5G)关键核心技术和国际标准以及5G芯片、终端及系统设备等关键产品研制,重点推进5G技术标准和生态系统构建,支持4G增强技术的芯片、仪表等技术薄弱环节的攻关,形成完整的宽带无线移动通信产业链,保持与国际先进水平同步发展,推动我国成为宽带无线移动通信技术、标准、产业、服务与应用领域的领先国家之一,为2020年启动5G商用提供支撑。

(4)高档数控机床与基础制造装备。重点攻克高档数控系统、功能部件及刀具等关键

共性技术和高档数控机床可靠性、精度保持性等关键技术，满足航空航天、汽车领域对高精度、高速度、高可靠性高档数控机床的急需，提升高档数控机床与基础制造装备主要产品的自主开发能力，总体技术水平进入国际先进行列，部分产品国际领先。

（5）大型油气田及煤层气开发。重点攻克陆上深层、海洋深水油气勘探开发技术和装备并实现推广应用，攻克页岩气、煤层气经济有效开发的关键技术与核心装备，以及提高复杂油气田采收率的新技术，提升关键技术开发、工业装备制造能力，为保障我国油气安全提供技术支撑。

（6）大型先进压水堆及高温气冷堆核电站。突破 CAP1400 压水堆屏蔽主泵、控制系统、燃料组件等关键技术和试验验证，高温堆蒸汽发生器、燃料系统、核级石墨等关键技术设备材料和验证。2017 年，20 万千瓦高温气冷堆核电站示范工程实现并网发电；2020年，CAP1400 示范工程力争建设完成。形成具有国际先进水平的核电技术研发、试验验证、关键设备设计制造、标准和自主知识产权体系，打造具有国际竞争力的核电设计、建设和服务全产业链。

（7）水体污染控制与治理。按照控源减排、减负修复、综合调控的步骤，在水循环系统修复、水污染全过程治理、饮用水安全保障、生态服务功能修复和长效管理机制等方面研发一批核心关键技术，集成一批整装成套的技术和设备，在京津冀地区和太湖流域开展综合示范，形成流域水污染治理、水环境管理和饮用水安全保障三大技术体系，建设水环境监测与监控大数据平台。

（8）转基因生物新品种培育。加强作物抗虫、抗病、抗旱、抗寒基因技术研究，加大转基因棉花、玉米、大豆研发力度，推进新型抗虫棉、抗虫玉米、抗除草剂大豆等重大产品产业化，强化基因克隆、转基因操作、生物安全新技术研发，在水稻、小麦等主粮作物中重点支持基于非胚乳特异性表达、基因编辑等新技术的性状改良研究，使我国农业转基因生物研究整体水平跃居世界前列，为保障国家粮食安全提供品种和技术储备。建成规范的生物安全性评价技术体系，确保转基因产品安全。

（9）重大新药创制。围绕恶性肿瘤、心脑血管疾病等 10 类（种）重大疾病，加强重大疫苗、抗体研制，重点支持创新性强、疗效好、满足重要需求、具有重大产业化前景的药物开发，以及重大共性关键技术和基础研究能力建设，强化创新平台的资源共享和开放服务，基本建成具有世界先进水平的国家药物创新体系，新药研发的综合能力和整体水平进入国际先进行列，加速推进我国由医药大国向医药强国转变。

（10）艾滋病和病毒性肝炎等重大传染病防治。突破突发急性传染病综合防控技术，提升应急处置技术能力；攻克艾滋病、乙肝、肺结核诊防治关键技术和产品，加强疫苗研究，研发一批先进检测诊断产品，提高艾滋病、乙肝、肺结核临床治疗方案有效性，形成中医药特色治疗方案。形成适合国情的降低"三病两率"综合防治新模式，为把艾滋病控制在低流行水平、乙肝由高流行区向中低流行区转变、肺结核新发感染率和病死率降至中等发达国家水平提供支撑。

（11）大型飞机。C919 完成首飞，取得中国民航局型号合格证并实现交付，开展民机适航审定关键技术研究。

（12）高分辨率对地观测系统。完成天基和航空观测系统、地面系统、应用系统建设，基本建成陆地、大气、海洋对地观测系统并形成体系。

（13）载人航天与探月工程。发射新型大推力运载火箭，发射天宫二号空间实验室、空间站试验核心舱，以及载人飞船和货运飞船；掌握货物运输、航天员中长期驻留等技术，为全面建成我国近地载人空间站奠定基础。突破全月球到达、高数据率通信、高精度导航定位、月球资源开发等关键技术。突破地外天体自动返回技术，研制发射月球采样返回器技术，实现特定区域软着陆并实现采样返回。

2. 部署启动新的重大科技项目

面向2030年，再选择一批体现国家战略意图的重大科技项目，力争有所突破。从更长远的战略需求出发，坚持有所为、有所不为，力争在航空发动机及燃气轮机、深海空间站、量子通信与量子计算、脑科学与类脑研究、国家网络空间安全、深空探测及空间飞行器在轨服务与维护系统、种业自主创新、煤炭清洁高效利用、智能电网、天地一体化信息网络、大数据、智能制造和机器人、重点新材料研发及应用、京津冀环境综合治理、健康保障等重点方向率先突破。按照"成熟一项、启动一项"的原则，分批次有序启动实施。

专栏3 科技创新2030—重大项目

重大科技项目：

（1）航空发动机及燃气轮机。开展材料、制造工艺、试验测试等共性基础技术和交叉学科研究，攻克总体设计等关键技术。

（2）深海空间站。开展深海探测与作业前沿共性技术及通用与专用型、移动与固定式深海空间站核心关键技术研究。

（3）量子通信与量子计算机。研发城域、城际、自由空间量子通信技术，研制通用量子计算原型机和实用化量子模拟机。

（4）脑科学与类脑研究。以脑认知原理为主体，以类脑计算与脑机智能、脑重大疾病诊治为两翼，搭建关键技术平台，抢占脑科学前沿研究制高点。

（5）国家网络空间安全。发展涵盖信息和网络两个层面的网络空间安全技术体系，提升信息保护、网络防御等技术能力。

（6）深空探测及空间飞行器在轨服务与维护系统。重点突破在轨服务维护技术，提高我国空间资产使用效益，保障飞行器在轨安全可靠运行。

重大工程：

（1）种业自主创新。以农业植物、动物、林木、微生物四大种业领域为重点，重点突破杂种优势利用、分子设计育种等现代种业关键技术，为国家粮食安全战略提供支撑。

（2）煤炭清洁高效利用。加快煤炭绿色开发、煤炭高效发电、煤炭清洁转化、煤炭污染控制、碳捕集利用与封存等核心关键技术研发，示范推广一批先进适用技术，燃煤发电及超低排放技术实现整体领先，现代煤化工和多联产技术实现重大突破。

（3）智能电网。聚焦部署大规模可再生能源并网调控、大电网柔性互联、多元用户供需互动用电、智能电网基础支撑技术等重点任务，实现智能电网技术装备与系统全面国产化，提升电力装备全球市场占有率。

（4）天地一体化信息网络。推进天基信息网、未来互联网、移动通信网的全面融合，形成覆盖全球的天地一体化信息网络。

（5）大数据。突破大数据共性关键技术，建成全国范围内数据开放共享的标准体系和交换平台，形成面向典型应用的共识性应用模式和技术方案，形成具有全球竞争优势的大数据产业集群。

（6）智能制造和机器人。以智能、高效、协同、绿色、安全发展为总目标，构建网络协同制造平台，研发智能机器人、高端成套装备、三维（3D）打印等装备，夯实制造基础保障能力。

（7）重点新材料研发及应用。重点研制碳纤维及其复合材料、高温合金、先进半导体材料、新型显示及其材料、高端装备用特种合金、稀土新材料、军用新材料等，突破制备、评价、应用等核心关键技术。

（8）京津冀环境综合治理。构建水-土-气协同治理、工-农-城资源协同循环、区域环境协同管控的核心技术、产业装备、规范政策体系。建成一批综合示范工程，形成区域环境综合治理系统解决方案。

（9）健康保障。围绕健康中国建设需求，加强精准医学等技术研发，部署慢性非传染性疾病、常见多发病等疾病防控，生殖健康及出生缺陷防控研究，加快技术成果转移转化，推进惠民示范服务。

建立重大项目动态调整机制，综合把握国际科技前沿趋势和国家经济社会发展紧迫需求，在地球深部探测、人工智能等方面遴选重大任务，适时充实完善重大项目布局。

科技创新2030—重大项目与国家科技重大专项，形成远近结合、梯次接续的系统布局。在电子信息领域，形成涵盖高端芯片及核心软硬件研制、前沿技术突破和信息能力构建的整体布局；在先进制造领域，形成涵盖基础材料、关键技术、重大战略产品和装备研发的整体布局；在能源领域，形成涵盖能源多元供给、高效清洁利用和前沿技术突破的整体布局；在环境领域，形成由单一污染治理转向区域综合治理的系统技术解决方案；在农业领域，形成兼顾前沿技术突破和解决种业发展基本问题的整体布局；在生物和健康领域，形成涵盖重大疾病防治、基础健康保障服务和前沿医疗技术突破的整体布局；在太空海洋开发利用领域，形成涵盖空间、海洋探测利用技术的整体布局。

已有国家科技重大专项和新部署的科技创新2030—重大项目要进一步加强与其他科技计划任务部署的衔接，完善和创新项目组织实施模式，改进项目管理体制，明确管理责任，优化管理流程，提高管理效率。完善监督评估制度，定期开展评估。加强动态调整，加强地球深部探测等候选重大科技项目的储备论证。

五、构建具有国际竞争力的现代产业技术体系

把握世界科技革命和产业变革新趋势，围绕我国产业国际竞争力提升的紧迫需求，强化重点领域关键环节的重大技术开发，突破产业转型升级和新兴产业培育的技术瓶颈，构建结构合理、先进管用、开放兼容、自主可控的技术体系，为我国产业迈向全球价值链中高端提供有力支撑。

1. 发展高效安全生态的现代农业技术

以加快推进农业现代化、保障国家粮食安全和农民增收为目标,深入实施藏粮于地、藏粮于技战略,超前部署农业前沿和共性关键技术研究。以做大做强民族种业为重点,发展以动植物组学为基础的设计育种关键技术,培育具有自主知识产权的优良品种,开发耕地质量提升与土地综合整治技术,从源头上保障国家粮食安全;以发展农业高新技术产业、支撑农业转型升级为目标,重点发展农业生物制造、农业智能生产、智能农机装备、设施农业等关键技术和产品;围绕提高资源利用率、土地产出率、劳动生产率,加快转变农业发展方式,突破一批节水农业、循环农业、农业污染控制与修复、盐碱地改造、农林防灾减灾等关键技术,实现农业绿色发展。力争到2020年,建立信息化主导、生物技术引领、智能化生产、可持续发展的现代农业技术体系,支撑农业走出产出高效、产品安全、资源节约、环境友好的现代化道路。

专栏4 现代农业技术

(1)生物育种研发。以农作物、畜禽水产和林果花草为重点,突破种质资源挖掘、工程化育种、新品种创制、规模化测试、良种繁育、种子加工等核心关键技术,培育一批有效聚合高产、高效、优质、多抗、广适等多元优良性状的突破性动植物新品种;培育具有较强核心竞争力的现代种业企业,显著提高种业自主创新能力。

(2)粮食丰产增效。围绕粮食安全和农业结构调整对作物高产高效协同、生产生态协调的科技需求,在东北、黄淮海、长江中下游三大平原,开展水稻、小麦、玉米三大作物丰产增效新理论、新技术和集成示范研究,使产量提高5%,减损降低5%以上,肥水效率提高10%以上,光温资源效率提高15%,生产效率提高20%。

(3)主要经济作物优质高产与产业提质增效。以种植规模较大的果树、花卉、茶叶、木本(草本)油料、热带经济作物、特色经济植物、杂粮等为对象,重点突破增产提质增效理论和方法,创制优异新种质,研发新产品,形成高效轻简技术,确保我国农业产品多样性和国家农业安全,促进主要经济作物产业提质增效。

(4)海洋农业(蓝色粮仓)与淡水渔业科技创新。研究种质资源开发、新品种选育、淡水与海水健康养殖、捕捞与新资源开发、精深加工、渔业环境保护等新原理、新装备、新方法和新技术,建成生态优先、陆海统筹、三产贯通的区域性蓝色粮仓,促进海洋农业资源综合利用,改善渔业生态环境,强化优质蛋白供给,引领海洋农业与淡水渔业健康发展。

(5)畜禽安全高效养殖与草牧业健康发展。以安全、环保、高效为目标,围绕主要动物疫病检测与防控、主要畜禽安全健康养殖工艺与环境控制、畜禽养殖设施设备、养殖废弃物无害化处理与资源化利用、饲料产业、草食畜牧业、草原生态保护和草牧业全产业链提质增效等方面开展技术研究,为我国养殖业转型升级提供理论与技术支撑。

(6)林业资源培育与高效利用。加强速生用材林、珍贵用材林、经济林、花卉等资源的高效培育与绿色增值加工等关键技术研究,开展林业全产业链增值增效技术集成与示范，形成产业集群发展新模式，单位蓄积增加 15％，资源利用效率提高 20％，主要林产品国际竞争力显著提升。

（7）农业面源和重金属污染农田综合防治与修复。突破农林生态系统氮磷、有毒有害化学品与生物、重金属、农林有机废弃物等污染机理基础理论及防治修复重大关键技术瓶颈，提升技术、产品和装备标准化产业化水平。制定重点区域污染综合防治技术方案，有效遏制农业面源与重金属污染问题。

（8）农林资源环境可持续发展利用。突破肥药减施、水土资源高效利用、生态修复、农林防灾减灾等关键技术，加强农作物病虫害防控关键技术研究，提升农作物病虫害综合治理能力，推动形成资源利用高效、生态系统稳定、产地环境良好、产品质量安全的农业发展格局。

（9）盐碱地等低产田改良增粮增效。加强盐碱地水盐运移机理与调控、土壤洗盐排盐、微咸水利用、抗盐碱农作物新品种选育及替代种植、水分调控等基础理论及改良重大关键技术研究，开发新型高效盐碱地改良剂、生物有机肥等新产品和新材料。开发盐碱地治理新装备，选择典型盐碱地及低产田区域建立示范基地，促进研发成果示范应用。

（10）农业生物制造。以生物农药、生物肥料、生物饲料为重点，开展作用机理、靶标设计、合成生物学、病原作用机制、养分控制释放机制等研究，创制新型基因工程疫苗和分子诊断技术、生物农药、生物饲料、生物肥料、植物生长调节剂、生物能源、生物基材料等农业生物制品并实现产业化。

（11）农机装备与设施。突破决策监控、先进作业装置及其制造等关键核心技术，研发高效环保农林动力、多功能与定位变量作业、设施种植和健康养殖精细生产、农产品产地处理与干燥、林木培育、采收加工、森林灾害防控等技术与装备，形成农林智能化装备技术体系，支撑全程全面机械化发展。

（12）农林生物质高效利用。研究农林废弃物（农作物秸秆、畜禽粪便、林业剩余物等）和新型生物质资源（能源植物、微藻等）的清洁收储、高效转化、产品提质、产业增效等新理论、新技术和新业态，使农林生物质高效利用技术进入国际前列，利用率达到80％以上。

（13）智慧农业。研发农林动植物生命信息获取与解析、表型特征识别与可视化表达、主要作业过程精准实施等关键技术和产品，构建大田和果园精准生产、设施农业智能化生产及规模化畜禽水产养殖信息化作业等现代化生产技术系统，建立面向农业生产、农民生活、农村管理以及乡村新兴产业发展的信息服务体系。

（14）智能高效设施农业。突破设施光热动力学机制、环境与生物互作响应机理等基础理论，以及设施轻简装配化、作业全程机械化、环境调控智能化、水肥管理一体化等关键技术瓶颈，创制温室节能蓄能、光伏利用、智慧空中农场等高新技术及装备，实现设施农业科技与产业跨越发展。

2. 发展新一代信息技术

大力发展泛在融合、绿色宽带、安全智能的新一代信息技术，研发新一代互联网技术，保障网络空间安全，促进信息技术向各行业广泛渗透与深度融合。发展先进计算技术，重点加强 E 级（百亿亿次级）计算、云计算、量子计算、人本计算、异构计算、智能计算、机器学习等技术研发及应用；发展网络与通信技术，重点加强一体化融合网络、软件定义网络/网络功能虚拟化、超高速超大容量超长距离光通信、无线移动通信、太赫兹通信、可见光通信等技术研发及应用；发展自然人机交互技术，重点是智能感知与认知、虚实融合与自然交互、语义理解和智慧决策、云端融合交互和可穿戴等技术研发及应用。发展微电子和光电子技术，重点加强极低功耗芯片、新型传感器、第三代半导体芯片和硅基光电子、混合光电子、微波光电子等技术与器件的研发。

专栏5 新一代信息技术

（1）微纳电子与系统集成技术。开展逼近器件物理极限和面向不同系统应用的半导体新材料、新器件、新工艺和新电路的前沿研究和相关理论研究，突破极低功耗器件和电路、7纳米以下新器件及系统集成工艺、下一代非易失性存储器、下一代射频芯片、硅基太赫兹技术、新原理计算芯片等关键技术，加快10纳米及以下器件工艺的生产研发，显著提升智能终端和物联网系统芯片产品市场占有率。

（2）光电子器件及集成。针对信息技术在速率、能耗和智能化等方面的核心技术瓶颈，研制满足高速光通信设备所需的光电子集成器件；突破光电子器件制造的标准化难题和技术瓶颈，建立和发展光电子器件应用示范平台和支撑技术体系，逐步形成从分析模型、优化设计、芯片制备、测试封装到可靠性研究的体系化研发平台，推动我国信息光电子器件技术和集成电路设计达到国际先进水平。

（3）高性能计算。突破E级计算机核心技术，依托自主可控技术，研制满足应用需求的E级高性能计算机系统，使我国高性能计算机的性能在"十三五"期间保持世界领先水平。研发一批关键领域/行业的高性能计算应用软件，建立若干高性能计算应用软件中心，构建高性能计算应用生态环境。建立具有世界一流资源能力和服务水平的国家高性能计算环境，促进我国计算服务业发展。

（4）云计算。开展云计算核心基础软件、软件定义的云系统管理平台、新一代虚拟化等云计算核心技术和设备的研制以及云开源社区的建设，构建完备的云计算生态和技术体系，支撑云计算成为新一代ICT（信息通信技术）的基础设施，推动云计算与大数据、移动互联网深度耦合互动发展。

（5）人工智能。重点发展大数据驱动的类人智能技术方法；突破以人为中心的人机物融合理论方法和关键技术，研制相关设备、工具和平台；在基于大数据分析的类人智能方向取得重要突破，实现类人视觉、类人听觉、类人语言和类人思维，支撑智能产业的发展。

（6）宽带通信和新型网络。以网络融合化发展为主线，突破一体化融合网络组网、超高速和超宽带通信与网络支撑等核心关键技术，在芯片、成套网络设备、网络体系结构等方面取得一批突破性成果，超前部署下一代网络技术，大幅提升网络产业国际竞争力。

（7）物联网。开展物联网系统架构、信息物理系统感知和控制等基础理论研究，攻克智能硬件（硬件嵌入式智能）、物联网低功耗可信泛在接入等关键技术，构建物联网共性技术创新基础支撑平台，实现智能感知芯片、软件以及终端的产品化。

（8）智能交互。探索感知认知加工机制及心理运动模型的机器实现，构建智能交互的理论体系，突破自然交互、生理计算、情感表达等核心关键技术，形成智能交互的共性基础软硬件平台，提升智能交互在设备和系统方面的原始创新能力，并在教育、办公、医疗等关键行业形成示范应用，推动人机交互领域研究和应用达到国际先进水平。

（9）虚拟现实与增强现实。突破虚实融合渲染、真三维呈现、实时定位注册、适人性虚拟现实技术等一批关键技术，形成高性能真三维显示器、智能眼镜、动作捕捉和分析系统、个性化虚拟现实整套装置等具有自主知识产权的核心设备。基本形成虚拟现实与增强现实技术在显示、交互、内容、接口等方面的规范标准。在工业、医疗、文化、娱乐等行业实现专业化和大众化的示范应用，培育虚拟现实与增强现实产业。

（10）智慧城市。开展城市计算智能、城市系统模型、群体协同服务等基础理论研究，突破城市多尺度立体感知、跨领域数据汇聚与管控、时空数据融合的智能决策、城市数据活化服务、城市系统安全保障等共性关键技术，研发智慧城市公共服务一体化运营平台，开展新型智慧城市群的集中应用创新示范。

3. 发展智能绿色服务制造技术

围绕建设制造强国，大力推进制造业向智能化、绿色化、服务化方向发展。发展网络协同制造技术，重点研究基于"互联网＋"的创新设计、基于物联网的智能工厂、制造资源集成管控、全生命周期制造服务等关键技术；发展绿色制造技术与产品，重点研究再设计、再制造与再资源化等关键技术，推动制造业生产模式和产业形态创新。发展机器人、智能感知、智能控制、微纳制造、复杂制造系统等关键技术，开发重大智能成套装备、光电子制造装备、智能机器人、增材制造、激光制造等关键装备与工艺，推进制造业智能化发展。开展设计技术、可靠性技术、制造工艺、关键基础件、工业传感器、智能仪器仪表、基础数据库、工业试验平台等制造基础共性技术研发，提升制造基础能力。推动制造业信息化服务增效，加强制造装备及产品"数控一代"创新应用示范，提高制造业信息化和自动化水平，支撑传统制造业转型升级。

专栏 6　先进制造技术

（1）网络协同制造。开展工业信息物理融合理论与系统、工业大数据等前沿技术研究，突破智慧数据空间、智能工厂异构集成等关键技术，发展"互联网＋"制造业的新型研发设计、智能工程、云服务、个性化定制等新型模式，培育一批智慧企业，开展典型示范应用。

（2）绿色制造。发展绿色化设计技术、基础加工工艺技术、机电产品开发技术、再制造与再资源化技术等，构建基于产品全生命周期的绿色制造技术体系，开展绿色制造技术和装备的推广应用和产业示范。

（3）智能装备与先进工艺。开展非传统制造工艺与流程、重大装备可靠性与智能化水平等关键技术研究，研制一批代表性智能加工装备、先进工艺装备和重大智能成套装备，引领装备的智能化升级。

（4）光电子制造关键装备。开展新型光通信器件、半导体照明、高效光伏电池、MEMS（微机电系统）传感器、柔性显示、新型功率器件、下一代半导体材料制备等新兴产业关键制造装备研发，提升新兴领域核心装备自主研发能力。

（5）智能机器人。开展下一代机器人技术、智能机器人学习与认知、人机自然交互与协作共融等前沿技术研究，攻克核心部件关键技术，工业机器人实现产业化，服务机器人实现产品化，特种机器人实现批量化应用。

（6）增材制造。开展高性能金属结构件激光增材制造控形控性等基础理论研究，攻克高效高精度激光增材制造熔覆喷头等核心部件，研发金属、非金属及生物打印典型工艺装备，构建相对完善的增材制造技术创新与研发体系。

（7）激光制造。开展超快脉冲、超大功率激光制造等理论研究，突破激光制造关键技术，研发高可靠长寿命激光器核心功能部件、国产先进激光器以及高端激光制造工艺装备，开发先进激光制造应用技术和装备。

（8）制造基础技术与关键部件。研究关键基础件、基础工艺等基础前沿技术，建立健全基础数据库，完善技术标准体系和工业试验验证平台，研制一批高端产品，提高重点领域和重大成套装备配套能力。

（9）工业传感器。开展工业传感器核心器件、智能仪器仪表、传感器集成应用等技术攻关，加强工业传感器技术在智能制造体系建设中应用，提升工业传感器产业技术创新能力。

4. 发展新材料技术

围绕重点基础产业、战略性新兴产业和国防建设对新材料的重大需求，加快新材料技术突破和应用。发展先进结构材料技术，重点是高温合金、高品质特殊钢、先进轻合金、特种工程塑料、高性能纤维及复合材料、特种玻璃与陶瓷等技术及应用。发展先进功能材料技术，重点是第三代半导体材料、纳米材料、新能源材料、印刷显示与激光显示材料、智能/仿生/超材料、高温超导材料、稀土新材料、膜分离材料、新型生物医用材料、生态环境材料等技术及应用。发展变革性的材料研发与绿色制造新技术，重点是材料基因工程关键技术与支撑平台，短流程、近终形、高能效、低排放为特征的材料绿色制造技术及工程应用。

专栏7 新材料技术

（1）重点基础材料。着力解决基础材料产品同质化、低值化，环境负荷重、能源效率低、资源瓶颈制约等重大共性问题，突破基础材料的设计开发、制造流程、工艺优化及智能化绿色化改造等关键技术和国产化装备，开展先进生产示范。

（2）先进电子材料。以第三代半导体材料与半导体照明、新型显示为核心，以大功率激光材料与器件、高端光电子与微电子材料为重点，推动跨界技术整合，抢占先进电子材料技术的制高点。

（3）材料基因工程。构建高通量计算、高通量实验和专用数据库三大平台，研发多层次跨尺度设计、高通量制备、高通量表征与服役评价、材料大数据四大关键技术，实现新材料研发由传统的"经验指导实验"模式向"理论预测、实验验证"新模式转变，在五类典型新材料的应用示范上取得突破，实现新材料研发周期缩短一半、研发成本降低一半的目标。

（4）纳米材料与器件。研发新型纳米功能材料、纳米光电器件及集成系统、纳米生物医用材料、纳米药物、纳米能源材料与器件、纳米环境材料、纳米安全与检测技术等，突破纳米材料宏量制备及器件加工的关键技术与标准，加强示范应用。

（5）先进结构材料。以高性能纤维及复合材料、高温合金为核心，以轻质高强材料、金属基和陶瓷基复合材料、材料表面工程、3D打印材料为重点，解决材料设计与结构调控的重大科学问题，突破结构与复合材料制备及应用的关键共性技术，提升先进结构材料的保障能力和国际竞争力。

（6）先进功能材料。以稀土功能材料、先进能源材料、高性能膜材料、功能陶瓷、特种玻璃等战略新材料为重点，大力提升功能材料在重大工程中的保障能力；以石墨烯、高端碳纤维为代表的先进碳材料、超导材料、智能/仿生/超材料、极端环境材料等前沿新材料为突破口，抢占材料前沿制高点。

5. 发展清洁高效能源技术

大力发展清洁低碳、安全高效的现代能源技术，支撑能源结构优化调整和温室气体减排，保障能源安全，推进能源革命。发展煤炭清洁高效利用和新型节能技术，重点加强煤炭高效发电、煤炭清洁转化、燃煤二氧化碳捕集利用封存、余热余压深度回收利用、浅层低温地能开发利用、新型节能电机、城镇节能系统化集成、工业过程节能、能源梯级利用、"互联网＋"节能、大型数据中心节能等技术研发及应用。发展可再生能源大规模开发利用技术，重点加强高效低成本太阳能电池、光热发电、太阳能供热制冷、大型先进风电机组、海上风电建设与运维、生物质发电供气供热及液体燃料等技术研发及应用。发展智能电网技术，重点加强特高压输电、柔性输电、大规模可再生能源并网与消纳、电网与用户互动、分布式能源以及能源互联网和大容量储能、能源微网等技术研发及应用。稳步发展核能与核安全技术及其应用，重点是核电站安全运行、大型先进压水堆、超高温气冷堆、先进快堆、小型核反应堆和后处理等技术研发及应用。实施"科技冬奥"行动计划，为奥运专区及周边提供零碳/低碳、经济智慧的能源解决方案。

专栏8　清洁高效能源技术

（1）煤炭安全清洁高效开发利用与新型节能。突破燃煤发电技术，实现火电厂平均供电煤耗每千瓦时305克标煤，煤制清洁燃气关键技术和装备的国产化水平达到90%以上。突破煤炭污染控制技术，常规污染物在现有水平上减排50%。开展燃烧后二氧化碳捕集实现百万吨/年的规模化示范。

（2）可再生能源与氢能技术。开展太阳能光伏、太阳能热利用、风能、生物质能、地热能、海洋能、氢能、可再生能源综合利用等技术方向的系统、部件、装备、材料和平台的研究。

（3）核安全和先进核能。开展先进核燃料、乏燃料后处理、放射性废物处理、严重事故、风险管理、数值反应堆、电站老化与延寿、超高温气冷堆、先进快堆、超临界水冷堆、新型模块化小堆等研究。

（4）智能电网。研制±1100千伏直流和柔性直流输电成套装备，建成±1100千伏特高压直流输电示范工程。实现2.5亿千瓦风电、1.5亿千瓦光伏的并网消纳，建成百万用户级供需互动用电系统等。

（5）建筑节能。突破超低能耗建筑技术标准和建筑能耗评价体系，研究节能集成技术、高效冷却技术等基础性技术，研发主动式/被动式多能源协调高效利用系统、新型采光与高效照明等应用关键技术，降低能源消耗。

6. 发展现代交通技术与装备

面向建设"安全交通、高效交通、绿色交通、和谐交通"重大需求，大力发展新能源、高效能、高安全的系统技术与装备，完善我国现代交通运输核心技术体系，培育新能源汽车、高端轨道交通、民用航空等新兴产业。重点发展电动汽车智能化、网联化、轻量化技术及自动驾驶技术，发展具有国际竞争力的高速列车、高中速磁浮、快捷货运技术与装备，发展轨道交通的安全保障、智能化、绿色化技术，研发运输管理前沿技术，提升交通运输业可持续发展能力和"走出去"战略支撑能力。

专栏9 现代交通技术与装备

（1）新能源汽车。实施"纯电驱动"技术转型战略，根据"三纵三横"研发体系，突破电池与电池管理、电机驱动与电力电子、电动汽车智能化技术、燃料电池动力系统、插电/增程式混合动力系统、纯电动力系统的基础前沿和核心关键技术，完善新能源汽车能耗与安全性相关标准体系，形成完善的电动汽车动力系统技术体系和产业链，实现各类电动汽车产业化。

（2）轨道交通。在轨道交通系统安全保障、综合效能提升、可持续性和互操作等方向，形成以新架构、新材料、新能源和跨国互联互通为特征的核心技术、关键装备、集成应用与标准规范。加强高速列车、高速磁浮、中速磁浮、联合运输、快捷货运、高速货运等方面的关键技术与装备研发，满足泛欧亚铁路互联互通要求，实现轨道交通系统全生命周期运营成本、运营安全水平、单位周转量能耗水平国际领先。

（3）海洋运输。突破绿色、智能船舶核心技术，形成船舶运维智能化技术体系，研制一批高技术、高性能船舶和高效通用配套产品，为提升我国造船、航运整体水平，培育绿色船舶、智能船舶等产业提供支撑。

（4）航空运输技术与装备。开展未来民机产品概念方案（新构型、新能源、超声速）论证研究，突破气动声学与低噪声设计、先进航电、飞控技术、先进多电、飞发一体化设计等技术，为提高民机产品竞争力提供支撑。瞄准航空运输服务低空空域开放、通用航空发展、航空应急救援体系建立所需的技术基础，围绕安全、高效、绿色航空器和航空运输系统两条主线，掌握通航飞机、协同空管、机场运控技术等重点方向前沿核心技术。

（5）综合交通运输与智能交通。以提供高效、便捷、可持续交通为目标，突破交通信息精准感知与可靠交互、交通系统协同式互操作、泛在智能化交通服务等共性关键技术。重点解决综合交通信息服务、交通系统控制优化、城市交通控制功能提升与设计问题，促进交通运输业与相关产业的融合发展。

7. 发展先进高效生物技术

瞄准世界科技前沿，抢抓生物技术与各领域融合发展的战略机遇，坚持超前部署和创新引领，以生物技术创新带动生命健康、生物制造、生物能源等创新发展，加快推进我国从生物技术大国到生物技术强国的转变。重点部署前沿共性生物技术、新型生物医药、绿色生物制造技术、先进生物医用材料、生物资源利用、生物安全保障、生命科学仪器设备研发等任务，加快合成生物技术、生物大数据、再生医学、3D生物打印等引领性技术的创新突破和应用发展，提高生物技术原创水平，力争在若干领域取得集成性突破，推动技术转化应用并服务于国家经济社会发展，大幅提高生物经济国际竞争力。

专栏 10　先进高效生物技术

（1）前沿共性生物技术。加快推进基因组学新技术、合成生物技术、生物大数据、3D生物打印技术、脑科学与人工智能、基因编辑技术、结构生物学等生命科学前沿关键技术突破，加强生物产业发展及生命科学研究核心关键装备研发，提升我国生物技术前沿领域原创水平，抢占国际生物技术竞争制高点。

（2）新型生物医药技术。开展重大疫苗、抗体研制、免疫治疗、基因治疗、细胞治疗、干细胞与再生医学、人体微生物组解析及调控等关键技术研究，研发一批创新医药生物制品，构建具有国际竞争力的医药生物技术产业体系。

（3）生物医用材料。以组织替代、功能修复、智能调控为方向，加快3D生物打印、材料表面生物功能化及改性、新一代生物材料检验评价方法等关键技术突破，重点布局可组织诱导生物医用材料、组织工程产品、新一代植介入医疗器械、人工器官等重大战略性产品，提升医用级基础原材料的标准，构建新一代生物医用材料产品创新链，提升生物医用材料产业竞争力。

（4）绿色生物制造技术。开展重大化工产品的生物制造、新型生物能源开发、有机废弃物及气态碳氧化物资源的生物转化、重污染行业生物过程替代等研究，突破原料转化利用、生物工艺效率、生物制造成本等关键技术瓶颈，拓展工业原材料新来源和开发绿色制造新工艺，形成生物技术引领的工业和能源经济绿色发展新路线。

（5）生物资源利用技术。聚焦战略生物资源的整合、挖掘与利用，推进人类遗传资源的系统整合与深度利用研究，构建国家战略生物资源库和信息服务平台，扩大资源储备，加强开发共享，掌握利用和开发的主动权，为生物产业可持续发展提供资源保障。

（6）生物安全保障技术。开展生物威胁风险评估、监测预警、检测溯源、预防控制、应急处置等生物安全相关技术研究，建立生物安全相关的信息和实体资源库，构建高度整合的国家生物安全防御体系。

8. 发展现代食品制造技术

遵循现代食品制造业高科技、智能化、多梯度、全利用、低能耗、高效益、可持续的国际发展趋势,围绕标准化加工、智能化控制、健康型消费等重大产业需求,以现代加工制造为主线,加快高效分离、质构重组、物性修饰、生物制造、节能干燥、新型杀菌等工程化技术研发与应用;攻克连续化、自动化、数字化、工程化成套装备制造技术,突破食品产业发展的装备制约;重视食品质量安全,聚焦食品源头污染问题日益严重、过程安全控制能力薄弱、监管科技支撑能力不足等突出问题,重点开展监测检测、风险评估、溯源预警、过程控制、监管应急等食品安全防护关键技术研究;围绕发展保鲜物流,开展智能冷链物流、绿色防腐保鲜、新型包装控制、粮食现代储备、节粮减损等产业急需技术研发;以营养健康为目标,突破营养功能组分稳态化保持与靶向递送、营养靶向设计与健康食品精准制造、主食现代化等高新技术。力争到 2020 年,在营养优化、物性修饰、智能加工、低碳制造、冷链物流、全程控制等技术领域实现重大突破,形成较为完备的现代食品制造技术体系,支撑我国现代食品制造业转型升级和持续发展。

专栏 11 现代食品制造技术

(1)加工制造。开展新型节能干燥、超微粉碎、冷冻冷藏、杀菌包装等共性技术研究,突破物性重构、风味修饰、质构重组、低温加工和生物制造等关键技术,攻克绿色加工、低碳制造和品质控制等核心技术,有效支撑食品加工产业技术升级。

(2)机械装备。开展食品装备的机械物性、数字化设计、信息感知、仿真优化等新方法、新原理研究,研发非热加工、新型杀菌、高效分离、自动包装等共性装备,节能挤压、高效干燥、连续焙烤、3D 打印等关键装备,以及连续化、自动化、智能化和工程化成套加工装备,为食品装备升级换代提供支撑。

(3)质量安全。开展食品品质评价与系统识别、危害因子靶向筛查与精准确证、多重风险分析与暴露评估、在线监测与快速检测、安全控制原理和工艺、监管和应急处置等共性技术研究,重点突破食品风险因子非定向筛查、快速检测核心试剂高效筛选、体外替代毒性测试、致病生物全基因溯源、全产业链追溯与控制、真伪识别等核心技术,加强食品安全防护关键技术研究,强化食品安全基础标准研究,加强基于互联网新兴业态的监管技术研究,构建全产业链质量安全技术体系。

(4)保鲜物流。开展物流过程中食品品质保持、损耗控制、货架期延长等共性技术研究,突破环境因子精准控制、品质劣变智能检测与控制、新型绿色包装等关键技术,加强粮食现代储备关键技术装备研发,开展粮食流通节粮减损关键技术研发和示范,掌握智能冷链物流、绿色防腐保鲜等核心技术,构建我国食品冷链物流新模式,推动食品保鲜物流产业跨越式发展。

(5)营养健康。开展食品营养品质调控、营养组学与抗慢性疾病机理研究,突破营养功能组分筛选、稳态化保持、功效评价等关键技术,掌握营养功能组分高效运载及靶向递送、营养代谢组学大数据挖掘等核心技术,以及基于改善肠道微生态的营养靶向设计与新型健康食品精准制造技术,加强主食营养健康机理与现代化关键技术研发,开发多样性和个性化营养健康食品,有力支撑全民营养健康水平提升。

9. 发展支撑商业模式创新的现代服务技术

面向"互联网＋"时代的平台经济、众包经济、创客经济、跨界经济、分享经济的发展需求，以新一代信息和网络技术为支撑，加强现代服务业技术基础设施建设，加强技术集成和商业模式创新，提高现代服务业创新发展水平。围绕生产性服务业共性需求，重点推进电子商务、现代物流、系统外包等发展，增强服务能力，提升服务效率，提高服务附加值。加强网络化、个性化、虚拟化条件下服务技术研发与集成应用，加强文化产业关键技术研发。大力开展服务模式创新，重点发展数字文化、数字医疗与健康、数字生活、教育与培训等新兴服务业。围绕企业技术创新需求，加快推进工业设计、文化创意和相关产业融合发展，提升我国重点产业的创新设计能力。

10. 发展引领产业变革的颠覆性技术

加强产业变革趋势和重大技术的预警，加强对颠覆性技术替代传统产业拐点的预判，及时布局新兴产业前沿技术研发，在信息、制造、生物、新材料、能源等领域，特别是交叉融合的方向，加快部署一批具有重大影响、能够改变或部分改变科技、经济、社会、生态格局的颠覆性技术研究，在新一轮产业变革中赢得竞争优势。重点开发移动互联、量子信息、人工智能等技术，推动增材制造、智能机器人、无人驾驶汽车等技术的发展，重视基因编辑、干细胞、合成生物、再生医学等技术对生命科学、生物育种、工业生物领域的深刻影响，开发氢能、燃料电池等新一代能源技术，发挥纳米技术、智能技术、石墨烯等对新材料产业发展的引领作用。

六、健全支撑民生改善和可持续发展的技术体系

围绕改善民生和促进可持续发展的迫切需求，加大资源环境、人口健康、新型城镇化、公共安全等领域核心关键技术攻关和转化应用的力度，为形成绿色发展方式和生活方式，全面提升人民生活品质提供技术支撑。

1. 发展生态环保技术

以提供重大环境问题系统性技术解决方案和发展环保高新技术产业体系为目标，形成源头控制、清洁生产、末端治理和生态环境修复的成套技术。加强大气污染形成机理、污染源追踪与解析关键技术研究，提高空气质量预报和污染预警技术水平；加强重要水体、水源地、源头区、水源涵养区等水质监测与预报预警技术体系建设；突破饮用水质健康风险控制、地下水污染防治、污废水资源化能源化与安全利用、垃圾处理及清洁焚烧发电、放射性废物处理处置等关键技术；开展土壤污染机制和风险评估等基础性研究，完善土壤环境监测与污染预警关键技术；加强环境基准研究；开展环境监测新技术和新方法研究，健全生态环境监测技术体系。提高生态环境监测立体化、自动化、智能化水平，推进陆海统筹、天地一体、上下协同、信息共享的生态环境监测网络建设。

突破生态评估、产品生态设计和实现生态安全的过程控制与绿色替代关键技术。开发环境健康风险评估与管理技术、高风险化学品的环境友好替代技术，开展重大工程生态评价与生态重建技术研究。开发生态环境大数据应用技术，建立智慧环保管理和技术支撑体系。在京津冀地区、长江经济带等重点区域开展环境污染防治技术应用试点示范，促进绿色技术转移转化，加强环保高新技术产业园区建设，推动形成区域环境治理协同创新共同体。开发生态环境大数据应用技术，建立智慧环保管理和技术支撑体系。力争实现生态环保技术的跨越发展，为我国环境污染控制、质量改善和环保产业竞争力提升提供科技支撑。

专栏 12 生态环保技术

（1）大气污染防治。加强灰霾和臭氧形成机理、来源解析、迁移规律及监测预警研究，为污染治理提供科学支撑，加强大气污染与人群健康关系的研究，加强脱硫、脱硝、高效除尘、挥发性有机物控制、柴油机（车）排放净化、环境监测等技术研发，建设大气污染排放控制及空气质量技术体系，开展大气联防联控技术示范，支撑重点区域空气质量改善，保障国家重大活动环境质量。

（2）土壤污染防治。针对农田土壤污染、工业用地污染、矿区土壤污染等治理，开展土壤环境基准、土壤环境容量与承载能力，污染物迁移转化规律、污染生态效应、重金属低积累作物和修复植物筛选，以及土壤污染与农产品质量、人体健康关系等方面研究。推进土壤污染诊断、风险管控、治理与修复等共性关键技术研发。

（3）水环境保护。加快研发废水深度处理、生活污水低成本高标准处理、海水淡化和工业高盐废水脱盐、饮用水微量有毒污染物处理、地下水污染修复、危险化学品事故和水上溢油应急处置等技术，开展有机物和重金属等水环境基准、水污染对人体健康影响、新型污染物风险评价、水环境损害评估、高品质再生水补充饮用水水源等研究。

（4）清洁生产。针对工农业污染排放和城市污染，研究钢铁、化工等生态设计、清洁生产、污染减量等技术，研究环境友好产品、清洁生产与循环经济技术政策及标准体系。

（5）生态保护与修复。围绕国家"两屏三带"生态安全屏障建设，以森林、草原、湿地、荒漠等生态系统为对象，研究关键区域主要生态问题演变规律、生态退化机理、生态稳定维持等理论，研究生态保护与修复、监测与预警技术；开发岩溶地区、青藏高原、长江黄河中上游、黄土高原、重要湿地、荒漠及荒漠化地区、三角洲与海岸带区、南方红壤丘陵区、塔里木河流域盐碱地、农牧交错带和矿产开采区等典型生态脆弱区治理技术，研发应对城市开发建设区域造成的生态破碎化、物种栖息地退化治理技术，开发适宜的生态产业技术，支撑生态退化区域可持续发展，提升陆地生态系统服务能力。

（6）化学品环境风险防控。结合我国化学品产业结构特点及化学品安全需要，加强化学品危害识别、风险评估与管理、化学品火灾爆炸及污染事故预警与应急控制等技术研究，研发高风险化学品的环境友好替代、高放废物深地质处置、典型化学品生产过程安全保障等关键技术，构建符合我国国情的化学品整合测试策略技术框架，全面提升我国化学品环境和健康风险评估及防控技术水平。

（7）环保产业技术。推动环保技术研发、示范、推广，发展环保产业新业态、新模式、新机制，建设绿色技术标准体系，推广"城市矿产""环境医院""库布其治沙产业"等模式，加快先进环保技术产业化。

（8）重大自然灾害监测预警与风险控制。针对地震、地质、气象、水利、海洋等重大环境自然灾害，加快天气中长期精细化数值预报、全球海洋数值预报、雾霾数值预报、地质灾害监测预警、洪涝与旱灾监测预警、地震监测预警、森林火灾监测预警与防控、沙尘暴监测预警等系统研究，提升重大自然灾害监测预警与风险评估能力。

（9）全球环境变化应对。突破温室气体排放控制、生物多样性保护、生物安全管理、化学品风险管理、臭氧层保护、荒漠化防治、湿地保护等技术瓶颈，解决污染物跨国境输送机制、国际履约谈判等中的科学问题，提升我国履行国际环境公约的能力。

2. 发展资源高效循环利用技术

以保障资源安全供给和促进资源型行业绿色转型为目标，大力发展水资源、矿产资源的高效开发和节约利用技术。在水土资源综合利用、国土空间优化开发、煤炭资源绿色开发、天然气水合物探采、油气与非常规油气资源开发、金属资源清洁开发、盐湖与非金属资源综合利用、废物循环利用等方面，集中突破一批基础性理论与核心关键技术，重点研发一批重大关键装备，构建资源勘探、开发与综合利用理论及技术体系，解决我国资源可持续发展保障、产业转型升级面临的突出问题；建立若干具有国际先进水平的基础理论研究与技术研发平台、工程转化与技术转移平台、工程示范与产业化基地，逐步形成与我国经济社会发展水平相适应的资源高效利用技术体系，为建立资源节约型环境友好型社会提供强有力的科技支撑。

专栏 13　资源高效循环利用技术

（1）水资源高效开发利用。围绕提升国家水资源安全保障科技支撑能力，发展工业节水、综合节水和非常规水资源开发利用技术与设备，研究水资源综合配置战略、水工程建设与运行、安全和应急管理技术，发展水沙联合调控、河口治理及河湖生态安全保护技术，开展水资源系统智能调度与精细化管理等研究，构建水资源综合利用理论技术体系和示范推广平台，跻身国际水资源研究先进行列。

（2）煤炭资源绿色开发。围绕"安全、绿色、智能"目标，开展煤炭绿色资源勘探、大型矿井快速建井、安全绿色开采、煤机装备智能化、低品质煤提质、煤系伴生资源协同开发、矿区全物质循环规划与碳排放控制等理论与技术攻关，推动生态矿山、智慧矿山以及煤炭清洁加工与综合利用重大科技示范工程建设，促进煤炭集约化开发，为煤炭产业转变发展方式、提质增效提供强大的科技支撑。

（3）油气与非常规油气资源开发。围绕国家能源安全需求，针对复杂环境、低品位、老油田挖潜和深层油气资源四大领域，通过钻井、采油、储运等关键技术与装备攻关，研发一批具有自主知识产权的重大高端装备、工具、软件、材料和成套技术，为油气资源高效勘探开发和清洁利用提供技术支撑。

（4）金属和非金属资源清洁开发与利用。研究复杂矿清洁选冶、"三废"综合利用等金属矿产资源高效开发技术，研究稀有金属、稀土元素及稀散元素构成的矿产资源保护性开发技术，研究放射性资源高效提取、盐湖资源综合利用、非金属资源高值化等重要战略资源保护开发技术，解决金属矿产资源选冶过程中环境污染严重、物耗高、资源综合利用率低等问题。

（5）废物循环利用。研究资源循环基础理论与模型，研发废物分类、处置及资源化成套技术装备，重点推进大宗固废源头减量与循环利用、生物质废弃物高效利用、新兴城市矿产精细化高值利用等关键技术与装备研发，加强固废循环利用管理与决策技术研究。加强典型区域循环发展集成示范，实施"十城百座"废物处置技术示范工程。

3. 发展人口健康技术

紧密围绕健康中国建设需求，突出解决重大慢病防控、人口老龄化应对等影响国计民生的重大问题，以提升全民健康水平为目标，系统加强生物数据、临床信息、样本资源的整合，统筹推进国家临床医学研究中心和疾病协同研究网络建设，促进医研企结合开展创新性和集成性研究，加快推动医学科技发展。重点部署疾病防控、精准医学、生殖健康、康复养老、药品质量安全、创新药物开发、医疗器械国产化、中医药现代化等任务，加快慢病筛查、智慧医疗、主动健康等关键技术突破，加强疾病防治技术普及推广和临床新技术新产品转化应用，建立并完善临床医学技术标准体系。力争到2020年，形成医养康护一体化、连续性的健康保障体系，为提高医疗服务供给质量、加快健康产业发展、助推医改和健康中国建设提供坚实的科技支撑。

专栏 14 人口健康技术

（1）重大疾病防控。聚焦心脑血管疾病、恶性肿瘤、代谢性疾病、呼吸系统疾病、精神神经系统疾病等重大慢病，消化、口腔、眼耳鼻喉等常见多发病，包虫、疟疾、血吸虫病等寄生虫疾病，以及伤害预防与救治技术等，加强基础研究、临床转化、循证评价、示范应用一体化布局，突破一批防治关键技术，开发一批新型诊疗方案，推广一批适宜技术，有效解决临床实际问题和提升基层服务水平。

（2）精准医学关键技术。把握生物技术和信息技术融合发展机遇，建立百万健康人群和重点疾病病人的前瞻队列，建立多层次精准医疗知识库体系和国家生物医学大数据共享平台，重点攻克新一代基因测序技术、组学研究和大数据融合分析技术等精准医疗核心关键技术，开发一批重大疾病早期筛查、分子分型、个体化治疗、疗效预测及监控等精准化应用解决方案和决策支持系统，推动医学诊疗模式变革。

（3）生殖健康及出生缺陷防控。解决我国出生缺陷防控、不孕不育和避孕节育等方面的突出问题，建立覆盖全国的育龄人口和出生人口队列，建立国家级生物信息和样本资源库，研发一批基层适宜技术和创新产品，全面提升出生缺陷防控科技水平，保障育龄人口生殖健康，提高出生人口素质。

（4）数字诊疗装备。以早期、精准、微创诊疗为方向，重点推进多模态分子成像、新型磁共振成像系统、新型 X 射线计算机断层成像、新一代超声成像、低剂量 X 射线成像、复合窥镜成像、新型显微成像、大型放射治疗装备、手术机器人、医用有源植入式装置等产品研发，加快推进数字诊疗装备国产化、高端化、品牌化。

（5）体外诊断产品。突破微流控芯片、单分子检测、自动化核酸检测等关键技术，开发全自动核酸检测系统、高通量液相悬浮芯片、医用生物质谱仪、快速病理诊断系统等重大产品，研发一批重大疾病早期诊断和精确治疗诊断试剂以及适合基层医疗机构的高精度诊断产品，提升我国体外诊断产业竞争力。

（6）健康促进关键技术。以定量监测、精准干预为方向，围绕健康状态辨识、健康风险预警、健康自主干预等环节，重点攻克无创检测、穿戴式监测、生物传感、健康物联网、健康危险因素干预等关键技术和产品，加强国民体质监测网络建设，构建健康大数据云平台，研发数字化、个性化的行为/心理干预、能量/营养平衡、功能代偿/增进等健康管理解决方案，加快主动健康关键技术突破和健康闭环管理服务研究。

（7）健康服务技术。推动信息技术与医疗健康服务融合创新，突破网络协同、分布式支持系统等关键技术，制定并完善隐私保护和信息安全标准及技术规范，建立基于信息共享、知识集成、多学科协同的集成式、连续性疾病诊疗和健康管理服务模式，推进"互联网＋"健康医疗科技示范行动，实现优化资源配置、改善就医模式和强化健康促进的目标。

（8）药品质量安全。瞄准临床用药需求，完善化学仿制药一致性评价技术体系，开展高风险品种、儿童用药、辅助用药的质量和疗效评价以及药品不良反应监测和评估、药品质量控制等研究，提高我国居民的用药保障水平，提升药品安全风险防控能力。

（9）养老助残技术。以智能服务、功能康复、个性化适配为方向，突破人机交互、神经—机器接口、多信息融合与智能控制等关键技术，开发功能代偿、生活辅助、康复训练等康复辅具产品，建立和完善人体心理、生理等方面功能的综合评估监测指标体系和预警方法，建立和完善促进老龄健康的干预节点和适宜技术措施，建立和完善养老服务技术标准体系和解决方案。

（10）中医药现代化。加强中医原创理论创新及中医药的现代传承研究，加快中医四诊客观化、中医药治未病、中药材生态种植、中药复方精准用药等关键技术突破，制定一批中医药防治重大疾病和疑难疾病的临床方案，开发一批中医药健康产品，提升中医药国际科技合作层次，加快中医药服务现代化和大健康产业发展。

4. 发展新型城镇化技术

围绕新型城镇化领域的瓶颈制约，针对绿色、智慧、创新、人文、紧凑型城市建设，以系统工程理念为出发点，尊重城市发展规律，创新和改进规划方法，把生态环境承载力、历史文脉传承、绿色低碳等理念融入规划设计全过程，通过科技创新统筹引领城市规划、建设、管理等各个环节，研发系统性技术解决方案。加强城镇区域发展动态监测、城镇布局和形态功能优化、城镇基础设施功能提升、城镇用地节约集约和低效用地再开发、城市地下综合管廊、地下空间合理布局与节约利用、城市信息化与智慧城市等关键技术研发，加强绿色生态基础设施和海绵城市建设技术研发，着力恢复城市自然生态；加强建筑节能、室内外环境质量改善、绿色建筑及装配式建筑等的规划设计、建造、运维一体化技术和标准体系研究，发展近零能耗和既有建筑改造技术体系，推进和提升节地、节能、节水、节材和环保技术在城市建设中的应用推广；加强文化遗产保护传承和公共文化、体育健身等公共服务关键技术研究，培育教育、文化、体育、旅游等城市创新发展新业态，推动历史文脉延续和人文城市建设。力争到2020年形成较为完备的新型城镇化建设和发展理论体系、共性关键技术和标准规范体系，推动城镇可持续人居环境建设和公共服务功能提升，有力保障中国特色新型城镇化建设。

专栏15　新型城镇化技术

（1）城镇功能提升和协调发展。开展城镇空间规划、基础设施建设和功能提升、城镇用地节约集约和低效用地再开发等关键技术研发及示范，形成城镇规划建设管理和基础设施功能提升的技术体系与装备，突破城市地下综合管廊建设关键技术及装备、支撑城市地下基础设施管网建设的地质勘测技术、城市生态修复和有机更新技术、市政管线建设—探测—维护—修复和运行技术、城镇电—气—热能源系统结构布局和管网优化技术，推动海绵城市、绿色城市、智慧城市建设和城市精细化管理，优化城镇化布局和形态，构建综合性城市管理数据库和基础设施智能管控系统，推动智慧住区、社区和园区建设，全面推进区域人居环境优化提质和城市文脉传承，为建设绿色、智慧、创新、人文、紧凑型城市提供科技支撑。

（2）绿色建筑与装配式建筑研究。加强绿色建筑规划设计方法与模式、近零能耗建筑、建筑新型高效供暖解决方案研究，建立绿色建筑基础数据系统，研发室内环境保障和既有建筑高性能改造技术。加强建筑信息模型、大数据技术在建筑设计、施工和运维管理全过程研发应用。加强装配式建筑设计理论、技术体系和施工方法研究。研究装配式混凝土结构、钢结构、木结构和混合结构技术体系、关键技术和通用化、标准化、模数化部品部件。研究装配式装修集成技术。构建装配式建筑的设计、施工、建造和检测评价技术及标准体系，开发耐久性好、本质安全、轻质高强的绿色建材，促进绿色建筑及装配式建筑实现规模化、高效益和可持续发展。

（3）文化遗产保护与公共文化服务。加强文化遗产认知、保护、监测、利用、传承等技术研发与示范，支撑文化遗产价值挖掘，支撑馆藏文物、重要遗产地、墓葬、壁画等的保护，支撑智慧博物馆、"平安故宫"工程建设和"中华古籍保护计划"实施，促进世界遗产和风景名胜区的管理、保护和利用。加强文化设施空间与服务的技术研发应用，促进公共文化资源开放共享。开展竞技体育和体育装备关键技术研发与示范，促进全民健康水平提高和体育产业发展。

5. 发展可靠高效的公共安全与社会治理技术

围绕平安中国建设，以建立健全公共安全体系为导向，以提高社会治理能力和水平为目的，针对公共安全共性基础科学问题、国家公共安全综合保障、社会安全监测预警与控制、重特大生产安全事故防控与生产安全保障、国家重大基础设施安全保障、城镇公共安全风险防控与治理、综合应急技术装备等方面开展公共安全保障关键技术攻关和应用示范，形成主动保障型公共安全技术体系。聚焦地震灾害、地质灾害、气象灾害、水旱灾害、海洋灾害等重大自然灾害基础理论问题，重点灾种的关键技术环节和巨灾频发与高危险区域，开展重大自然灾害监测预警、风险防控与综合应对关键科学技术问题基础研究、技术研发和集成应用示范。运用现代科技改进社会治理方法和手段，开展社会治理公共服务平台多系统和多平台信息集成共享、政策仿真建模和分析技术研究，开展社会基础信息、信用信息等数据共享交换关键技术和综合应用技术研究。力争到 2020 年，形成较为完备、可靠、高效的公共安全与社会治理技术体系，为经济社会持续稳定安全发展提供科技保障。

专栏 16 公共安全与社会治理技术

（1）公共安全风险防控与应急技术装备。开展公共安全预防准备、监测预警、态势研判、救援处置、综合保障等关键技术研究和应用示范，加强国家公共安全综合保障平台、公共安全视频监控与智能化应用技术、超深井超大矿山安全开采技术、口岸突发事件应急处置技术等的研发，推动一批自主研发重大应急技术装备投入使用，为单位国内生产总值生产安全事故死亡率下降 30％、全面提升公共安全保障能力提供科技支撑。

（2）重大灾害风险监测与防范。深化对地球内动力演化、海陆空多尺度耦合影响重大自然灾害发生的科学认知，发展天地空一体化观测关键技术，提升危险性分析、风险评估和灾害情景预测分析的精细化和精准度。加强高效数值模拟等技术研发，提升预警与灾情快速评估时效与精度。加强相关仪器设备研制和业务平台构建，强化各级政府防灾、抗灾、救灾决策支撑能力，提高社会防范能力，有效减轻重大自然灾害人员和财产损失。

（3）社会治理与社会安全关键技术研发和应用示范。加强社会基础信息共享利用、城乡社区综合服务管理平台、社会组织、流动人口、贫困人群和特殊人群监测、就业创业和流动人才管理服务一体化集成等技术研发和应用示范，强化社会安全基础信息综合应用、社会治安综合治理信息数据共享交换、立体化社会治安防控、新型犯罪侦查等技术研发和应用示范，构建社会安全立体防控技术体系。

七、发展保障国家安全和战略利益的技术体系

围绕国家和人类长远发展需求，加强海洋、空天以及深地极地空间拓展的关键技术突破，提升战略空间探测、开发和利用能力，为促进人类共同资源有效利用和保障国家安全提供技术支撑。

1. 发展海洋资源高效开发、利用和保护技术

按照建设海洋强国和"21世纪海上丝绸之路"的总体部署和要求，坚持以强化近海、拓展远海、探查深海、引领发展为原则，重点发展维护海洋主权和权益、开发海洋资源、保障海上安全、保护海洋环境的重大关键技术。开展全球海洋变化、深渊海洋科学等基础科学研究，突破深海运载作业、海洋环境监测、海洋油气资源开发、海洋生物资源开发、海水淡化与综合利用、

海洋能开发利用、海上核动力平台等关键核心技术，强化海洋标准研制，集成开发海洋生态保护、防灾减灾、航运保障等应用系统。通过创新链设计和一体化组织实施，为深入认知海洋、合理开发海洋、科学管理海洋提供有力的科技支撑。加强海洋科技创新平台建设，培育一批自主海洋仪器设备企业和知名品牌，显著提升海洋产业和沿海经济可持续发展能力。

专栏 17　海洋资源开发利用技术

（1）深海探测。围绕实施深海安全战略的科技需求，突破全海深（最大深度 11000 米）潜水器研制，形成 1000～7000 米级潜水器作业应用能力。研制深远海油气勘探开发装备，加快大洋海底矿产资源勘探及试开采进程，初步形成"透明海洋"技术体系，为我国深海资源开发利用提供科技支撑。

（2）海洋环境安全保障。发展近海环境质量监测传感器和仪器系统、深远海动力环境长期持续观测重点仪器装备，研发海洋环境数值预报模式，提高海洋环境灾害及突发事件的预报预警水平和应急处置能力，解决国家海洋环境安全保障平台建设中的关键技术问题，构建海洋环境与资源开发标准计量体系，提升我国海洋环境安全保障能力。

（3）海洋生物资源可持续开发利用。围绕海洋生物科学研究和蓝色经济发展需求，针对海洋特有的群体资源、遗传资源、产物资源，在科学问题认知、关键技术突破、产业示范应用三个层面，一体化布局海洋生物资源开发利用重点任务创新链，培育与壮大我国海洋生物产业，全面提升海洋生物资源可持续开发创新能力。

（4）海水淡化与综合利用。突破低成本、高效能海水淡化系统优化设计、成套和施工各环节的核心技术；研发海水提钾、海水提溴和溴系镁系产品的高值化深加工成套技术与装备，建成专用分离材料和装备生产基地；突破环境友好型大生活用海水核心共性技术，积极推进大生活用海水示范园区建设。

（5）大型海洋工程装备。突破超深水半潜式钻井平台和生产平台、浮式液化天然气生产储卸装置和存储再气化装置、深水钻井船、深水勘察船、极地科考破冰船等海洋工程装备及其配套设备设计制造技术，形成自主研发和设计制造能力，建立健全研发、设计、制造和标准体系。

2. 发展空天探测、开发和利用技术

发展新一代空天系统技术和临近空间技术，提升卫星平台和载荷能力以及临近空间持久信息保障能力，强化空天技术对国防安全、经济社会发展、全球战略力量部署的综合服务和支撑作用。增强空天综合信息应用水平与技术支撑能力，拓展我国地球信息产业链。加强空间科学新技术新理论研究，开展空间探测活动。开展新机理新体制遥感载荷与平台、空间辐射基准与传递定标、超敏捷卫星与空天地智能组网、全球空间信息精准获取与定量化应用、高精度全物理场定位与智能导航、泛在精确导航与位置服务、量子导航、多源多尺度时空大数据分析与地球系统模拟、地理信息系统在线可视化服务、空间核动力等核心关键技术研究及示范应用。全面提升航天运输系统技术能力，开展新概念运输系统技术研究。

专栏 18 空天探测、开发和利用技术

（1）空间科学卫星系列。开展依托空间科学卫星系列的基础科学前沿研究，围绕已发射暗物质粒子探测卫星等任务，在暗物质、量子力学完备性、空间物理、黑洞、微重力科学和空间生命科学等方面取得重大科学发现与突破。研制太阳风-磁层相互作用全景成像卫星、爱因斯坦探针卫星、全球水循环观测卫星、先进天基太阳天文台卫星等，争取在2020年前后发射，为在地球空间耦合规律、引力波电磁对应体探测、全球变化与水循环、太阳磁层与爆发活动之间关系等方面取得原创性成果奠定基础，引领带动航天尖端技术发展。

（2）深空探测。围绕太阳系及地月系统起源与演化、小行星和太阳活动对地球的影响、地外生命信息探寻等重大科学问题，以提升我国深空探测与科学研究能力水平为目标，力争获取一批原创性科学成果。2018年发射嫦娥四号，实施世界首次月球背面着陆巡视探测。2020年完成小行星、木星系、月球后续等深空探测工程方案深化论证和关键技术攻关。

（3）首次火星探测。围绕火星环境、地质等研究和生命信息探寻等科学问题，按照"一步实现绕落巡、二步完成取样回"的发展路线，到2020年发射首颗火星探测器，突破火星环绕和进入、着陆与巡视核心关键技术，通过一次发射实现火星环绕和着陆巡视探测，开展火星全球性、综合性的科学探测，高起点完成首次火星探测任务，实现我国月球以远深空探测能力的突破。

（4）地球观测与导航。突破信息精准获取、定量遥感应用等关键技术和复杂系统集成共性技术，开展地球观测与导航前瞻性技术及理论、共性关键技术、应用示范等技术研究，为构建综合精准、自主可控的地球观测与导航信息应用技术系统奠定基础。

（5）新型航天器。突破分布式可重构弹性空间体系与技术体制、分布式可重构航天器协同测控和能量传输等关键技术；加强超强性能航天器平台、可维修可重复使用卫星、空间机器人等技术研发；面向下一代新型空间系统建设，开发智能高品质新型卫星平台等。推进我国空间体系战略转型、空间探测新机制、空间技术前沿理论与自主核心技术发展。

（6）重型运载火箭。围绕深空探测、载人登月等大规模空间活动任务需求，研制近地轨道运载能力百吨级重型运载火箭，2020年前突破10米级大直径箭体结构、500吨级液氧煤油和220吨级液氢液氧两型大推力火箭发动机等核心关键技术，确定合理可行的总体方案。全面开展工程组织实施，带动一系列高新技术集群突破。

3. 发展深地极地关键核心技术

围绕深地极地探测开发的技术需求，重点研究深地资源勘探理论和技术装备，开展极地环境观测和资源开发利用。从构造背景、深部过程、成矿规律、勘探技术和成矿信息提取等方面开展全链条研究，深化对成矿过程的全面理解，提高深部资源探测能力，构建深地资源保障供应的资源可持续发展模式。研究海冰—海洋—大气的耦合变化机理和极区环境变化对全球的影响，重点研究对我国气候和灾害性天气的影响机理；探索和了解极区的油气、矿产、渔业、航道资源并评估资源潜力和商业价值；开发耐低温环境的仪器装

备，发展极区自动观测网的组网技术，形成对极区的持续观测能力；通过在极区观测网、海底资源开发、深冰芯钻探等领域的国际合作，探索设立大型极区国际合作研究计划，提高我国极地科研水平和技术保障条件。

专栏 19　深地极地技术

（1）深地资源勘探。揭示成矿系统的三维结构与时空展布规律，构建深部矿产预测评价体系，拓展深地矿产开采理论与技术，开发矿产资源勘探关键技术与装备，实现深部油气资源 8000～10000 米、矿产资源 1000～3000 米的勘探能力，建立 3000 米深度矿产资源勘查实践平台、深层油气和铀矿资源勘查实践平台。

（2）极区环境观测。开展极区冰雪观测、冰盖运动与物质平衡，极区环境过程观测与生物地球化学循环，极区生物的生命特征、生态系统及其演替，极区海洋沉积物结构及古气候、古环境变化等方面研究。建立两极海冰—海洋—大气相互作用、协同集成的观测系统，开发极区环境信息服务平台，形成我国认识极地的多学科数据源。

（3）极区变化对全球及我国气候的影响。研究极区环流、海冰—海洋—大气耦合变化及其气候效应，研究南极深冰芯记录、北极冰冻圈演变过程、极区空间天气大气过程的相互作用及其对全球气候变化和我国气候与灾害性天气过程的影响。

（4）极区资源探测与利用。开展极区地质构造及潜在矿产资源探测，极区油气和天然气水合物资源探测，加强北极航道环境适航性探查与安全保障。

（5）我国主导的大型极区国际合作计划。实施北极长期观测计划、南大洋长期观测计划、南极深冰探测联合研究计划，提升我国在极区国际地缘政治中的影响力和话语权。

4. 发展维护国家安全和支撑反恐的关键技术

强化科技对国家应对传统安全和非传统安全紧迫需求的支撑，支持信息安全、网络安全、生物安全、反恐、保密等方面关键核心技术研发。

第三节　增强原始创新能力

围绕增加创新的源头供给，持续加强基础研究，布局建设重大科技创新基地，壮大创新型科技人才队伍，力争在更多领域引领世界科学前沿发展方向，为人类科技进步做出更多贡献。

八、持续加强基础研究

坚持面向国家重大需求和世界科学前沿，坚持鼓励自由探索和目标导向相结合，加强重大科学问题研究，完善基础研究体制机制，补好基础研究短板，增强创新驱动源头供给，显著提升我国的科学地位和国际影响力。

1. 加强自由探索与学科体系建设

面向基础前沿，遵循科学规律，进一步加大对好奇心驱动基础研究的支持力度，引导科学家将学术兴趣与国家目标相结合，鼓励科学家面向重大科学研究方向，勇于攻克最前沿的科学难题，提出更多原创理论，做出更多原创发现。切实加大对非共识、变革性创新研究的支持力度，鼓励质疑传统、挑战权威，重视可能重塑重要科学或工程概念、催生新范式或新学科新领域的研究。

加强学科体系建设。重视数学、物理学、化学、天文学、地学、生命科学等基础学科，推动学科持续发展；加强信息、生物、纳米等新兴学科建设，鼓励开展跨学科研究，促进学科交叉与融合；重视产业升级与结构调整所需解决的核心科学问题，推进环境科学、海洋科学、材料科学、工程科学和临床医学等应用学科发展。各学科论文总量和论文被引用数进一步增长，部分学科学术影响力达到世界领先。

2. 强化目标导向的基础研究和前沿技术研究

面向我国经济社会发展中的关键科学问题、国际科学研究发展前沿领域以及未来可能产生变革性技术的科学基础，统筹优势科研队伍、国家科研基地平台和重大科技基础设施，超前投入、强化部署目标导向的基础研究和前沿技术研究。

聚焦国家重大战略任务部署基础研究。面向国家重大需求、面向国民经济主战场，针对事关国计民生、产业核心竞争力的重大战略任务，凝练现代农业、人口健康、资源环境和生态保护、产业转型升级、节能环保和新能源、新型城镇化等领域的关键科学问题，促进基础研究与经济社会发展需求紧密结合，为创新驱动发展提供源头供给。

专栏 20　面向国家重大战略任务重点部署的基础研究

(1) 农业生物遗传改良和可持续发展。
(2) 能源高效洁净利用与转化的物理化学基础。
(3) 面向未来人机物融合的信息科学。
(4) 地球系统过程与资源、环境和灾害效应。
(5) 新材料设计与制备新原理和新方法。
(6) 极端环境条件下的制造。
(7) 重大工程复杂系统的灾变形成及预测。
(8) 航空航天重大力学问题。
(9) 医学免疫学问题。

面向世界科学前沿和未来科技发展趋势，选择对提升持续创新能力带动作用强、研究基础和人才储备较好的战略性前瞻性重大科学问题，强化以原始创新和系统布局为特点的大科学研究组织模式，部署基础研究重点专项，实现重大科学突破、抢占世界科学发展制高点。

专栏 21　战略性前瞻性重大科学问题

(1) 纳米科技。
(2) 量子调控与量子信息。

（3）蛋白质机器与生命过程调控。

（4）干细胞及转化。

（5）依托大科学装置的前沿研究。

（6）全球变化及应对。

（7）发育的遗传与环境调控。

（8）合成生物学。

（9）基因编辑。

（10）深海、深地、深空、深蓝科学研究。

（11）物质深层次结构和宇宙大尺度物理研究。

（12）核心数学及应用数学。

（13）磁约束核聚变能发展。

以实现重点科技领域的战略领先为目标，面向未来有望引领人类生活和工业生产实现跨越式发展的前沿方向，建立变革性技术科学基础的培育机制，加强部署基因编辑、材料素化、神经芯片、超构材料、精准介观测量等方面的基础研究和超前探索，通过科学研究的创新和突破带动变革性技术的出现和发展，为未来我国产业变革和经济社会可持续发展提供科学储备。

3. 组织实施国际大科学计划和大科学工程

面向基础研究领域和重大全球性问题，结合我国发展战略需要、现实基础和优势特色，积极参与国际大科学计划和大科学工程。加强顶层设计，长远规划，择机布局，重点在数理天文、生命科学、地球环境科学、能源以及综合交叉等我国已相对具备优势的领域，研究提出未来5至10年我国可能组织发起的国际大科学计划和大科学工程。调动国际资源和力量，在前期充分研究基础上，力争发起和组织若干新的国际大科学计划和大科学工程，为世界科学发展作出贡献。

专栏22　国际大科学计划和大科学工程

（1）国际热核聚变实验堆（ITER）计划。全面参与 ITER 计划国际组织管理，提升我国核聚变能源研发能力；以参加 ITER 计划为契机，带动更多国内相关机构参与国际研发，提升我国参与大科学工程项目管理的能力，树立我国参与国际大科学工程项目管理的典范。

（2）平方公里阵列射电望远镜（SKA）计划。积极参与 SKA 计划政府间正式谈判，继续深入参与 SKA 国际工作包研发并确保我国工业界在 SKA—1 建设中的优势地位，在国内部署开展科学预研及推动设立 SKA-1 专项。

（3）地球观测组织（GEO）。构建综合地球观测领域全球合作体系，主导亚洲大洋洲区域全球综合地球观测系统（GEOSS）的建设，运行我国全球综合地球观测数据共享服务平台，向全球发布专题报告。选择"一带一路"区域开展遥感产品生产与示范应用。

（4）国际大洋发现计划（IODP）。瞄准国际前沿科学问题，验证大陆破裂形成海洋的重大理论假说，解决南海北部油气勘探开发中的关键问题。创新参与模式，提高我国的主导作用。

（5）发起实施国际大科学计划和大科学工程。在数理天文、生命科学、地球环境科学、能源以及综合交叉等领域选择全球共同关心的重大科学问题，发起实施若干国际大科学计划和大科学工程，并在其中发挥重要作用。

4．加强国家重大科技设施建设

聚焦能源、生命、粒子物理和核物理、空间和天文、海洋、地球系统和环境等领域，以提升原始创新能力和支撑重大科技突破为目标，依托高等学校、科研院所布局建设一批重大科技基础设施，支持依托重大科技基础设施开展科学前沿问题研究。加强运行管理，推动大科学装置等重大科技基础设施与国家实验室等紧密结合，强化大科学装置等国家重大科技基础设施绩效评估，促进开放共享。围绕生态保障、现代农业、气候变化和灾害防治等国家需求，建设布局一批野外科学观测研究站，完善国家野外观测站体系，推动野外科学观测研究站的多能化、标准化、规范化和网络化建设运行，促进联网观测和协同创新。

5．开展重大科学考察与调查

面向重要科学问题、农业可持续发展、生态恢复与重建、自然灾害的防灾减灾、国家权益维护和重大战略需求，组织开展跨学科、跨领域、跨区域的重大科学考察与调查，获得一批基础性、公益性、系统性、权威性的科技资源。在我国重要地理区、生态环境典型区、国际经济合作走廊以及极地、大洋等重点、特殊和空白地区，开展科学考察与调查，摸清自然本底和动态变化状况，为原始性创新、重大工程建设和国家决策提供支撑。

专栏 23　科学考察与调查

（1）重大综合科学考察。在我国重要地理区、生态环境典型区等重点、特殊和空白地区，开展地理、地质、生态、环境、生物、农业、林业、海洋、健康等多领域多要素的科学考察与调查，采集、收集科技基础资源，摸清自然本底和动态变化状况。

（2）南北极科学考察。围绕极区快速变化及其对区域和全球气候、环境、生态以及人类活动影响等重要方向，依托极地科考站、科考船和综合立体观测系统，开展极地雪冰、资源环境、海洋沉积、极光和电离层特征、地质构造等科学考察与调查，提高对极地系统的科学新认知，提升极地科学研究的能力与水平。

（3）种质资源普查与收集。开展全国范围内的种质资源普查和征集，开展典型区域的种质资源系统调查，抢救性收集各类栽培作物的古老地方品种、重要作物的野生近缘植物以及其他珍稀、濒危野生植物种质资源等，丰富种质资源的数量和多样性。

（4）科学调查。开展岩石、地层、古生物、构造、矿产、水文、环境、地貌、地球化学、重点疾病等科学调查，获取相关学科研究所需基础资料和信息。

6．加强基础研究协同保障

完善基础研究投入机制，提高基础研究占全社会研发投入比例，充分发挥国家对基础研究投入的主体作用，加大中央财政对基础研究的支持力度，加大对基础学科、基础研究基地和基础科学重大设施的稳定支持。强化政策环境、体制机制、科研布局、评价导向等方面的系统设计，多措并举支持基础研究。积极引导和鼓励地方政府、企业和社会力量加大对基础研究的投入，形成全社会重视和支持基础研究的合力。

加强顶层设计和整体布局，完善国家基础研究管理部门之间的沟通协调机制，按照新的国家科技计划体系对基础研究工作进行系统性部署和支持。发挥国家自然科学基金支持源头创新的重要作用，充分尊重科学家的学术敏感，包容和支持非共识研究，构建宽松包容的学术环境。国家重点研发计划以及基地和人才专项加强支持开展目标导向类基础研究和协同创新，建立按照国家目标凝练基础研究重点任务的有效机制，进行长期稳定支持。

推进科教融合发展，结合国际一流科研机构、世界一流大学和一流学科建设，支持高等学校与科研机构自主布局基础研究，扩大高等学校与科研机构学术自主权和个人科研选题选择权，支持一批高水平大学和科研院所组建跨学科、综合交叉的科研团队，促进高等学校和科研院所全面参与基础研究，推进基础研究全面、协调、可持续发展。

改善学术环境，建立符合基础研究特点和规律的评价机制。自由探索类基础研究采用长周期评价机制，实行国际同行评估，主要评价研究的原创性和学术贡献；目标导向类基础研究强调目标实现程度，主要评价解决重大科学问题的效能；确立以创新质量和学术贡献为核心的评价导向。

九、建设高水平科技创新基地

紧密围绕国家战略需求，大力推进以国家实验室为引领的科技创新基地建设，加强基地优化整合，创新运行机制，促进科技资源开放共享，夯实自主创新的物质技术基础。

1. 优化国家科研基地和平台布局

以提升科技创新能力为目标，着眼长远和全局，统筹科研基地、科技资源共享服务平台和科研条件保障能力建设，坚持优化布局、重点建设、分层管理、规范运行的原则，围绕国家战略和创新链布局需求对现有国家科研基地平台进行合理归并，优化整合为战略综合类、技术创新类、科学研究类、基础支撑类等，进一步明确功能定位和目标任务。战略综合类主要是国家实验室。技术创新类包括国家技术创新中心、国家临床医学研究中心，以及对现有国家工程技术研究中心、国家工程研究中心、国家工程实验室、企业国家重点实验室等优化整合后形成的科研基地。科学研究类主要是国家重点实验室。基础支撑类包括国家野外科学观测研究站、科技资源服务平台等基础性、公益性基地和平台。

以国家实验室为引领统筹布局国家科研基地建设，推动地方和部门按照国家科研基地总体布局，建设适合区域发展和行业特色的科技创新基地，形成国家、部门、地方分层次的合理构架。进一步完善管理运行机制，加强评估考核，强化稳定支持。

2. 在重大创新领域布局建设国家实验室

聚焦国家目标和战略需求，优先在具有明确国家目标和紧迫战略需求的重大领域，在有望引领未来发展的战略制高点，面向未来、统筹部署，布局建设一批突破型、引领型、平台型一体的国家实验室。以重大科技任务攻关和国家大型科技基础设施为主线，依托最有优势的创新单元，整合全国创新资源，聚集国内外一流人才，探索建立符合大科学时代科研规律的科学研究组织形式、学术和人事管理制度，建立目标导向、绩效管理、协同攻关、开放共享的新型运行机制，同其他各类科研机构、大学、企业研发机构形成功能互补、良性互动的协同创新新格局。加大持续稳定支持强度，开展具有重大引领作用的跨学科、大协同的创新攻关，打造体现国家意志、具有世界一流水平、引领发展的重要战略科技力量。

3. 推进国家科学研究与技术创新基地建设

瞄准科学前沿和重点行业领域发展方向，加强以国家重点实验室为重要载体的科学研究基地建设，在孕育原始创新、推动学科发展和前沿技术研发方面发挥重要作用，在若干学科领域实现并跑和领跑，产出国际一流成果。根据国家科技计划管理改革的整体要求，按照国家科研基地顶层设计，对现有国家重点实验室进行优化布局，重点在前沿交叉、优势特色学科择优建设一批国家重点实验室，推进省部共建、军民共建及港澳伙伴实验室建设发展工作。完善运行管理制度和机制，强化定期评估考核和调整，形成具有持续创新活力、能进能出的重要科学研究基地。

聚焦国家战略产业技术领域，建设综合性、集成性、面向全球竞争、开放协同的国家技术创新中心。面向行业和产业发展需求，整合国家工程技术研究中心和国家工程研究中心，完善布局，实行动态调整和有序退出机制。在先进制造、现代农业、生态环境、社会民生等重要领域建设高水平的技术创新和成果转化基地。建成若干国家临床研究中心和覆盖全国的网络化、集群化协同研究网络，促进医学科技成果转化应用。

4. 强化科技资源开放共享与服务平台建设

加强平台建设系统布局，形成涵盖科研仪器、科研设施、科学数据、科技文献、实验材料等的科技资源共享服务平台体系，强化对前沿科学研究、企业技术创新、大众创新创业等的支撑，着力解决科技资源缺乏整体布局、重复建设和闲置浪费等问题。整合和完善科技资源共享服务平台，更好满足科技创新需求。建立健全共享服务平台运行绩效考核、后补助和管理监督机制。深入开展重点科技资源调查，完善国家科技资源数据库建设，强化科技资源挖掘加工、评价鉴定等。面向国家重大需求提供高水平专题服务。建立科技资源信息公开制度，完善科学数据汇交和共享机制，加强科技计划项目成果数据的汇交。

专栏 24　科技资源共享服务

（1）科研仪器共享服务平台。完善科研仪器国家网络管理平台建设，对国家财政购置的各类科研仪器设备进行集约式管理，积极推动面向科研院所、企业及全社会开放共享，为科学研究和创新创业提供支撑保障。

（2）科研设施共享服务平台。充分发挥国家重大科研基础设施、大型科学装置和科研设施、野外科学观测研究站等重要公共科技资源的优势，推动面向科技界开放共享，为相关学科发展提供支撑保障。

（3）科学数据共享服务平台。加强各类科学数据的整合和质量控制，完善科学数据汇交机制，推动科学数据的汇聚和更新，加工形成专题数据产品，面向国家重大战略需求提供科学数据支撑。

（4）科技文献共享服务平台。扩大科技文献信息资源采集范围，建立长期保存制度，建设面向重大科技发展方向的语义知识组织体系，提升科技资源大数据语义揭示、开放关联和知识发现的支撑能力，全面构建适应大数据环境和知识服务需求的国家科技文献信息保障服务体系。

（5）生物（种质）资源与实验材料共享服务平台。重点加强实验动物、标准物质、科研试剂、特殊人类遗传资源、基因、细胞、微生物菌种、植物种质、动物种质、岩矿化石标本、生物标本等资源的收集、整理、保藏工作，提高资源质量，提升资源保障能力和服务水平。

5. 提升科研条件保障能力

以提升原始创新能力和支持重大科技突破为目标，加强大型科学仪器设备、实验动物、科研试剂、创新方法等保障研究开发的科研条件建设，夯实科技创新的物质和条件基础，提升科研条件保障能力。强化重大科研仪器设备、核心技术和关键部件研制与开发，推动科学仪器设备工程化和产业化技术研究；强化国家质量技术基础研究，支持计量、标准、检验检测、认证认可等技术研发，加强技术性贸易措施研究；加强实验动物品种培育、模型创制及相关设备的研发，全面推进实验动物标准化和质量控制体系建设；加强国产科研用试剂研发、应用与示范，研发一批填补国际空白、具有自主知识产权的原创性科研用试剂，不断满足我国科学技术研究和高端检测领域的需求；开展科技文献信息数字化保存、信息挖掘、语义揭示、知识计算等方面关键共性技术研发。

专栏25　科研条件保障

（1）科学仪器设备。以关键核心技术和部件自主研发为突破口，聚焦高端通用和专业重大科学仪器设备研发、工程化和产业化，研制一批核心关键部件，显著降低核心关键部件对外依存度，明显提高高端通用科学仪器的产品质量和可靠性，大幅提升我国科学仪器行业核心竞争力。

（2）国家质量技术基础。研发具有国际水平的计量、标准、检验检测和认证认可技术，提升我国国际互认计量测量能力，参与和主导研制国际标准，突破一批检验检测检疫认证新技术，实现国家质量技术基础总体水平与发达国家并跑，个别领域达到领跑。

（3）实验动物。开展实验动物新资源和新品种培育，加快人源化和复杂疾病动物模型创制与应用，新增一批新品种、新品系，资源总量接近发达国家水平；开展动物实验新技术和新设备开发，加强实验动物标准化体系建设，为人类健康和公共安全提供有效技术保障。

（4）科研试剂。重点围绕人口健康、资源环境以及公共安全领域需求，加强高端检测试剂、高纯试剂、高附加值专有试剂研发，研发一批具有自主知识产权的原创性试剂；开展科研用试剂共性测试技术研究，加强技术标准建设，完善质量体系，提升科研用试剂保障能力。

十、加快培育集聚创新型人才队伍

人才是经济社会发展的第一资源，是创新的根基，创新驱动实质上是人才驱动。深入实施人才优先发展战略，坚持把人才资源开发放在科技创新最优先的位置，优化人才结构，构建科学规范、开放包容、运行高效的人才发展治理体系，形成具有国际竞争力的创新型科技人才制度优势，努力培养造就规模宏大、结构合理、素质优良的创新型科技人才队伍，为建设人才强国做出重要贡献。

1. 推进创新型科技人才结构战略性调整

促进科学研究、工程技术、科技管理、科技创业人员和技能型人才等协调发展，形成各类创新型科技人才衔接有序、梯次配备、合理分布的格局。深入实施国家重大人才工程，打造国家高层次创新型科技人才队伍。突出"高精尖缺"导向，加强战略科学家、科技领军人才的选拔和培养。加强创新团队建设，形成科研人才和科研辅助人才的梯队合理配备。加大对优秀青年科技人才的发现、培养和资助力度，建立适合青年科技人才成长的用人制度，增强科技创新人才后备力量。大力弘扬新时期工匠精神，加大面向生产一线的实用工程人才、卓越工程师和专业技能人才培养。培养造就一大批具有全球战略眼光、创新能力和社会责任感的企业家人才队伍。加大少数民族创新型科技人才培养和使用，重视和提高女性科技人才的比例。加强知识产权和技术转移人才队伍建设，提升科技管理人才的职业化和专业化水平。加大对新兴产业以及重点领域、企业急需紧缺人才的支持力度。研究制定国家重大战略、国家重大科技项目和重大工程等的人才支持措施。建立完善与老少边穷地区人才交流合作机制，促进区域人才协调发展。

2. 大力培养和引进创新型科技人才

发挥政府投入引导作用，鼓励企业、高等学校、科研院所、社会组织、个人等有序参与人才资源开发和人才引进，更大力度引进急需紧缺人才，聚天下英才而用之。促进创新型科技人才的科学化分类管理，探索个性化培养路径。促进科教结合，构建创新型科技人才培养模式，强化基础教育兴趣爱好和创造性思维培养，探索研究生培养科教结合的学术学位新模式。深化高等学校创新创业教育改革，促进专业教育与创新创业教育有机结合，支持高等职业院校加强制造等专业的建设和技能型人才培养，完善产学研用结合的协同育人模式。鼓励科研院所和高等学校联合培养人才。

加大对国家高层次人才的支持力度。加快科学家工作室建设，鼓励开展探索性、原创性研究，培养一批具有前瞻性和国际眼光的战略科学家群体；形成一支具有原始创新能力的杰出科学家队伍；在若干重点领域建设一批有基础、有潜力、研究方向明确的高水平创新团队，提升重点领域科技创新能力；瞄准世界科技前沿和战略性新兴产业，支持和培养具有发展潜力的中青年科技创新领军人才；改革博士后制度，发挥高等学校、科研院所、企业在博士后研究人员招收培养中的主体作用，为博士后从事科技创新提供良好条件保障；遵循创业人才成长规律，拓宽培养渠道，支持科技成果转化领军人才发展。培育一批具备国际视野、了解国际科学前沿和国际规则的中青年科研与管理人才。

加大海外高层次人才引进力度。围绕国家重大需求，面向全球引进首席科学家等高层次创新人才，对国家急需紧缺的特殊人才，开辟专门渠道，实行特殊政策，实现精准引进。改进与完善外籍专家在华工作、生活环境和相关服务。支持引进人才深度参与国家计划项目、开展科技攻关，建立外籍科学家领衔国家科技项目的机制。开展高等学校和科研院所部分非涉密岗位全球招聘试点。完善国际组织人才培养推送机制。

优化布局各类创新型科技人才计划，加强衔接协调。统筹安排人才开发培养经费，调整和规范人才工程项目财政性支出，提高资金使用效益，发挥人才发展专项资金等政府投入的引导和撬动作用。推动人才工程项目与各类科研、基地计划相衔接。

3. 健全科技人才分类评价激励机制

改进人才评价考核方式，突出品德、能力和业绩评价，实行科技人员分类评价。探索基础研究类科研人员的代表作同行学术评议制度，进一步发挥国际同行评议的作用，适当延长基础研究人才评价考核周期。对从事应用研究和技术开发的科研人员注重市场检验和用户评价。引导科研辅助和实验技术类人员提高服务水平和技术支持能力。完善科技人才职称评价体系，突出用人主体在职称评审中的主导作用，合理界定和下放职称评审权限，推动高等学校、科研院所和国有企业自主评审，探索高层次人才、急需紧缺人才职称直聘办法，畅通非公有制经济组织和社会组织人才申报参加职称评审渠道。做好人才评价与项目评审、机构评估的有机衔接。

改革薪酬和人事制度，为各类人才创造规则公平和机会公平的发展空间。完善科研事业单位收入分配制度，推进实施绩效工资，保证科研人员合理工资待遇水平，健全与岗位职责、工作业绩、实际贡献紧密联系和鼓励创新创造的分配激励机制，重点向关键岗位、业务骨干和做出突出贡献的人员倾斜。依法赋予创新领军人才更大的人财物支配权、技术路线决定权，实行以增加知识价值为导向的激励机制。积极推行社会化、市场化选人用人。创新科研事业单位选聘、聘用高端人才的体制机制，探索高等学校、科研院所负责人年薪制和急需紧缺等特殊人才协议工资、项目工资等多种分配办法。深化国家科技奖励制度改革，优化结构、减少数量、提高质量、强化奖励的荣誉性和对人的激励，逐步完善推荐提名制，引导和规范社会力量设奖。改进完善院士制度，健全院士遴选、管理和退出机制。

4. 完善人才流动和服务保障机制

优化人力资本配置，按照市场规律让人才自由流动，实现人尽其才、才尽其用、用有所成。改进科研人员薪酬和岗位管理制度，破除人才流动障碍，研究制定高等学校、科研院所等事业单位科研人员离岗创业的政策措施，允许高等学校、科研院所设立一定比例的流动岗位，吸引具有创新实践经验的企业家、科技人才兼职，促进科研人员在事业单位和企业间合理流动。健全有利于人才向基层、中西部地区流动的政策体系。加快社会保障制度改革，完善科研人员在企业与事业单位之间流动时社保关系转移接续政策，为人才跨地区、跨行业、跨体制流动提供便利条件，促进人才双向流动。

针对不同层次、不同类型的人才，制定相应管理政策和服务保障措施。实施更加开放的创新型科技人才政策，探索柔性引智机制，推进和保障创新型科技人才的国际流动。落实外国人永久居留管理政策，探索建立技术移民制度。对持有外国人永久居留证的外籍高层次人才开展创办科技型企业等创新活动，给予其与中国籍公民同等待遇，放宽科研事业单位对外籍人员的岗位限制，放宽外国高层次科技人才取得外国人永久居留证的条件。推进内地与港澳台创新型科技人才的双向流动。加强对海外引进人才的扶持与保护，避免知识产权纠纷。健全创新人才维权援助机制，建立创新型科技人才引进使用中的知识产权鉴定机制。完善留学生培养支持机制，提高政府奖学金资助标准，扩大来华留学规模，优化留学生结构。鼓励和支持来华留学生和在海外留学生以多种形式参与创新创业活动。进一步完善教学科研人员因公临时出国分类管理政策。

拓展人才服务新模式。积极培育专业化人才服务机构，发展内外融通的专业性、行业性人才市场，完善对人才公共服务的监督管理。搭建创新型科技人才服务区域和行业发展的平台，探索人才和智力流动长效服务机制。

第四节 拓展创新发展空间

统筹国内国际两个大局，促进创新资源集聚和高效流动。以打造区域创新高地为重点带动提升区域创新发展整体水平，深度融入和布局全球创新网络，全方位提升科技创新的国际化水平。

十一、打造区域创新高地

围绕推动地方实施创新驱动发展战略和落实国家区域发展总体战略，充分发挥地方在区域创新中的主体作用，优化发展布局，创新体制机制，集成优势创新资源，着力打造区域创新高地，引领带动区域创新水平整体跃升。

1. 支持北京上海建设具有全球影响力的科技创新中心

支持北京发挥高水平大学和科研机构、高端科研成果、高层次人才密集的优势，建设具有强大引领作用的全国科技创新中心。鼓励开展重大基础和前沿科学研究，聚集世界级研究机构和创新团队，打造原始创新策源地。强化央地共建共享，建立跨区域科技资源服务平台，全面提升重点产业技术创新能力，积极培育新兴业态，形成全国"高精尖"产业集聚区。建设国家科技金融创新中心，推动科技人才、科研条件、金融资本、科技成果开放服务，在京津冀及全国创新驱动发展中发挥核心支撑和先发引领作用。构筑全球开放创新高地，打造全球科技创新的引领者和创新网络的关键枢纽。

支持上海发挥科技、资本、市场等资源优势和国际化程度高的开放优势，建设具有全球影响力的科技创新中心。瞄准世界科技前沿和顶尖水平，布局建设世界一流重大科技基础设施群。支持面向生物医药、集成电路等优势产业领域建设若干科技创新平台，形成具有国际竞争力的高新技术产业集群。鼓励政策先行先试，促进国家重大科技成果转化落地，吸引集聚全球顶尖科研机构、领军人才和一流创新团队，引导新型研发机构快速发展，培育创新创业文化。推进上海张江国家自主创新示范区、中国（上海）自由贸易试验区和全面创新改革试验区联动，全面提升科技国际合作水平。发挥上海在长江经济带乃至全国范围内的高端引领和辐射带动作用，打造全球科技创新网络重要枢纽，建设富有活力的世界创新城市。

2. 推动国家自主创新示范区和高新区创新发展

紧密结合国家重大战略，按照"东转西进"的原则优化布局，依托国家高新区再建设一批国家自主创新示范区。大力提升国家自主创新示范区创新能力，发挥科教资源集聚优势，释放高等学校和科研院所创新效能，整合国内外创新资源，深化企业主导的产学研合作，着力提升战略性新兴产业竞争力，发挥在创新发展中的引领示范和辐射带动作用。支持国家自主创新示范区先行先试，全面深化科技体制改革和政策创新，结合功能提升和改革示范的需求建设创新特区。加强政策总结评估，加快成熟试点政策向全国推广。

国家高新区围绕做实做好"高"和"新"两篇文节，加大体制机制改革和政策先行先试力度，促进科技、人才、政策等要素的优化配置，完善从技术研发、技术转移、企业孵化到产业集聚的创新服务和产业培育体系。稳步推进省级高新区升级，按照择优选择、以升促建、分步推进、特色鲜明的原则，推动国家高新区在全国大部分地级市布局，加快推进中西部地区高新区升级。建设创新型产业集群，发挥集群骨干企业创新示范作用，促进大中小企业的分工协作，引导跨区域跨领域集群协同发展。

加强国家农业科技园、国家现代农业科技示范区建设，布局一批农业高新技术产业示范区和现代农业产业科技创新中心，培育壮大农业高新技术企业，促进农业高新技术产业发展。

3. 建设带动性强的创新型省市和区域创新中心

按照创新型国家建设的总体部署，发挥地方主体作用，加强中央和地方协同共建，有效集聚各方科技资源和创新力量，加快推进创新型省份和创新型城市建设，推动创新驱动发展走在前列的省份和城市率先进入创新型省市行列，依托北京、上海、安徽等大科学装置集中的地区建设国家综合性科学中心，形成一批具有全国乃至全球影响力的科学技术重要发源地和新兴产业策源地，在优势产业、优势领域形成全球竞争力。根据各地资源禀赋、产业特征、区位优势、发展水平等基础条件，突出优势特色，探索各具特色的创新驱动发展模式，打造形成若干具有强大带动力的区域创新中心，辐射带动周边区域创新发展。

4. 系统推进全面创新改革试验

围绕发挥科技创新在全面创新中的引领作用，在京津冀、上海、安徽、广东、四川和沈阳、武汉、西安等区域开展系统性、整体性、协同性的全面创新改革试验，推动形成若干具有示范带动作用的区域性改革创新平台，形成促进创新的体制架构。支持改革试验区域统筹产业链、创新链、资金链和政策链，在市场公平竞争、知识产权、科技成果转化、金融创新、人才培养和激励、开放创新、科技管理体制等方面取得一批重大改革突破，在率先实现创新驱动发展方面迈出实质性步伐。在对8个区域改革试验总结评估的基础上，形成可复制的重大改革举措，向全国推广示范。

十二、提升区域创新协调发展水平

完善跨区域协同创新机制，引导创新要素聚集流动，构建跨区域创新网络，集中力量加大科技扶贫开发力度，充分激发基层创新活力。

1. 推动跨区域协同创新

紧紧围绕京津冀协同发展需求，打造协同创新共同体。着力破解产业转型升级、生态环保等重大科技问题，加快科技资源互联互通和开放共享，建立一体化技术交易市场，推动建设河北·京南科技成果转移转化示范区，促进产业有序对接，推动京津冀区域率先实现创新驱动发展。围绕长江经济带发展重大战略部署，着力解决流域生态保护和修复、产业转型升级的重大科技问题，促进长江经济带各地区技术转移、研发合作与资源共享，推动科技、产业、教育、金融等深度融合，提升创新发展整体水平。加速长三角、珠三角科技创新一体化进程，建设开放创新转型升级新高地。

打破区域体制机制障碍，促进创新资源流动，实现东中西部区域协同发展。支持东部地区率先实现创新驱动发展，更好发挥辐射带动作用。围绕东北地区等老工业基地振兴和中部崛起，加大对重点产业创新支持力度，提高创新资源配置的市场化程度，增强创新动力和活力。加快面向中西部地区的创新基地优化布局，发展特色优势学科和产业。加强对西部区域和欠发达地区的差别化支持，紧密对接革命老区、民族地区、边疆地区、贫困地区科技需求，加大科技援疆、援藏、援青以及对口支援力度，为跨越式发展和长治久安提供有力支撑。支持中西部地区结合发展需求探索各具特色的创新驱动发展模式，支持和推进甘肃兰白科技创新改革试验区、贵州大数据产业技术创新试验区、四川成都中韩创新创业园、云南空港国际科技创新园、宁夏沿黄经济带科技创新改革试验区等建设，优化创新创业环境，聚集创新资源，示范引领区域转型发展。深化部省会商机制，加大中央和地方科技资源的集成与协调。

2. 加大科技扶贫开发力度

围绕打赢脱贫攻坚战，强化科技创新对精准扶贫精准脱贫的支撑作用，大力推进智力扶贫、创业扶贫、协同扶贫。推动科技人员支持边远贫困地区、边疆民族地区和革命老区建设，在贫困地区、革命老区转化推广一大批先进适用技术成果。加强科技园区和创新创业孵化载体建设，引导资本、技术、人才等创新创业资源向贫困地区集聚，鼓励和支持结合贫困地区资源和产业特色的科技型创业。支持做好片区扶贫，完善跨省协调机制。结合贫困地区需求，强化定点扶贫，实施"一县一团""一县一策"，建设创新驱动精准脱贫的试验田和示范点。发挥科技在行业脱贫中的带动作用，重点扶持贫困地区特色优势产业发展壮大。

3. 提升基层科技创新服务能力

进一步加强基层科技工作系统设计与指导，坚持面向基层、重心下移，统筹中央和地方科技资源支持基层科技创新。开展县域创新驱动发展示范，加强全国县（市）科技创新能力监测和评价。加强基层科技管理队伍建设，发展和壮大社会化创业服务，鼓励和培育多元化、个性化服务模式。深入推行科技特派员制度，发展壮大科技特派员队伍，培育发展新型农业经营和服务主体，健全农业社会化科技服务体系，鼓励创办领办科技型企业和专业合作社、专业技术协会，加大先进适用技术的推广应用力度。

专栏 26　县域创新驱动发展示范

（1）创新驱动发展示范县。选择有示范带动能力的特色县（市），重点开展科研单位与县（市）科技合作平台建设，培育壮大农业高新技术产业，发展县（市）科技成果转化与创新服务平台，加强创新驱动的考核评价。

（2）农业现代化科技示范县。选择农业现代化水平高、科技创新能力强、农业高新技术产业密集、科教资源丰富的县（市），创建农业现代化科技示范县，形成农业现代化发展样板。

（3）农村一二三产业融合发展示范县。选择农业资源、生物质资源、休闲农业资源丰富，产业基础好的县（市），发展"互联网＋"现代农业，延伸拓展农业产业链，促进农村一二三产业融合发展，拓展农业产业增值空间。

4. 促进区域可持续发展

优化国家可持续发展实验区布局，针对不同类型地区经济、社会和资源环境协调发展的问题，开展创新驱动区域可持续发展的实验和示范。完善实验区指标与考核体系，加大科技成果转移转化力度，促进实验区创新创业，积极探索区域协调发展新模式。在国家可持续发展实验区基础上，围绕落实国家重大战略和联合国 2030 年可持续发展议程，以推动绿色发展为核心，创建国家可持续发展创新示范区，力争在区域层面形成一批现代绿色农业、资源节约循环利用、新能源开发利用、污染治理与生态修复、绿色城镇化、人口健康、公共安全、防灾减灾和社会治理的创新模式和典型。

十三、打造"一带一路"协同创新共同体

发挥科技创新合作对共建"一带一路"的先导作用，围绕沿线国家科技创新合作需求,全面提升科技创新合作层次和水平,打造发展理念相通、要素流动畅通、科技设施联通、创新链条融通、人员交流顺通的创新共同体。

1. 密切科技沟通和人文交流

加强与"一带一路"沿线国家人文交流,扩大人员往来。与沿线国家共同培养科技人才,扩大杰出青年科学家来华工作计划规模,广泛开展先进适用技术、科技管理与政策、科技创业等培训。鼓励我国科技人员赴沿线国家开展科技志愿服务,解决技术问题,满足技术需求。合作开展科普活动,促进青少年科普交流。密切与沿线国家科技政策的交流与沟通,形成科技创新政策协作网络。

2. 加强联合研发和技术转移中心建设

结合沿线国家的重大科技需求,鼓励我国科研机构、高等学校和企业与沿线国家相关机构合作,围绕重点领域共建联合实验室(联合研究中心),联合推进高水平科学研究,开展科技人才的交流与培养,促进适用技术转移和成果转化,构建长期、稳定的合作关系。充分发挥我国面向东盟、中亚、南亚和阿拉伯国家的国际技术转移中心,以及中国—以色列创新合作中心等的作用,共建一批先进适用技术示范与推广基地,促进与沿线国家技术交流合作与转移。合作建设一批特色鲜明的科技园区,探索多元化建设模式,搭建企业走出去平台。鼓励科技型企业在沿线国家创新创业,推动移动互联网、云计算、大数据、物联网等行业企业与沿线国家传统产业结合,促进新技术、新业态和新商业模式合作。

3. 促进科技基础设施互联互通

加强适应性关键技术研发和技术标准对接,支撑铁路、公路联运联通,以及电网、信息通信网络互联互通,保障海上丝绸之路运输大通道建设。加快数据共享平台与信息服务设施建设,促进大型科研基础设施、科研数据和科技资源互联互通。持续推进大型科研基础设施国际开放,优先在"一带一路"沿线国家建立平台服务站点。建立地球观测与科学数据共享服务平台,实现亚太主要地球观测数据中心互联。搭建生物技术信息网络,促进沿线国家生物资源和技术成果数据库的共建共享。

4. 加强与"一带一路"沿线国家的合作研究

积极开展重大科学问题和应对共同挑战的合作研究。加强在农业、人口健康、水治理、荒漠化与盐渍化治理、环境污染监控、海水淡化与综合利用、海洋和地质灾害监测、生态系统保护、生物多样性保护、世界遗产保护等重大公益性科技领域的实质性合作,推动在中医药、民族医药等领域开展生物资源联合开发、健康服务推广。在航空航天、装备制造、节水农业、生物医药、节能环保、新能源、信息、海洋等领域加强合作开发与产业示范,提升我国重点产业创新能力。加强"一带一路"区域创新中心建设,支持新疆建设丝绸之路经济带创新驱动发展试验区,支持福建建设 21 世纪海上丝绸之路核心区。

十四、全方位融入和布局全球创新网络

坚持以全球视野谋划和推动创新,实施科技创新国际化战略,积极融入和主动布局全球创新网络,探索科技开放合作新模式、新路径、新体制,深度参与全球创新治理,促进创新资源双向开放和流动,全方位提升科技创新的国际化水平。

1. 完善科技创新开放合作机制

加强国家科技外交和科技合作的系统设计。深化政府间科技合作,分类制定国别战略,丰富新型大国关系的科技内涵,推进与科技发达国家建立创新战略伙伴关系,与周边国家打造互利合作的创新共同体,拓展对发展中国家科技伙伴计划框架。创新国际科技人文交流机制,丰富和深化创新对话机制,扩大对话范围,围绕研发合作、创新政策、技术标准、知识产权、跨国并购等开展深度沟通。加强与非洲、拉美等地区的科技合作。扩大科技援助规模,创新援助方式,支持发展中国家加强科技创新能力建设。

加大国家科技计划开放力度,支持海外专家牵头或参与国家科技计划项目,参与国家科技计划与专项的战略研究、指南制定和项目评审等工作。与国外共设创新基金或合作计划。实施更加积极的人才引进政策,加快推进签证制度改革,围绕国家重大需求面向全球引进首席科学家等高层次科技创新人才,健全对外创新合作的促进政策和服务体系。

专栏 27　科技创新开放合作机制

(1) 创新对话。加强与主要国家、重要国际组织和多边机制围绕政策制定、科学合作和技术交流平台、重大国际研发任务等内容开展对话合作。鼓励和支持产业界深度参与,增进创新政策和实践交流,加深与高级别人文交流的有机衔接,拓展双边外交的新形态。

(2) 科技伙伴计划。继续拓展中国—非洲科技伙伴计划、中国—东盟科技伙伴计划、中国—南亚科技伙伴计划、中国—上合组织科技伙伴计划、中国—金砖国家科技创新合作框架计划及中国—拉美科技伙伴计划,筹备启动中国—阿拉伯国家科技伙伴计划,打造与相关国务实高效、充满活力的新型科技伙伴关系,重点加强科技人才培养、共建联合实验室(联合研究中心)、共建科技园区、共建技术示范推广基地、共建技术转移中心、推动科技资源共享、科技政策规划与咨询等方面的合作。

2. 促进创新资源双向开放和流动

围绕国家重大科技需求,与相关领域具有创新优势的国家合作建设一批联合研究中心和国际技术转移中心。提升企业发展的国际化水平,鼓励有实

力的企业采取多种方式开展国际科技创新合作，支持企业在海外设立研发中心、参与国际标准制定，推动装备、技术、标准、服务走出去。鼓励外商投资战略性新兴产业、高新技术产业、现代服务业，鼓励国外跨国公司、研发机构、研究型大学在华设立或合作设立高水平研发机构和技术转移中心。充分发挥国际科技合作基地的作用，与优势国家在相关领域合作建设高层次联合研究中心。推动我国科研机构和企业采取与国际知名科研机构、跨国公司联合组建等多种方式设立海外研发机构。发挥区域创新优势，推动地方建立国际科技创新合作中心。加强创新创业国际合作，深化科技人员国际交流，吸引海外杰出青年科学家来华工作、交流，开展国际青少年科普活动等。

专栏28　科技资源双向流动和开放

（1）政府间科技合作。完善政府间科技合作机制，落实双多边科技合作协定及涵盖科技合作的各类协议。分类部署与大国、周边国家、其他发达和发展中国家、国际组织和多边机制的科技合作。开展重大政府间合作。共同资助开展联合研发。支持科技人员交流。

（2）重大国际科技创新合作。重点推动农业农村、城镇化及城市发展、清洁能源和可再生能源、新一代电子信息及网络技术、地球观测与导航、新材料、先进制造、交通运输、资源环境、生物技术、海洋与极地、人口与健康、公共安全等领域的重大国际合作。促进在环保、气象预测、种质资源等领域的技术和设备引进，解决重大、核心和关键技术问题。

（3）国家国际科技合作基地。加强国际科技合作基地联盟建设。支持基地开展联合研究。开展国际培训、人才培养和信息服务。优化合作平台的集群建设。建立以国际科技与创新合作成果为导向的国际科技合作基地评估动态调整和重点资助机制。

3.加强与港澳台的科技创新合作

发挥港澳地区的独特科技优势和开放平台作用，利用港澳科技合作委员会机制，促进内地与港澳科技合作机制化与制度化。组织实施高水平科技创新合作项目，共建研发基地。推进科研设施向港澳台开放，支持港澳台青年科学家到内地开展短期合作研究，以互利共赢方式深化科技交流。充分发挥海峡西岸经济区、中国（福建）自由贸易试验区、平潭综合实验区、福厦泉国家自主创新示范区、昆山深化两岸产业合作试验区等的先行先试作用，打造科技创新合作平台。加快构建大陆与台湾、内地与港澳联合研发、人文交流、知识产权、技术转移转化等综合性合作平台。以高新区和大学科技园等为载体，深化和拓展与港澳台地区高等学校、科研院所、企业间科技研发和创新创业的合作。

专栏29　与港澳台科技创新合作重点

加强内地与港澳、大陆与台湾青年人创新创业及科技园区合作；出台优惠政策，为港澳台地区青年人来内地创新创业提供便利条件；鼓励和组织港澳台青年参加各类创新创业大赛和训练营活动；推动内地科技园区、众创空间与港澳台地区相关机构合作，扩大北京、天津、上海、广东与香港科技园的合作空间；支持内地大学与港澳大学合办大学科技园。

4. 深度参与全球创新治理

积极参与重大国际科技合作规则制定，围绕各国重大关切和全球性挑战，创制国际科技合作公共产品，加快推动全球大型科研基础设施共享，主动设置全球性议题，提升对国际科技创新的影响力和制度性话语权。加强和优化驻外科技机构和科技外交官的全球布局。发挥民间组织在促进国际科技创新合作中的作用。争取和吸引国际组织在我国落户，鼓励设立新的国际组织，支持和推荐更多的科学家等优秀人才到国际科技组织交流和任职。

第五节　推动大众创业万众创新

顺应大众创业、万众创新的新趋势，构建支撑科技创新创业全链条的服务网络，激发亿万群众创造活力，增强实体经济发展的新动能。

十五、全面提升科技服务业发展水平

以满足科技创新需求和促进创新创业为导向，建立健全科技服务体系，全面提升科技服务业的专业化、网络化、规模化、国际化发展水平。

1. 提升全链条科技服务能力

围绕创新链完善服务链，大力发展专业科技服务和综合科技服务。重点发展研究开发、技术转移、检验检测认证、创业孵化、知识产权、科技咨询等业态，基本形成覆盖科技创新全链条的科技服务体系。充分运用现代信息和网络技术，依托各类科技创新载体，整合科技服务资源，推动技术集成创新和商业模式创新，积极培育科技服务新业态。优化科技服务业区域和行业布局，促进各类科技服务机构优势互补和信息共享，提升面向创新主体的协同服务能力。建立健全科技服务的标准体系，促进科技服务业规范化发展。壮大科技服务市场主体，培育一批拥有知名品牌的科技服务机构和龙头企业，形成一批科技服务产业集群。采取多种方式对符合条件的科技服务企业予以支持，以政府购买服务、后补助等方式支持公共科技服务发展，鼓励有条件的地方采用创业券、创新券等方式引导科技服务机构为创新创业企业和团队提供高质量服务。

2. 建立统一开放的技术交易市场体系

加强全国技术市场一体化布局，探索建立统一的技术交易规范和流程。发展多层次技术交易市场体系，推进国家技术转移区域中心建设，加快形成国家技术交易网络平台；鼓励地方完善区域技术交易服务平台，突出区域和产业发展特色，统筹区域技术交易平台资源。支持技术交易机构探索基于互联网的在线技术交易模式，加强各类创新资源集成，提供信息发布、融资并购、公开挂牌、竞价拍卖、咨询辅导等线上线下相结合的专业化服务。鼓励技术交易机构创新服务模式，发展技术交易信息增值服务，为企业提供跨领域、跨区域、全过程的集成服务。大力培育技术经纪人，引导技术交易机构向专业化、市场化、国际化发展。

3. 促进科技服务业国际化发展

强化科技服务机构全球资源链接能力，支持科技服务机构"走出去"，通过海外并购、联合经营、设立分支机构等方式开拓国际市场。推动科技服务机构牵头组建以技术、专利、标准为纽带的国际化科技服务联盟。支持科技服务机构开展技术、人才等方面的国际交流合作，积极吸引国际科技服务人才来华工作、短期交流或举办培训。鼓励国外知名科技服务机构在我国设立分支机构或开展科技服务合作。支持国内科技服务机构与国外同行开展深层次合作，形成信息共享、资源分享、互联互通的国际科技服务协作网络。

十六、建设服务实体经济的创业孵化体系

围绕实体经济转型升级，加强专业化高水平的创新创业综合载体建设，完善创业服务功能，形成高效便捷的创业孵化体系。

1. 建设各具特色的众创空间

推进众创空间向专业化、细分化方向发展，提升服务实体经济能力。围绕重点产业领域发展细分领域众创空间，促进成熟产业链与创新创业的结合，解决产业需求和行业共性技术难题。鼓励龙头骨干企业围绕主营业务方向建设众创空间，形成以龙头骨干企业为核心，高等学校、科研院所积极参与、辐射带动中小微企业成长发展的产业创新生态群落。鼓励高等学校、科研院所围绕优势专业领域建设以科技人员为核心、成果转移转化为主要功能的专业化众创空间，增加源头技术供给，为科技型创新创业提供专业化服务。国家高新区、国家级经济技术开发区、国家现代农业示范区等发挥重点区域创新创业要素集聚优势，打造一批具有本地特色的众创空间。

2. 发展面向农村创业的"星创天地"

加大"星创天地"建设力度，以农业科技园区、高等学校新农村发展研究院、科技型企业、科技特派员创业基地、农民专业合作社等为载体，通过市场化机制、专业化服务和资本化运作方式，利用线下孵化载体和线上网络平台，面向科技特派员、大学生、返乡农民工、职业农民等打造融合科技示范、技术集成、融资孵化、创新创业、平台服务于一体的"星创天地"，营造专业化、社会化、便捷化的农村科技创业服务环境，推进一二三产业融合。

3. 完善创业孵化服务链条

构建创新创业孵化生态系统，充分发挥大学科技园、科技企业孵化器在大学生创业中的载体作用，引导企业、社会资本参与投资建设孵化器。促进天使投资与创业孵化紧密结合，推广"孵化＋创投"、创业导师等孵化模式，探索基于互联网的新型孵化方式。加强创业孵化服务的衔接，支持建立"创业苗圃＋孵化器＋加速器"的创业孵化服务链条，鼓励开源社区、开发者社群等各类互助平台发展，为培育新兴产业提供源头支撑。构建区域间孵化网络，促进孵化器跨区域协同发展。促进互联网孵化平台与实体经济的骨干企业合作，实现实体经济与虚拟经济融合发展。加强创业培训，提升创业孵化从业人员的专业化能力。提高创业孵化机构国际化水平，加强海外科技人才离岸创业基地建设，吸引更多的国际创新创业资源。鼓励通过开展创新创业大赛和大学生挑战赛等活动，加强创新创业项目与投资孵化机构对接。支持知识产权服务机构为创业孵化提供全链条知识产权服务。

十七、健全支持科技创新创业的金融体系

发挥金融创新对创新创业的重要助推作用，开发符合创新需求的金融产品和服务，大力发展创业投资和多层次资本市场，完善科技和金融结合机制，提高直接融资比重，形成各类金融工具协同融合的科技金融生态。

1. 壮大科技创业投资规模

发展天使投资、创业投资、产业投资，壮大创业投资和政府创业投资引导基金规模，强化对种子期、初创期创业企业的直接融资支持。全面实施国家科技成果转化引导基金，吸引优秀创业投资管理团队联合设立一批创业投资子基金。充分发挥国家新兴产业创业投资引导基金和国家中小企业发展基金的作用，带动社会资本支持高新技术产业发展。研究制定天使投资相关法规，鼓励和规范天使投资发展。引导保险资金投资创业投资基金，加大对外资创业投资企业的支持力度，引导境外资本投向创新领域。

2. 发展支持创新的多层次资本市场

支持创新创业企业进入资本市场融资，完善企业兼并重组机制，鼓励发展多种形式的并购融资。深化创业板市场改革，健全适合创新型、成长型企业发展的制度安排，扩大服务实体经济覆盖面。强化全国中小企业股份转让系统融资、并购、交易等功能。规范发展区域性股权市场，增强服务小微企业能力。打通各类资本市场，加强不同层次资本市场在促进创新创业融资上的有机衔接。开发符合创新需求的金融服务，推进高收益债券及股债相结合的融资方式。发挥沪深交易所股权质押融资机制作用，支持符合条件的创新创业企业主要通过非公开方式发行公司信用类债券。支持符合条件的企业发行项目收益债,募集资金用于加大创新投入。加快发展支持节能环保等领域的绿色金融。

3. 促进科技金融产品和服务创新

深化促进科技和金融结合试点,建立从实验研究、中试到生产的全过程、多元化和差异性的科技创新融资模式,鼓励和引导金融机构参与产学研合作创新。在依法合规、风险可控的前提下,支持符合创新特点的结构性、复合性金融产品开发,加大对企业创新活动的金融支持力度。选择符合条件的银行业金融机构,为创新创业企业提供股权和债权相结合的融资方式,与创业投资机构合作实现投贷联动,支持科技项目开展众包众筹。充分发挥政策性银行作用,在业务范围内加大对企业创新活动的支持力度。引导银行等金融机构创新信贷产品与金融服务,提高信贷支持创新的灵活性和便利性,支持民营银行面向中小微企业创新需求的金融产品创新。加快发展科技保险,鼓励保险机构发起或参与设立创业投资基金,探索保险资金支持重大科技项目和科技企业发展。推进知识产权证券化试点和股权众筹融资试点,探索和规范发展服务创新的互联网金融。建立知识产权质押融资市场化风险补偿机制,简化知识产权质押融资流程,鼓励有条件的地区建立科技保险奖补机制和再保险制度。开展专利保险试点,完善专利保险服务机制。推进各具特色的科技金融专营机构和服务中心建设,集聚科技资源和金融资源,打造区域科技金融服务品牌,鼓励高新区和自贸试验区开展科技金融先行先试。

第六节 全面深化科技体制改革

紧紧围绕促进科技与经济社会发展深度融合,贯彻落实党中央、国务院关于深化科技体制改革的决策部署,加强重点改革措施实施力度,促进科技体制改革与其他领域改革的协调,增强创新主体能力,构建高效协同创新网络,最大限度激发科技第一生产力、创新第一动力的巨大潜能。

十八、深入推进科技管理体制改革

围绕推动政府职能从研发管理向创新服务转变,深化科技计划管理改革,加强科技创新管理基础制度建设,全面提升创新服务能力和水平。

1. 健全科技创新治理机制

顺应创新主体多元、活动多样、路径多变的新趋势,推动政府管理创新,形成多元参与、协同高效的创新治理格局。转变政府职能,合理定位政府和市场功能，推动简政放权、放管结合、优化服务改革，强化政府战略规划、政策制定、环境营造、公共服务、监督评估和重大任务实施等职能，重点支持市场不能有效配置资源的基础前沿、社会公益、重大共性关键技术研究等公共科技活动，积极营造有利于创新创业的市场和社会环境。竞争性的新技术、新产品、新业态开发交由市场和企业来决定。合理确定中央各部门功能性分工，发挥行业主管部门在创新需求凝练、任务组织实施、成果推广应用等方面的作用。科学划分中央和地方科技管理事权，中央政府职能侧重全局性、基础性、长远性工作，地方政府职能侧重推动技术开发和转化应用。加快建立科技咨询支撑行政决策的科技决策机制，推进重大科技决策制度化。完善国家科技创新决策咨询制度，定期向党中央、国务院报告国内外科技创新动向，就重大科技创新问题提出咨询意见。建设高水平科技创新智库体系，发挥好院士群体、高等学校和科研院所高水平专家在战略规划、咨询评议和宏观决策中的作用。增强企业家在国家创新决策体系中的话语权，发挥各类行业协会、基金会、科技社团等在推动科技创新中的作用，健全社会公众参与决策机制。

2. 构建新型科技计划体系

深入推进中央财政科技计划（专项、基金等）管理改革。按照国家自然科学基金、国家科技重大专项、国家重点研发计划、技术创新引导专项（基金）、基地和人才专项等五类科技计划重构国家科技计划布局，实行分类管理、分类支持。科技计划（专项、基金等）全部纳入统一的国家科技管理平台，完善国家科技计划（专项、基金等）管理部际联席会议运行机制，加强科技计划管理和重大事项统筹协调，充分发挥行业、部门和地方的作用。国家重点研发计划更加聚焦重大战略任务，根据国民经济和社会发展重大需求及科技发展优先领域，凝练形成若干目标明确、边界清晰的重点专项，从基础前沿、重大共性关键技术到应用示范进行全链条创新设计，一体化组织实施。分类整合技术创新引导专项（基金），通过市场机制引导社会资金和金融资本进入技术创新领域。加快推进基地和人才专项的整合与布局，深化国家科技重大专项管理改革，加强国家自然科学基金与其他科技计划的成果共享和工作对接。建立专业机构管理项目机制，加快建设运行公开透明、制度健全规范、管理公平公正的专业机构，提高专业化管理水平和服务效率。建立统一的国家科技计划监督评估机制，制定监督评估通则和标准规范，强化科技计划实施和经费监督检查，开展第三方评估。

3. 进一步完善科研项目和资金管理

进一步完善科研项目和资金管理，建立符合科研规律、高效规范的管理制度，解决简单套用行政预算和财务管理方法管理科技资源等问题，让经费为人的创造性活动服务,促进形成充满活力的科研项目和资金管理机制,以深化改革更好地激发广大科研人员积极性。制定和修订相关计划管理办法和经费管理办法,改进和规范项目管理流程,精简程序、简化手续。建立科研财务助理制度。完善科研项目间接费用管理,加大绩效激励力度,落实好项目承担单位项目预算调剂权。完善稳定支持和竞争性支持相协调的机制,加大稳定支持力度,支持研究机构自主布局科研项目,扩大高等学校、科研院所学术自主权和个人科研选题选择权。在基础研究领域建立包容和支持非共识创新项目的制度。

4. 强化科技管理基础制度建设

建立统一的国家科技管理信息系统,对科技计划实行全流程痕迹管理。全面实行国家科技报告制度,建立科技报告共享服务机制,将科技报告呈交和共享情况作为对项目承担单位后续支持的依据。完善科研信用管理制度,建立覆盖项目决策、管理、实施主体的逐级考核问责机制。推进国家创新调查制度建设,发布国家、区域、高新区、企业等创新能力监测评价报告。建立技术预测长效机制,加强对我国技术发展水平的动态评价和国家关键技术选择。进一步完善科技统计制度。

5. 完善创新导向的评价制度

改革科技评价制度,建立以科技创新质量、贡献、绩效为导向的分类评价体系,正确评价科技创新成果的科学价值、技术价值、经济价值、社会价值、文化价值。推进高等学校和科研院所分类评价,实施绩效评价,把技术转移和科研成果对经济社会的影响纳入评价指标,将评价结果作为财政科技经费支持的重要依据。推行第三方评价,探索建立政府、社会组织、公众等多方参与的评价机制,拓展社会化、专业化、国际化评价渠道。完善国民经济核算体系,逐步探索将反映创新活动的研发支出纳入 GDP 核算,反映无形资产对经济的贡献,突出创新活动的投入和成效。改革完善国有企业评价机制,把研发投入和创新绩效作为重要考核指标。

6. 增强民用技术对国防建设的支持

深入贯彻落实军民融合发展战略,推动形成全要素、多领域、高效益的军民科技创新深度融合格局。加强科技领域统筹,在国家研发任务安排中贯彻国防需求,把研发布局调整同国防布局完善有机结合起来,推进国家科技和国防科技在规划、计划层面的统筹协调,建立完善军民重大任务联合论证、共同实施的新机制,为国防建设提供更加强大的技术支撑。充分发挥高等学校、科研院所的优势,积极引导鼓励优势民口科研力量参与国防重大科技创新任务。打通阻碍转化的关键环节,加强评估引导,为军用技术向民用技术转化提供良好政策环境。持续推进技术标准、科研条件平台统筹布局和开放共享，增强对科技创新和国防建设的整体支撑能力，大力提升军民科技创新融合发展水平。

十九、强化企业创新主体地位和主导作用

深入实施国家技术创新工程，加快建设以企业为主体的技术创新体系。以全面提升企业创新能力为核心，引导各类创新要素向企业集聚，不断增强企业创新动力、创新活力、创新实力，使创新转化为实实在在的产业活动，形成创新型领军企业"顶天立地"、科技型中小微企业"铺天盖地"的发展格局。

1. 培育创新型领军企业

加强创新型企业建设，培育一批有国际影响力的创新型领军企业。推进创新企业百强工程。吸引更多企业参与研究制定国家科技创新规划、计划、政策和标准，支持企业牵头联合高等学校、科研机构承担国家科技计划项目。充分发挥政策的激励引导作用，开展龙头企业转型试点，鼓励企业加大研发投入，推动设备更新和新技术广泛应用。建立健全国有企业技术创新的经营业绩考核制度，落实和完善国有企业研发投入视同利润的考核措施。鼓励建设高水平研究机构，在龙头骨干企业布局建设企业国家重点实验室等。支持有条件的企业开展基础研究和前沿技术攻关，推动企业向产业链高端攀升。鼓励在企业内部建设众创空间，引导职工进行技术创新。鼓励大中型企业通过投资职工创业开拓新的业务领域、开发创新产品，提升市场适应能力和创新能力。鼓励围绕创新链的企业兼并重组，推动创新型企业做大做强。聚焦经济转型升级和新兴产业发展，培育一批创新百强企业，促进企业快速壮大，强化引领带动作用，提升国际竞争力。

2. 支持科技型中小微企业健康发展

发挥国家科技成果转化引导基金、国家中小企业发展基金、国家新兴产业创业投资引导基金等创业投资引导基金对全国创投市场培育和发展的引领作用，引导各类社会资本为符合条件的科技型中小微企业提供融资支持。制定和完善科技型中小微企业标准。落实中央财政科技计划（专项、基金等）管理改革，加强企业技术创新平台和环境建设，促进科技型中小微企业技术创新和改造升级。支持高成长性的科技型中小微企业发展，培育一批掌握行业"专精特新"技术的"隐形冠军"。推动形成一批专业领域技术创新服务平台，面向科技型中小微企业提供研发设计、检验检测、技术转移、大型共用软件、知识产权、人才培训等服务。探索通过政府购买服务等方式，引导技术创新服务平台建立有效运行的良好机制，为科技型中小微企业创新的不同环节、不同阶段提供集成化、市场化、专业化、网络化支撑服务。

3. 深化产学研协同创新机制

坚持以市场为导向、企业为主体、政策为引导，推进政产学研用创紧密结合。完善科技计划组织管理方式，确立企业在产业导向的科技计划中决策者、组织者、投资者的功能实现方式，发挥国家科技计划作为资源配置和动员手段促进企业与高等学校、科研院所深度合作的作用。改革完善产业技术创新战略联盟形成和运行机制，按照自愿原则和市场机制，深化产学研、上中下游、大中小企业的紧密合作，促进产业链和创新链深度融合。加强产学研结合的中试基地和共性技术研发平台建设。在战略性领域探索企业主导、院校协作、多元投资、军民融合、成果分享的合作模式。允许符合条件的高等学校和科研院所科研人员经所在单位批准，带着科研项目和成果到企业开展创新工作和创办企业。开展高等学校和科研院所设立流动岗位吸引企业人才兼职试点，允许高等学校和科研院所设立一定比例流动岗位，吸引有创新实践经验的企业家和企业科技人才兼职。试点将企业任职经历作为高等学校新聘工程类教师的必要条件。

4. 推动创新资源向企业集聚

发挥产业技术创新战略联盟在集聚产业创新资源、加快产业共性技术研发、推动重大科技成果应用等方面的重要作用，推动企业提升创新能力。支持企业引进海外高层次人才，加强专业技术人才和高技能人才队伍建设。实施创新驱动助力工程，通过企业院士专家工作站、博士后工作站、科技特派员等多种方式，引导科技人员服务企业。健全科技资源开放共享制度，加强国家重大科技基础设施和大型仪器设备面向企业的开放共享，加强区域性科研设备协作，提高对企业技术创新的支撑服务能力。

二十、建立高效研发组织体系

深化科研组织体系改革，全面提升高等学校创新能力，加快建设有特色高水平科研院所，培育面向市场的新型研发机构，完善科研运行管理机制，形成高效的研发组织体系。

1. 全面提升高等学校创新能力

统筹推进世界一流大学和一流学科建设，系统提升人才培养、学科建设、科技研发、社会服务协同创新能力，增强原始创新能力和服务经济社会发展能力，扩大国际影响力。强化行业特色高等学校主干学科和办学特色。加强区域内高等学校科研合作、学术交流和资源开放共享，面向市场需求开展应用技术研发。加快中国特色现代大学制度建设，落实和扩大高等学校法人自主权，统筹推进教育创新、科技创新、体制创新、开放创新和文化创新，激发高等学校办学动力和活力。深化高等学校科研体制机制改革，推进科教紧密融合，开展高等学校科研组织方式改革试点。以产教融合、科教协同为原则推进研究生培养改革，鼓励开展案例式、互动式、启发式教学，培养富有创新精神和实践能力的各类创新型、应用型、复合型优秀人才。改革完善高等学校创新能力提升计划组织实施方式，加强协同创新中心建设。

专栏30　高等学校创新能力提升计划

面向国家重大需求，加强协同创新中心建设顶层设计，促进多学科交叉融合，推动高等学校、科研院所和企业协同创新。完善经费、政策支持机制，调整认定机制，组织开展"2011协同创新中心"绩效评估，建立激励和退出机制，建成能进能出、动态调整的质量保障体系。

2. 加快建设有特色高水平科研院所

加快科研院所分类改革，建立健全现代科研院所制度。按照事业单位分类改革方案，继续深化公益类科研院所改革，建设完善法人治理结构，推动科研机构实行节程管理，健全规节制度体系，逐步推进科研去行政化，增强在基础前沿和行业共性关键技术研发中的骨干引领作用。建立科研机构创新绩效评价制度，研究完善科研机构绩效拨款机制。坚持开发类科研院所企业化转制方向，按照承担行业共性科研任务、生产经营活动等不同情况，实行分类改革、分类管理、分类考核。落实和扩大科研院所法人自主权。实施中科院率先行动计划，发挥其集科研院所、学部、教育机构于一体的优势，探索中国特色国家现代科研院所制度。

专栏31　中科院率先行动计划

加快推进建设一批面向国家重大需求的创新研究院、面向世界科技前沿的卓越创新中心与大科学研究中心、面向国民经济主战场的特色研究所，形成旗舰团队，率先实现科学技术跨越发展、率先建成国家创新人才高地、率先建成国家高水平科技智库、率先建设国际一流科研机构，成为抢占国际科技制高点的重要战略创新力量。

3. 培育发展新型研发机构

发展面向市场的新型研发机构，围绕区域性、行业性重大技术需求，形成跨区域跨行业的研发和服务网络。积极推广众包、用户参与设计、云设计等新型研发组织模式，鼓励研发类企业专业化发展，积极培育市场化新型研发组织、研发中介和研发服务外包新业态。对民办科研机构等新型研发组织，在承担国家科技任务、人才引进等方面与同类公办科研机构实行一视同仁的支持政策。制定鼓励社会化新型研发机构发展的意见，探索非营利性运行模式。

二十一、完善科技成果转移转化机制

实施促进科技成果转移转化行动，进一步破除制约科技成果转移转化的体制机制障碍，完善相关配套措施，强化技术转移机制建设，加强科技成果权益管理改革，激发科研人员创新创业活力。

1.建立健全技术转移组织体系

推动高等学校、科研院所建立健全技术转移工作体系和机制，加强专业化科技成果转化队伍建设，优化科技成果转化流程，通过本单位负责技术转移工作的机构或者委托独立的科技成果转化服务机构开展技术转移。鼓励高等学校、科研院所在不增加编制的前提下建设专业化技术转移机构，培育一批运营机制灵活、专业人才集聚、服务能力突出、具有国际影响力的国家技术转移机构。建立高等学校和科研院所科技成果与市场对接转化渠道，推动科技成果与产业、企业技术创新需求有效对接。支持企业与高等学校、科研院所联合设立研发机构或技术转移机构，共同开展研究开发、成果应用与推广、标准研究与制定等。建立和完善国家科技计划形成科技成果的转化机制，发布转化一批符合产业转型升级方向、投资规模与产业带动作用显著的科技成果包，增强产业创新发展的技术源头供给。建立国家科技成果信息系统，加强各类科技成果信息汇交，鼓励开展科技成果数据挖掘与开发利用。

2.深化科技成果权益管理改革

落实高等学校、科研院所对其持有的科技成果可以自主决定转让、许可或者作价投资的权利，除涉及国家秘密、国家安全外，不需审批或者备案。高等学校、科研院所有权依法以持有的科技成果作价入股确认股权和出资比例，并通过发起人协议、投资协议或者公司节程等形式对科技成果的权属、作价、折股数量或者出资比例等事项明确约定，明晰产权。科技成果转化所获得的收入全部留归单位，扣除对完成和转化职务科技成果做出重要贡献人员的奖励和报酬后，应当主要用于科学技术研发与成果转化等相关工作，并对技术转移机构的运行和发展给予保障。进一步探索推进科技成果归属权益改革。建立健全科技成果向境外转移管理制度。

3.完善科技成果转化激励评价制度

积极引导符合条件的国有科技型企业实施股权和分红激励政策，落实国有企业事业单位成果转化奖励的相关政策。完善职务发明制度，推动修订专利法、公司法，完善科技成果、知识产权归属和利益分享机制。高等学校、科研院所对科技成果转化中科技人员的奖励应不低于净收入的50%，在研究开发和科技成果转化中作出主要贡献的人员获得奖励的份额不低于奖励总额的50%。对于担任领导职务的科技人员获得科技成果转化奖励，按照分类管理的原则执行。健全职务发明的争议仲裁和法律救济制度。

高等学校、科研院所的主管部门以及财政、科技等相关部门，在对单位进行绩效考评时应当将科技成果转化的情况作为评价指标之一。加大对科技成果转化绩效突出的高等学校、科研院所及人员的支持力度，相关主管部门以及财政、科技等相关部门根据单位科技成果转化年度报告情况等，对单位科技成果转化绩效予以评价，并将评价结果作为对单位予以支持的依据之一。高等学校、科研院所制定激励制度，对业绩突出的专业化技术转移机构给予奖励。高等学校、科研院所应向主管部门报送科技成果转化年度报告。

4. 强化科技成果转化市场化服务

以"互联网＋"科技成果转移转化为核心，以需求为导向，打造线上与线下相结合的国家技术交易网络平台，提供信息发布、融资并购、公开挂牌、竞价拍卖、咨询辅导等专业化服务。完善技术转移区域中心、国际技术转移中心布局与功能，支持地方和有关机构建立完善区域性、行业性技术市场，打造链接国内外技术、资本、人才等创新资源的技术转移网络。完善技术产权交易、知识产权交易等各类平台功能，促进科技成果与资本的有效对接。支持有条件的技术转移机构与天使投资、创业投资等开展设立投资基金等合作，加大对科技成果转化项目的投资力度。

5. 大力推动地方科技成果转移转化

健全省、市、县三级科技成果转化工作网络，强化科技管理部门开展科技成果转移转化工作职能。以创新资源集聚、工作基础好的省区市为主导，依托国家自主创新示范区、高新区、农业科技园区、创新型城市等，建设国家科技成果转移转化示范区，探索形成一批可复制、可推广的工作经验与模式。支持地方建设通用性或行业性技术创新服务平台，搭建科技成果中试与产业化载体，开展研发设计、中试熟化、检验检测、知识产权、投融资等服务。

专栏 32　促进科技成果转移转化行动

推动一批见效快、产业升级带动力强的重大科技成果转化应用，显著提高企业、高等学校和科研院所科技成果转移转化能力，进一步健全市场化的技术交易服务体系，推动科技型创新创业，发展壮大专业化技术转移人才队伍，建立完善多元化的科技成果转移转化投入渠道，全面建成功能完善、运行高效、市场化的科技成果转移转化体系。

第七节　加强科普和创新文化建设

全面提升公民科学素质，加强科普基础设施建设，加快科学精神和创新文化的传播塑造，使公众能够更好地理解、掌握、运用和参与科技创新，进一步夯实创新发展的群众和社会基础。

二十二、全面提升公民科学素质

深入实施全民科学素质行动计划纲要，以青少年、农民、城镇劳动者、领导干部和公务员等为重点人群，按照中国公民科学素质基准，以到 2020 年我国公民具备科学素质比例超过 10％为目标，广泛开展科技教育、传播与普及，提升全民科学素质整体水平。

1. 加强面向青少年的科技教育

以增强科学兴趣、创新意识和学习实践能力为主，完善基础教育阶段的科学教育。拓展校外青少年科技教育渠道，鼓励青少年广泛参加科技活动，推动高等学校、科研院所、科技型企业等面向青少年开放实验室等教学、科研设施。巩固农村义务教育普及成果，提高农村中小学科技教育质量，为农村青少年提供更多接受科技教育和参加科普活动的机会。以培养劳动技能为主，加强中等职业学校科技教育，推动科技教育与创新创业实践进课堂进教材。完善高等教育阶段的科技教育，支持在校大学生开展创新性实验、创业训练和创业实践项目。广泛开展各类科技创新类竞赛等活动。

2. 提升劳动者科学文化素质

大力开展农业科技教育培训，全方位、多层次培养各类新型职业农民和农村实用技术人才。广泛开展形式多样的农村科普活动，大力普及绿色发展、安全健康、耕地保护、防灾减灾等科技知识和观念，传播科学理念，反对封建迷信，帮助农民养成科学健康文明的生产生活方式。加强农村科普公共服务建设，提升乡镇村寨科普服务能力。完善专业技术人员继续教育制度，加强专业技术人员继续教育工作。构建以企业为主体、职业院校为基础，各类培训机构积极参与、公办与民办并举的职业培训和技能人才培养体系。广泛开展进城务工人员培训教育，推动职业技能、安全生产、信息技术等知识和观念的广泛普及。强化社区科普公共服务，广泛开展社区科技教育、传播与普及活动。开展老年人科技传播与科普服务，促进健康养老、科学养老。

3. 提高领导干部科学决策和管理水平

把科技教育作为领导干部和公务员培训的重要内容，突出科技知识和科学方法的学习培训以及科学思想、科学精神的培养。丰富学习渠道和载体，引导领导干部和公务员不断提升科学管理能力和科学决策水平。积极利用网络化、智能化、数字化等教育培训方式，扩大优质科普信息覆盖面，满足领导干部和公务员多样化学习需求。不断完善领导干部考核评价机制，在领导干部考核和公务员录用中体现科学素质的要求。制定并不断完善领导干部和公务员科学素质监测、评估标准。提高领导干部和公务员的科技意识、科学决策能力、科学治理水平和科学生活素质。广泛开展针对领导干部和公务员的院士专家科技讲座、科普报告等各类科普活动。

二十三、加强国家科普能力建设

完善国家科普基础设施体系，大力推进科普信息化，推动科普产业发展，促进创新创业与科普相结合，提高科普基础服务能力和水平。

1. 强化科普基础设施和科普信息化建设

加强科普基础设施的系统布局，推进国家科普示范基地和国家特色科普基地建设，提升科普基础设施服务能力，实现科普公共服务均衡发展。进一步建立完善以实体科技馆为基础，科普大篷车、流动科技馆、学校科技馆、数字科技馆为延伸，辐射基层科普设施的中国特色现代科技馆体系。加强基层科普设施建设，因地制宜建设一批具备科技教育、培训、展示等多功能的开放性、群众性科普活动场所和科普设施。提高各级各类科普基地的服务能力和水平，提高中小科技场馆的科普业务水平。研究制定科普基础设施标准和评估体系，加强运行和服务监测评估。推动中西部地区和地市级科普基础设施建设。

大力推进科普信息化。推进信息技术与科技教育、科普活动融合发展，推动实现科普理念和科普内容、传播方式、运行和运营机制等服务模式的不断创新。以科普的内容信息、服务云、传播网络、应用端为核心，构建科普信息化服务体系。加大传统媒体的科技传播力度，发挥新兴媒体的优势，提高科普创作水平，创新科普传播形式，推动报刊、电视等传统媒体与新兴媒体在科普内容、渠道、平台、经营和管理上的深度融合，实现包括纸质出版、网络传播、移动终端传播在内的多渠道全媒体传播。推动科普信息应用，提升大众传媒的科学传播质量，满足公众科普信息需求。适应现代科普发展需求，壮大专兼职科普人才队伍，加强科普志愿者队伍建设，推动科普人才知识更新和能力培养。

2. 提升科普创作能力与产业化发展水平

加强优秀科普作品的创作，推动产生一批水平高、社会影响力大的原创科普精品。开展全国优秀科普作品、微视频评选推介等活动，加强对优秀科普作品的表彰、奖励。创新科普讲解方式，提升科普讲解水平，增强科学体验效果。鼓励和引导科研机构、科普机构、企业等提高科普产品研发能力，推动科技创新成果向科普产品转化。以多元化投资和市场化运作的方式，推动科普展览、科普展教品、科普图书、科普影视、科普玩具、科普旅游、科普网络与信息等科普产业的发展。鼓励建立科普园区和产业基地，培育一批具有较强实力和较大规模的科普设计制作、展览、服务企业，形成一批具有较高知名度的科普品牌。

3. 促进创新创业与科普结合

推进科研与科普的结合。在国家科技计划项目实施中进一步明确科普义务和要求，项目承担单位和科研人员要主动面向社会开展科普服务。推动高等学校、科研机构、企业向公众开放实验室、陈列室和其他科技类设施，充分发挥天文台、野外台站、重点实验室和重大科技基础设施等高端科研设施的科普功能,鼓励高新技术企业对公众开放研发设施、生产设施或展览馆等,推动建设专门科普场所。

促进创业与科普的结合。鼓励和引导众创空间等创新创业服务平台面向创业者和社会公众开展科普活动。推动科普场馆、科普机构等面向创新创业者开展科普服务。鼓励科研人员积极参与创新创业服务平台和孵化器的科普活动,支持创客参与科普产品的设计、研发和推广。结合重点科普活动,加强创新创业代表性人物和事迹的宣传。

二十四、营造激励创新的社会文化氛围

营造崇尚创新的文化环境,加快科学精神和创新价值的传播塑造,动员全社会更好理解和投身科技创新。营造鼓励探索、宽容失败和尊重人才、尊重创造的氛围,加强科研诚信、科研道德、科研伦理建设和社会监督,培育尊重知识、崇尚创造、追求卓越的创新文化。

1. 大力弘扬科学精神

把弘扬科学精神作为社会主义先进文化建设的重要内容。大力弘扬求真务实、勇于创新、追求卓越、团结协作、无私奉献的科学精神。鼓励学术争鸣,激发批判思维,提倡富有生气、不受约束、敢于发明和创造的学术自由。引导科技界和科技工作者强化社会责任,报效祖国,造福人民,在践行社会主义核心价值观、引领社会良好风尚中率先垂范。

坚持制度规范和道德自律并举原则,建设教育、自律、监督、惩治于一体的科研诚信体系。积极开展科研诚信教育和宣传。完善科研诚信的承诺和报告制度等,明确学术不端行为监督调查惩治主体和程序,加强监督和对科研不端行为的查处力度和曝光力度。实施科研严重失信行为记录制度,对于纳入严重失信记录的责任主体,在项目申报、职位晋升、奖励评定等方面采取限制措施。发挥科研机构和学术团体的自律功能,引导科技人员加强自我约束、自我管理。加强对科研诚信、科研道德的社会监督,扩大公众对科研活动的知情权和监督权。倡导负责任的研究与创新,加强科研伦理建设,强化科研伦理教育,提高科技工作者科研伦理规范意识,引导企业在技术创新活动中重视和承担保护生态、保障安全等社会责任。

2. 增进科技界与公众的互动互信

加强科技界与公众的沟通交流,塑造科技界在社会公众中的良好形象。在科技规划、技术预测、科技评估以及科技计划任务部署等科技管理活动中扩大公众参与力度,拓展有序参与渠道。围绕重点热点领域积极开展科学家与公众对话,通过开放论坛、科学沙龙和展览展示等形式,创造更多科技界

与公众交流的机会。加强科技舆情引导和动态监测，建立重大科技事件应急响应机制，抵制伪科学和歪曲、不实、不严谨的科技报道。

3. 培育企业家精神与创新文化

大力培育中国特色创新文化，增强创新自信，积极倡导敢为人先、勇于冒尖、宽容失败的创新文化，形成鼓励创新的科学文化氛围，树立崇尚创新、创业致富的价值导向，大力培育企业家精神和创客文化，形成吸引更多人才从事创新活动和创业行为的社会导向，使谋划创新、推动创新、落实创新成为自觉行动。引导创新创业组织建设开放、平等、合作、民主的组织文化，尊重不同见解，承认差异，促进不同知识、文化背景人才的融合。鼓励创新创业组织建立有效激励机制，为不同知识层次、不同文化背景的创新创业者提供平等的机会，实现创新价值的最大化。鼓励建立组织内部众创空间等非正式交流平台，为创新创业提供适宜的软环境。加强科技创新宣传力度，报道创新创业先进事迹，树立创新创业典型人物，进一步形成尊重劳动、尊重知识、尊重人才、尊重创造的良好风尚。加快完善包容创新的文化环境，形成人人崇尚创新、人人渴望创新、人人皆可创新的社会氛围。

第八节　强化规划实施保障

强化各级政府部门在规划实施中的职责，充分调动科技界和社会各界的积极性和创造性，从政策法规、资源配置、监督评估等方面完善任务落实机制，确保规划实施取得明显成效。

二十五、落实和完善创新政策法规

围绕营造良好创新生态，强化创新的法治保障，加大普惠性政策落实力度，加强创新链各环节政策的协调和衔接，形成有利于创新发展的政策导向。

1. 强化创新法治保障

健全保护创新的法治环境，加快薄弱环节和领域的立法进程，修改不符合创新导向的法规文件，废除制约创新的制度规定，构建综合配套法治保障体系。研究起草规范和管理政府科研机构、科技类民办非企业单位等的法规，合理调整和规范科技创新领域各类主体的权利义务关系。推动科技资源共享立法，研究起草科学数据保护与共享等法规，强化财政资助形成的科技资源开放共享义务。研究制定规范和管理科研活动的法规制度，完善科学共同体、企业、社会公众等共同参与科技创新管理的规范。加强生物安全等特定领域立法，加快制定《人类遗传资源管理条例》，加快修订《国家科学技术奖励条例》《实验动物管理条例》等，研究制定天使投资管理相关法规，完善和落实政府采购扶持中小企业发展的相关法规政策。深入推进《中华人民共和国科学技术进步法》《中华人民共和国促进科技成果转化法》《中华人民共和国科学技术普及法》等的落实，加大宣传普及力度，加强法规落实的监督评估。鼓励地方结合实际，修订制定相关科技创新法规。

2. 完善支持创新的普惠性政策体系

发挥市场竞争激励创新的根本性作用，营造公平、开放、透明的市场环境，强化产业政策对创新的引导，促进优胜劣汰，增强市场主体创新动力。坚持结构性减税方向，逐步将国家对企业技术创新的投入方式转变为以普惠性财税政策为主。加大研发费用加计扣除、高新技术企业税收优惠、固定资产加速折旧等政策的落实力度，推动设备更新和新技术利用。对包括天使投资在内的投向种子期、初创期等创新活动的投资，统筹研究相关税收支持政策。研究扩大促进创业投资企业发展的税收优惠政策，适当放宽创业投资企业投资高新技术企业的条件限制。

通过落实税收优惠、保险、价格补贴和消费者补贴等，促进新产品、新技术的市场化规模化应用。加强新兴产业、新兴业态相关政策研究。强化政策培训，完善政策实施程序，切实扩大政策覆盖面。落实引进技术的消化吸收和再创新政策。及时总结区域创新改革试点政策，加大推广力度。加强政策落实的部门协调机制，加强对政策实施的监测评估。

3. 深入实施知识产权战略

加快建设知识产权强国，加强知识产权创造、运用、管理、保护和服务。完善知识产权法律法规，加强知识产权保护，加大对知识产权侵权行为的惩处力度，提高侵权损害赔偿标准，探索实施惩罚性赔偿制度，降低维权成本。研究商业模式等新形态创新成果的知识产权保护办法。健全知识产权侵权查处机制，强化行政执法与司法保护衔接，加强知识产权综合行政执法，将侵权行为信息纳入社会信用记录。建立知识产权海外维权援助机制。建立专利审批绿色通道。引导支持市场主体创造和运用知识产权，以知识产权利益分享机制为纽带，促进创新成果的知识产权化。实施中央财政科技计划（专项、基金等）的全流程知识产权管理，建立知识产权目标评估制度。构建服务主体多元化的知识产权服务体系，培育一批知识产权服务品牌机构。

4. 持续推进技术标准战略

健全技术标准体系，统筹推进科技、标准、产业协同创新，健全科技成果转化为技术标准机制。加强基础通用和产业共性技术标准研制，加快新兴和融合领域技术标准研制，健全科技创新、专利保护与标准互动支撑机制。发挥标准在技术创新中的引导作用，及时更新标准，强化强制性标准制定与实施，逐步提高生产环节和市场准入的环保、节能、节水、节材、安全指标及相关标准，形成支撑产业升级的技术标准体系。开展军民通用标准的制定和整合，推动军用标准和民用标准双向转化，促进军用标准和民用标准兼容发展。充分发挥行业协会等的作用，大力培育发展团体标准，推行标准"领跑者"制度，培育发展标准化服务业，提升市场主体技术标准研制能力。促进标准体系的公开、开放和兼容，加强公平执法和严格执法。支持我国企业、联盟和社会组织参与或主导国际标准研制，推动中国标准"走出去"，提升中国标准国际影响力。

5. 强化政策统筹协调

建立创新政策协调审查机制，组织开展创新政策清理，及时废止有违创新规律、阻碍新兴产业和新兴业态发展的政策条款，对新制定政策是否制约创新进行审查。加强科技体制改革与经济体制改革协调，强化顶层设计，加强科技政策与财税、金融、贸易、投资、产业、教育、知识产权、社会保障、社会治理等政策的协同，形成目标一致、部门协作配合的政策合力，提高政策的系统性、可操作性。加强中央和地方的政策协调，保证中央、地方政策相互支持和配合。建立创新政策调查和评价制度，广泛听取企业和社会公众意见，定期对政策落实情况进行跟踪分析，并及时调整完善。

二十六、完善科技创新投入机制

发挥好财政科技投入的引导激励作用和市场配置各类创新要素的导向作用，优化创新资源配置，引导社会资源投入创新，形成财政资金、金融资本、社会资本多方投入的新格局。

1. 加强规划任务与资源配置衔接

改革国家科技创新战略规划和资源配置体制机制，围绕产业链部署创新链、围绕创新链完善资金链，聚焦国家战略目标，集中资源、形成合力，突破关系国计民生和经济命脉的重大关键科技问题。把规划作为科技任务部署的重要依据，形成规划引导资源配置的机制。

2. 建立多元化科技投入体系

切实加大对基础性、战略性和公益性研究支持力度，完善稳定支持和竞争性支持相协调的机制。加强中央财政投入和地方创新发展需求衔接，引导地方政府加大科技投入力度。创新财政科技投入方式，加强财政资金和金融手段的协调配合，综合运用创业投资、风险补偿、贷款贴息等多种方式，充分发挥财政资金的杠杆作用，引导金融资金和民间资本进入创新领域，完善多元化、多渠道、多层次的科技投入体系。

3. 提高科技投入配置效率

加强科技创新战略规划、科技计划布局设置、科技创新优先领域、重点任务、重大项目和年度计划安排的统筹衔接，加强科技资金的综合平衡。按照新五类中央财政科技计划（专项、基金等）布局，加强各类科技计划、各研发阶段衔接，优化科技资源在各类科技计划（专项、基金等）中的配置，按照各类科技计划（专项、基金等）定位和内涵配置科技资源。加强科研资金监管与绩效管理，建立科研资金信用管理制度，逐步建立财政科技资金的预算绩效评价体系，建立健全相应的绩效评价和监督管理机制。

二十七、加强规划实施与管理

加强组织领导，明确分工责任，强化规划实施中的协调管理，形成规划实施的强大合力与制度保障。

1. 健全组织领导机制

在国家科技体制改革和创新体系建设领导小组的领导下，建立各部门、各地方协同推进的规划实施机制。各部门、各地方要依据本规划，结合实际，强化本部门、本地方科技创新部署，做好与规划总体思路和主要目标的衔接，做好重大任务分解和落实。充分调动和激发科技界、产业界、企业界等社会各界的积极性，最大限度地凝聚共识，广泛动员各方力量，共同推动规划顺利实施。

2. 强化规划协调管理

编制一批科技创新专项规划，细化落实本规划提出的主要目标和重点任务，形成以"十三五"国家科技创新规划为统领、专项规划为支撑的国家科技创新规划体系。建立规划符合性审查机制，科技重大任务、重大项目、重大措施的部署实施，要与规划任务内容对标并进行审查。健全部门之间、中央与地方之间的工作会商与沟通协调机制，加强不同规划间的有机衔接。加强年度计划与规划的衔接，确保规划提出的各项任务落到实处。建立规划滚动编制机制，适时启动新一轮中长期科技创新规划战略研究与编制工作，加强世界科技强国重大问题研究。

3. 加强规划实施监测评估

开展规划实施情况的动态监测和第三方评估，把监测和评估结果作为改进政府科技创新管理工作的重要依据。开展规划实施中期评估和期末总结评估，对规划实施效果做出综合评价，为规划调整和制定新一轮规划提供依据。在监测评估的基础上，根据科技创新最新进展和经济社会需求新变化，对规划指标和任务部署进行及时、动态调整。加强宣传引导，调动和增强社会各方面落实规划的主动性、积极性。

第二章 "十三五"生物产业发展规划

生物产业是 21 世纪创新最为活跃、影响最为深远的新兴产业,是我国战略性新兴产业的主攻方向,对于我国抢占新一轮科技革命和产业革命制高点,加快壮大新产业、发展新经济、培育新动能,建设"健康中国"具有重要意义。根据《中华人民共和国国民经济和社会发展第十三个五年规划纲要》和《"十三五"国家战略性新兴产业发展规划》,为加快推动生物产业成为国民经济的支柱产业,特编制本规划,规划期限为 2016—2020 年。

第一节 现状与形势

"十二五"以来,随着现代生命科学快速发展,以及生物技术与信息、材料、能源等技术加速融合,高通量测序、基因组编辑和生物信息分析等现代生物技术突破与产业化快速演进,生物经济正加速成为继信息经济后新的经济形态,对人类生产生活产生深远影响。靶向药物、细胞治疗、基因检测、智能型医疗器械、可穿戴即时监测设备、远程医疗、健康大数据等新技术加速普及应用,智慧医疗、精准医疗正在改变着传统的疾病预防、检测、治疗模式,为提高人民群众健康质量提供了新的手段。生物育种技术的进步极大地促进动植物营养价值的改进、抗病性的增强以及产量的提高,全球转基因作物种植面积已占全部耕地面积的 12%,帮助农民获益累计超过 1500 亿美元,绿色、营养、功能性动植物产品正引领粮食消费迈上新的高度。生物制造产品比传统石化产品平均节能 30%~50%,减少环境影响 20%~60%,微生物及其组成成分正在越来越多地被用于清除工业废物、修复生态系统,生物质能正在成为推动能源生产消费革命的重要力量,一个基于碳素循环利用的绿色经济模式正在建立。

近年来,美欧等发达经济体纷纷聚焦生物经济,在促进可持续发展的同时,进一步巩固其领先地位。美国政府在《国家生物经济蓝图》中,明确将

"支持研究以奠定 21 世纪生物经济基础"作为科技预算的优先重点。欧盟在《持续增长的创新：欧洲生物经济》中，将生物经济作为实施欧洲 2020 战略，实现智慧发展和绿色发展的关键要素。德国在《国家生物经济政策战略》中提出，通过大力发展生物经济，实现经济社会转型，增加就业机会，提高德国在经济和科研领域的全球竞争力。在美欧等政府的引导下，全球资本市场越来越青睐生物领域，风险投资、上市融资、并购重组金额屡创新高。依托发达国家科研机构和人才密集的优势，波士顿基因城、莱茵河畔生物谷等一批现代生物产业集群，业已成为全球生物产业创新发展的策源地。面对激烈的全球竞争环境，我国要发挥好资源优势、市场优势、人才优势和经济规模优势，抓紧建设生物经济强国，在新一轮全球产业竞争中谋得有利位势。

"十二五"以来，我国生物产业复合增长率达到 15％以上，2015 年产业规模超过 3.5 万亿元，在部分领域与发达国家水平相当，甚至具备一定优势。我国基因检测服务能力在全球已处于领先地位，出口药品已从原料药向技术含量更高的制剂拓展，从中药中研制的青蒿素获得我国第一个自然科学的诺贝尔奖，高端医疗器械核心技术的突破大幅降低了相关产品和服务的价格。超级稻亩产突破 1000 公斤，达到国际先进水平。生物发酵产业产品总量居世界第一。生物能源年替代化石能源量超过 3300 万吨标准煤，处于世界前列。在京津冀、长三角、珠三角等地一批高水平、有特色的生物产业集群初见雏形。我国生物产业已经具备加快发展、实现赶超的良好基础。同时我们还要清楚看到，我国生物产业发展成果还不能满足人民群众对健康、生态等方面的迫切需要，产业生态系统依然存在制约行业创新发展的政策短板，开拓性、颠覆性的技术创新还不多，我国要成为生物经济强国依然任重道远。我们必须进一步提升生物产业创新能力，深化改革行业规制，不断拓展产业应用新空间，满足人民群众新需求，打造经济增长新动能。

第二节 发展思路与目标

一、指导思想

全面贯彻习近平总书记系列重要讲话精神，根据"四个全面"总体部署，立足创新、协调、绿色、开放、共享"五大理念"，按照供给侧结构性改革的要求，以打造生物经济为核心，以服务民生需求为根本，夯实产业基础，改革管理规制，加大战略投入，优化产业布局，加速生物产业在生产、生活、生态各领域的广泛应用，推动生物产业开展全球合作，促进产业迈向中高端，加速形成经济新支柱。

二、发展原则

——坚持创新引领。不断夯实产业创新基础条件，打造生物产业创新发展集群，促进生物技术与信息技术、新能源技术、新材料技术等的融合创新，加快形成一批新产品、新服务、新业态。

——坚持服务民生。围绕全面建成小康社会的总体目标，着力于提高人民群众健康保障能力，加速民生相关的生物技术产品和服务的规模化应用，进一步缩小"健康鸿沟"。

——坚持深化改革。加快供给侧改革，进一步扫除长期以来制约我国生物产业发展的制度障碍，加快建立和完善适应新技术、新产品、新模式的监管机制，激发各类主体创新创业活力。

——坚持开放合作。贯彻落实"一带一路"国家战略，整合配置全球要素和资源，积极推动医疗器械、生物服务、中医药服务等重点领域开展国际合作，促进优势企业"走出去"发展。

三、发展目标

——创新能力显著增强，国际竞争力不断提升。研发投入占销售收入的比重显著提升，重点企业达到10%以上，形成一批具有自主知识产权、年销售额超过100亿元的生物技术产品，一批优势生物技术和产品成功进入国际主流市场，国际产能合作步伐进一步加快。

——产业结构持续升级，产业迈向中高端发展。生物技术药占比大幅提升，化学品生物制造的渗透率显著提高，新注册创新型生物技术企业数量大幅提升，形成20家以上年销售收入超过100亿元的大型生物技术企业，在全国形成若干生物经济强省、一批生物产业双创高地和特色医药产品出口示范区。

——应用空间不断拓展，社会效益加快显现。通过生物产业的发展，基因检测能力（含孕前、产前、新生儿）覆盖出生人口50%以上，社会化检测服务受众大幅增加；粮食和重要大宗农产品生产供给有保障，科技进步贡献率进一步提升，农民收入持续增长，提高中医药种植对精准扶贫的贡献；提高生物基产品经济性10%以上，利用生物工艺降低化工、纺织等行业排放30%以上；生物能源在发电供气供热燃油规模化替代，降低二氧化碳年排放量1亿吨。

——产业规模保持中高速增长，对经济增长的贡献持续加大。到2020年，生物产业规模达到8万亿～10万亿元，生物产业增加值占GDP的比重超过 4%，成为国民经济的主导产业，生物产业创造的就业机会大幅增加。

一级指标	二级指标
创新能力 显著增强	重点企业研发投入占销售收入比重超过 10%
	形成一批具有自主知识产权、年销售额超过 100 亿元的生物技术产品 一批优势生物技术和产品成功进入国际主流市场
	生物技术药占比大幅提升
产业结构 持续升级	化学品生物制造的渗透率显著提高
	新注册创新型生物技术企业数量大幅提升
	年销售收入超过 100 亿元的大型生物技术企业超过 20 家
	形成若干生物经济强省、一批生物产业双创高地和特色医药产品出口 示范区
社会效益 加快显现	基因检测能力覆盖 50% 以上出生人口
	社会化检测服务受众大幅增加
	粮食和重要大宗农产品生产科技进步贡献率进一步提升，确保农民持 续增收
	生物基产品经济性提高 10% 以上、利用生物工艺降低化工、纺织等行 业排放 30% 以上
	生物能源在发电供气供热燃油规模化替代、降低二氧化碳年排放量 1 亿吨
产业规模 保持中高速 增长	产业规模达到 8 万亿～10 万亿元
	增加值占 GDP 的比重超过 4%
	创造的就业机会大幅增加

第三节　推动重点领域新发展

一、构建生物医药新体系

　　把握精准医学模式推动药物研发革命的趋势性变化，立足基因技术和细胞工程等先进技术带来的革命性转变，加快新药研发速度，提升药物品质，更好满足临床用药和产业向中高端发展的需求。到 2020 年，实现医药工业销售收入 4.5 万亿元，增加值占全国工业增加值 3.6%。

1. 加速新药创制和产业化

以临床用药需求为导向，依托高通量测序、基因组编辑、微流控芯片等先进技术，促进转化医学发展，在肿瘤、重大传染性疾病、神经精神疾病、慢性病及罕见病等领域实现药物原始创新。加快创制新型抗体、蛋白及多肽等生物药。发展治疗性疫苗，核糖核酸（RNA）干扰药物，适配子药物，以及干细胞、嵌合抗原受体 T 细胞免疫疗法（CAR-T）等生物治疗产品。推动抗体/多肽-小分子偶联、生物大分子纯化、缓控释制剂、靶向制剂等可规模化技术，完善质量控制和安全性评价技术，加快高端药物产业化速度。推动中药提取物、中药配方颗粒的规范化发展，完善基于药材源头的全过程质量可溯源体系建设，创制一批临床价值大、科学价值强的中药新品种。支持具有自主知识产权、市场前景广阔的海洋创新药物，构建海洋生物医药中高端产业链。

2. 加快发展精准医学新模式

以临床价值为核心，在治疗适应证与新靶点验证、临床前与临床试验、产品设计优化与产业化等全程进行精准监管，提供安全有效的数据信息，实现药物精准研发。以个人基因组信息为基础，结合蛋白质组、代谢组等相关内环境信息，整合不同数据层面的生物学信息库，利用基因测序、影像、大数据分析等手段，在产前胎儿罕见病筛查、肿瘤、遗传性疾病等方面实现精准的预防、诊断和治疗。对特定患者量身设计最佳诊疗方案，在正确的时间、给予正确的药物、使用正确的剂量和给药途径，达到个体化治疗的目的。

3. 推动医药产业转型升级

以提升药物品质为目标，加快推广化学原料药绿色制备和清洁生产，积极推进化学仿制药一致性评价，不断提高原料药和制剂产品质量技术水平，推动产业从原料药出口向终端产品出口的转变。持续推进中药技术标准化，提升中药质量及全产业链的规模化协调发展，开展基于互联网＋中药材种植养殖平台建设，推广中药材无公害种植和综合利用、中药质量溯源检定、中药工业先进制造技术、中药健康产品制造技术和药材废渣利用，提高中药产品质量和安全水平。促进单克隆抗体、长效重组蛋白、第三代胰岛素等高技术含量生物类似药的发展，提高我国患者的药物可及性。开发药物结晶设备和传感器、先进粉体工程设备、新型超临界萃取和色谱分离设备、新型固体制剂生产在线检测设备和自控系统、高密度流加式和连续培养生物反应器、蛋白质大规模纯化设备以及冷链储存运输系统等制药装备，加快制药装备的升级换代，提升装备的自动化、数字化和智能化水平，切实提升包材和辅料的品质，加强产业综合配套能力。

二、提升生物医学工程发展水平

把握智能、网络、标准化的新趋势，大力发展新型医疗器械，提供现代化诊疗新手段。到 2020 年，生物医学工程产业年产值达 6000 亿元，初步建立基于信息技术与生物技术深度融合的现代智能医疗器械产品及服务体系。

1. 构建智能诊疗生态系统

重点发展智能医疗设备、软件、配套试剂和全方位远程医疗服务平台，打造线上线下结合的智能诊疗生态系统。制定相关数据标准实现互联互通，实现以大数据为依托的智能化诊疗系统，快速精准地进行疾病诊断、辅助个性化治疗以及系统性康复。打造智慧医疗新业态，实现基层城乡居民的远程健康管理、远程门诊、远程居家看护等远程诊断和健康管理服务。

2. 提高高品质设备市场占有率

发展高品质医学影像、先进治疗、精准化检测设备等临床主要诊疗医学装备，破除国内企业长期的低端化、同质化恶性竞争。发展高品质影像诊断设备、医学影像数据库、先进的肿瘤治疗装备，开发基于影像的术前评估与手术规划系统，促进中医药原创性诊疗及康复设备研发。加强核心部件和关键技术攻关，开发低成本易用高效整合的测序样品自动化软硬件技术，以及基因测序、编辑配套耗材，加快推进适应生命科学新技术发展的生命科学新仪器和试剂的研发，持续专注于技术创新，提升系统的性价比，提高我国在高品质医疗设备市场的竞争力。

3. 推动植（介）入产品创新发展

加速新材料技术应用，针对心脏科、骨科、眼科、耳鼻喉科等临床治疗需求，继续加快植入型心律转复除颤器、可降解血管支架、人工瓣膜、骨及周围神经等修复材料、人工关节、人工角膜、人工晶体、人工耳蜗等植（介）入医疗器械新产品的创新和产业化。针对器官修复等新技术的发展需要，推动生物技术与材料技术的融合，加速仿生医学、再生医学和组织工程技术的发展，推进增材制造（3D 打印）技术在植（介）入新产品中应用。

4. 提供快速准确便捷检测手段

针对急性细菌感染、病毒感染等重大传染性疾病，包括外来重大传染性疾病的检测需求，加速现场快速检测的体外诊断仪器、试剂和试纸的研发和产业化。针对糖尿病、高尿酸血症、高脂血症等慢性病，加快便捷和准确的家用体外诊断产品的产业化。加快特异性高的分子诊断、生物芯片等新技术发展，支撑肿瘤、遗传疾病、罕见病等疾病的体外快速准确诊断筛查。完善产业链的配套建设，发展配套的高精度的检测仪器、试剂和智能诊断技术，支持第三方检测中心发展与建设。

三、加速生物农业产业化发展

加速推动以品牌塑造为核心的企业兼并与重组，围绕产出高效、产品安全、资源节约、环境友好的发展目标，构建现代农业高效绿色发展新体系，在生物种业、生物农药、生物兽药、生物饲料和生物肥料等新产品开发与应用方面取得重大突破，大幅提升生物农业竞争力。到2020年，力争实现生物农业总产值1万亿元，2家以上领军企业进入全球种业前10强。

1. 构建生物种业自主创新发展体系

开展基因组编辑、全基因组选择、细胞工程、高能离子诱变、航天生物工程等前沿核心技术的创新与应用，加速新材料的创制和育种元件的组装改良，实现由传统经验育种向科学精准育种的升级转化；研制和推广一批优质、高产、营养、安全、资源高效利用、适应标准化生产的农业动植物新品种；稳步推进转基因生物新品种产业化；形成一批以企业为主体的生物种业自主创新平台，打造具有核心竞争力的"育繁推一体化"现代生物种业企业，加快农业动植物新品种产业化和市场化。

2. 推动农业生产绿色转型

开发基于分子靶标病害精准防控、植物免疫诱导、动物疫苗分子设计新技术，建立基于病虫基因组信息的绿色农药、兽药创制技术体系；开发安全、高效的活载体基因工程多价疫苗，研制用于不同畜禽疫病防控的生物治疗制剂；革新动物用基因工程抗体大规模生产、纯化等抗体制备技术与工艺，创制一批新型动物疫苗、生物兽药、动物疫病诊断检测试剂、植物新农药等重大产品，实现规模生产与应用。开发绿色、安全、高效的新型海洋生物功能制品。

3. 开发动植物营养新产品

建立功能分子的安全高效分泌表达系统，创制可替代抗生素的新型绿色生物饲料和饲料添加剂产品，实现产业化；突破微生物和生物功能物质筛选与评价、高密度高含量发酵与智能控制、新材料配套增效等关键技术，创制和推广一批高效固氮解磷、促生增效、新型复合及专用等绿色高效生物肥料新产品；深度挖掘海洋基因资源，开辟综合利用新途径，培育生物农业新产业。

四、推动生物制造规模化应用

提高生物制造产业创新发展能力，推动生物基材料、生物基化学品、新型发酵产品等的规模化生产与应用，推动绿色生物工艺在化工、医药、轻纺、食品等行业的应用示范，到2020年，现代生物制造产业产值超1万亿元，生物基产品在全部化学品产量中的比重达到25％，与传统路线相比，能量消耗和污染物排放降低30％，为我国经济社会的绿色、可持续发展做出重大贡献。

1. 加快生物制造产业创新体系建设

瞄准生物科学发展前沿，围绕生物产业发展技术支撑需求，大力推进生物制造产业创新体系建设，在原料利用、生物工具创制、生物加工过程和装备等领域开展关键技术研发，解决生物催化剂、人工生物的设计合成与优化调控等基本科学问题，在人工生命体、酶蛋白机器、纳米生物装置、基因组编辑、分子识别与生物传感、仿生制造等方向实现颠覆性技术创新和应用，重点在二氧化碳等一碳化合物的生物转化、烯烃的生物制造、天然化合物的异源合成、生物基材料的规模制造等方面实现关键技术与工艺突破，大幅度提升生物制造产业自主创新能力、技术支撑产业发展能力和新型业态培育能力，夯实产业新体系构建基础，加快推进创新型工业化建设。

2. 提高生物基产品的经济性和市场竞争力

以新生物工具创制与应用为核心，构建大宗化工产品、化工聚合材料、大宗发酵产品等生物制造核心技术体系，持续提升生物基产品的经济性和市场竞争力。建立有机酸、化工醇、烯烃、烷烃、芳烃、有机胺等基础化工产品的生物制造路线，取得对石油路线的竞争优势，实现规模化生物法生产与应用；推进化工聚合材料单体多元醇、羟基羧酸、烯酸等的生物制造和聚合改性技术等的发展与应用，推动生物基聚酯、生物基聚氨酯、生物尼龙、生物橡胶、微生物多糖、海洋生物材料等规模化生产和示范应用，实现生物基材料产业的链条式、集聚化、规模化发展；大幅度提升氨基酸、维生素等大宗发酵产品的产业自主创新能力和国际竞争水平，实现产业的良性和高端化发展。

3. 推进生物制造工艺绿色化

以生物催化剂的发现和工程化应用为核心，构建高效的工业生物催化与转化技术体系，大幅提高工业酶和蛋白质的催化效率、工业应用属性，显著降低生产成本。建立甾体激素、非天然氨基酸、手性化合物、特殊氨基酸、稀少糖醇、糖肽类等生物催化合成路线，推动规模化生产与应用示范，实现化学原料药、食品添加剂、农药中间体、生物乳化剂等化工中间体的安全、清洁、可持续生产；突破生物合成、生物纺织、生物采矿、生物造纸等绿色生物工艺的关键技术和装备，推动绿色生物工艺在化工、医药、农业、轻纺、能源、生态环境等领域的全面介入和示范应用，显著降低物耗能耗、工业固体废物产生和环境污染物的排放，初步建立生态安全、绿色低碳、循环发展的生物法工艺体系。

五、创新生物能源发展模式

围绕能源生产与消费革命和大气污染治理重大需求，创新生物能源发展模式，拓展生物能源应用空间，提升生物能源产业发展水平。到 2020 年，生物能源年替代化石能源量超过 5600 万吨标准煤，在发电、供气、供热、燃油等领域实现全面规模化应用，生物能源利用技术和核心装备技术达到世界先进水平，形成较成熟的商业化市场。

1. 规模化发展生物质替代燃煤供热

重点推进高寿命低电耗生物质燃料成型设备、生物质供热锅炉、分布式生物质热电联产等关键技术和设备研发，结合大气环境治理、城镇供暖和工业供热需求，实施生物质替代燃煤集中供热工程，大力促进生物质集中供热、生物质热电联产发展，替代城市燃煤供热。发展分布式生物质燃料，积极推动生物质能与地热能、太阳能等其他新能源供热技术多元综合利用，探索建立多能互补的分布式供热应用新模式。

2. 促进集中式生物质燃气清洁惠农

适应新型城镇化用能方式新变化，重点突破推进大型生物质集中供气原料处理、高效沼气厌氧发酵、沼气净化提纯压缩灌装及输配用关键技术和设备，按照因地制宜、就近生产消纳原则，在适宜区域示范建设集中式规模化生物燃气应用工程，探索建立多元协同、专业共赢的市场化发展模式，鼓励多产品综合利用，为农业生产、居民生活提供清洁优质能源，改善城乡生活和生态环境。

3. 推进先进生物液体燃料产业化

重点突破高效低成本的非粮生物质液体燃料原料生产、处理和制备技术瓶颈，建设万吨级生物质制备液体燃料及多产品联产综合利用示范工程，推进生物质液体燃料与其他替代石油基原料化工产品的规模化生产及生物质全株梯级综合利用。完善原料供应体系，有序开发利用废弃油脂资源和非食用油料资源发展生物柴油。推进利用纤维素生产燃料乙醇、丁醇等的示范，加大油藻、纤维素生物柴油和生物航空燃料等前沿技术的研发力度，推动产业化示范与市场应用。

六、促进生物环保技术应用取得突破

围绕国家生态文明建设的迫切需求，面向环境污染生物修复和废弃物资源化利用，发展高效生物菌剂与生物制剂、高效低耗生物工艺与装备以及生物-物化优化组合技术集成系统。到 2020 年，生物环保产业产值超过 2000 亿元。

1. 创新生物技术治理水污染

重点发展高效低耗的生活污水、农业养殖废水、典型工业废水的生态治理技术，通过生物技术，促进富含碳、氮、磷、硫、重金属等污染物的防治与资源化利用；推进污（废）水、污泥处理及资源化生物环保技术/工艺装备的成套化、系列化、标准化、产业化。

2. 发展污染土壤生物修复新技术

加快研发污染土壤的植物-微生物联合修复技术、重金属污染土地的生物固化与生物修复技术、土壤农用化学品残留组分的生物消减（除）技术以及中药材生产用地产生的连作障碍生物解除技术，推进技术示范与应用推广，逐步修复与治理土壤复合污染问题，改善和恢复土壤环境质量。

3. 加速挥发性污染物生物转化

针对多来源挥发性有机污染物，重点推进石油、化工、医药等行业有毒、有害废气的生物-化学集成治理技术、工业源含碳废气生物转化利用技术和污水厂等生活源生物脱硫、脱氮技术，加速工艺系统及产品的规模化应用与技术推广，实现空气净化与清洁化。

4. 发展环境污染生物监测新技术

开展有毒有害污染物、持久性有机污染的生物筛查与监测新技术、新方法研究，建立污染性生物检测方法，开发相关设备，促进生物检测技术标准化业务化。

七、培育生物服务新业态

适应生物产业对提高研发效率和资源利用率，持续创新的内在需求，大力发展生物服务业，加速推动生物产业进一步专业化细分，更好满足生物产业对于高品质专业化服务的需求，为生物产业实现创新发展提供支撑。到2020年，培育出全球生物服务行业龙头企业，带动一大批我国原创的创新药和治疗方法在国内国外上市。

1. 构建专业性服务平台

打造标准化基因检测、基因数据解读、液体活检、中药检测等专业化独立第三方服务机构，推动检测和诊断新兴技术在生物产业各领域的应用转化。培育符合国际规范的基因治疗、细胞治疗、免疫治疗等专业化服务平台，加速新型治疗技术的应用转化。支持高端的基因合成、基因编辑等专业技术服务机构，推动新型共性技术的专业化服务。

2. 提升专业化分工水平

通过支持双创平台建设，鼓励科研人员开办虚拟研发企业，挖掘创新潜能，促进技术转移。通过支持开放平台建设，鼓励企业将研发和生产委托外包，合理配置和利用研发生产资源。重点发展符合国际标准的转化医学、合同研发（CRO）、合同生产（CMO）、第三方检测、健康管理等服务，在恶性肿瘤以及重大传染疾病等领域，研究和创制一批国际创新药物。发展生物产品检测评价认证机构，为提升药品、医疗器械、种业、生物能源等生物产品提供检测评价服务，加快产品上市进度，提升产品的质量水平。

第四节　拓展惠及民生新应用

针对建设健康中国、美丽中国的重大需求，实施生物产业惠民工程，推广基因检测、细胞治疗、高性能影像设备、生物基材料、生物能源、中药标准化等新兴技术应用，促进产业发展成果更多惠及民生。

一、建设基因技术服务中心

为促进基因技术推广应用，构建新的健康医疗支撑体系，增强我国防病、治病的保障能力，根据地域特点，体现政策引导，依托有资质的医疗机构、创新能力较强的研发机构和先进生产企业，通过网络化布局，在全国各省（区、市）建设至少 1 家基因技术应用示范中心，形成覆盖广、服务能力强的基因技术应用示范网络，全面、快速推进基因技术普惠民众。基因技术应用示范中心以高通量基因测序、质谱、医学影像、基因编辑、生物合成等技术为主，重点开展出生缺陷基因筛查、诊治，肿瘤早期筛查及用药指导，传染病与病原微生物检测，新生儿基因身份证应用，使我国初步实现基因技术服务能力全面覆盖，为个体化医疗奠定坚实基础。

二、建设个体化免疫细胞治疗技术应用示范中心

为解决我国由恶性肿瘤疾病造成的社会民生以及医疗投入持续增加等问题，引导有资质的医疗机构、创新能力较强的研发机构和先进生产企业合作，以自主研发为主，引进消化国际先进技术，实现免疫细胞治疗关键技术突破，建设集细胞疗法新技术开发、细胞治疗生产工艺研发、病毒载体生产工艺研发、病毒载体 GMP 生产、细胞疗法 cGMP 生产、细胞库构建等转化应用衔接平台于一体的免疫细胞治疗技术开发与制备平台。通过区域合理布局，加强医疗机构合作，为医疗机构提供高质量的细胞治疗产品，加快推进免疫细胞治疗技术在急性 B 细胞白血病和淋巴瘤等恶性肿瘤，以及鼻咽癌和肝癌等我国特有和多发疾病等领域的应用示范与推广。推动个体化免疫细胞治疗的标准化和规范化，提高恶性肿瘤的存活率和生存期，满足临床需求、维护公

众健康、降低医疗成本，使我国在免疫细胞治疗领域达到世界先进水平。

三、建设第三方影像示范中心

为推动创新医疗器械应用推广，促进医疗资源的优化配置，在全国有条件的县级以上区域，推动先进影像设备生产企业、医疗机构和社会资本联合建设一批独立于现有医疗机构的第三方影像示范中心，配置相应的影像设备、影像诊断软件、人员和远程医疗信息系统，开展区域协同的远程影像诊断、第三方影像诊断、影像会诊和教育培训服务。形成覆盖全区域、资源共享、诊断能力强的影像示范中心。第三方影像示范中心为区域内所有医疗机构提供影像诊断服务，提高影像诊断水平、避免病人重复检查，形成具有创新性的影像诊断新业态，促进我国医疗卫生资源进一步优化配置，提高服务可及性、能力和资源利用效率。

四、实施生物基材料制品应用示范工程

为提升我国生物基材料产业的能力和水平，减少白色污染和降低资源过度消耗，提高循环经济水平，实现经济与生态环境的协调发展，依托生物基材料产业集群基地、行业先进生产企业、创新研发机构等在全国范围内实施生物基材料制品应用示范工程。通过在全国30个以上地区和重点领域开展生物基日用制品、农业地膜、包装材料、纺织化纤等应用示范和创新发展能力建设，不断提高生物基材料产业创新、规模化与产业链协调发展水平，大幅度降低产品生产成本和提升制品应用性能，建立生物基材料制品全生命周期评价和认证体系，推动生物基材料制品市场与政策环境规范化、科学化建设。到"十三五"末，生物基聚酯、生物基聚氨酯、生物基尼龙和生物基增塑剂的产能达到15万吨、20万吨、5万吨和20万吨；在10个城市形成示范应用，对石油基日用塑料制品的替代率50％左右；在生物基农用地膜推广10万亩以上；形成一批生物基纤维新产品。生物基材料产业成为绿色与低碳经济增长的亮点，为我国经济社会可持续发展做出实质性贡献。

五、实施生物能源新技术惠民工程

针对新型城镇化带来的城乡用能方式变革、大气污染治理倒逼燃煤替代等重大需求，改变传统生物能源开发利用模式，大力推广高效率低成本生物能源新技术，发展生物质替代燃煤集中供热供气，推动居民生活用能清洁发展，改善居民生活与生态环境。优先选择能够稳定供应生物质资源、在有燃煤供热改造需求的城镇或工业企业，加快生物质燃料锅炉供热、热电联产发展，替代燃煤使用，改善环境质量。建设一批规模化生物燃气示范工程，开

展运营机制创新试点，探索可持续、可复制、可推广的生物燃气产业化发展模式，建立生物燃气进入天然气市场机制，促进生物燃气规模化应用。到2020年，试点地区生物质供热能力达到500万吨标准煤，生物天然气年利用规模达到50亿立方米。

六、实施中药质量提升惠民工程

针对社会对高品质中药产品和健康产品的广泛需求，加强中药资源保护、大力发展优质中药材生态种植养殖，形成一批优质中药材良种繁育基地和中药材规范化种植养殖基地。建成全国中药资源监测体系，构建从田间到病床的中药全产业链质量控制体系，实现中药生产全过程可追溯，为公众提供优质安全的中药产品。以科学实用标准倒逼中药产业提质增效升级，促进中药工业制造进一步转型升级，加强中药工业设备标准体系建设，研发和推广中药制药、中药加工炮制、医疗机构使用的现代与传统相结合的技术及系列设备。创新和培育一批具有"重磅炸弹"发展前景的名优中成药大品种和适合社会需求的名优中药健康产品，打造一批信誉好、品种优、技术强的现代中药企业和规范化中医药养生保健示范基地。到2020年，中药健康服务业的发展基本满足人民群众多层次多样化中医药健康服务需求，成为推动经济社会转型发展的重要力量。

第五节　打造创新发展新平台

瞄准全球生物产业发展制高点，进一步夯实创新基础，以国家生物产业基地为核心，加快构建支撑体系，大力提升产业发展的质量和效益，推动我国生物产业更多依靠创新驱动发展。

一、创新基础平台

1. 建设技术先进的基因库

在现有基因库基础上，建设生物资源样本库、生物信息数据库和生物资源信息一体化体系，建设具有重要产业应用价值及科研前瞻性的国家精品样本库和实时全景生命数据库，构建"高通量、低成本、标准化"的生物样本和数据存储、管理、认证、基础应用体系，引领推动国内外相关标准和行业规范的制定。搭建信息资源研究开发的基础性支撑平台。建立全球联盟体系，逐步实现与国际权威数据库的数据交换与共享。建设独立的疾病相关遗传信息应用型数据库，包含超过至少10万例中国人基因多样性发生频率的数据库和中国靶向药物用药信息知识库，形成适合我国疾病基因谱、持续升级的全球领先基因数据解读系统。推动完善畜禽牧草遗传资源基因库、生物遗传资源保藏库（圃）等。

2. 完善中药标准物质及质量信息库

在现有中药实物库的基础上，进一步完善中药资源-质量一体化数据信息库，并实现信息共享。收集涵盖民族药在内的实物药材，系统鉴定、规范采集药材的质量和品质信息；针对常用中药饮片和中药提取物，收集基于生产过程和炮制技术在内的实物产品，系统采集全过程的质量信息，构建对照或标准物质库，为规范药品质量、传承中药炮制精髓提供标准或对照物质；加快中药产品标准中涉及的化学成分对照品的制备、供应、标化；通过系统规范研究，形成中成药大品种各种剂型成品的对照/标准物质，建立质量-生产过程-剂型质量信息库，为中成药大品种的质量批间一致性和品质评价服务，支撑中药的标准化和国际化发展。

3. 完善高级别生物安全实验室体系

落实高级别生物安全实验室体系建设规划，面向医药人口健康、动物卫生、检验检疫、生态环境安全四大领域，针对微生物菌种保藏、科学研究、产业转化三大主体功能，围绕烈性、突发、外来、热带传染病病原体的监测预警、检测、消杀、防控、治疗五大环节的需求，按照"统筹布局，网络运行；应急优先，稳步推进；加强协调，科学管理"的原则，研究布局建设四级生物安全实验室，在充分利用现有三级实验室的基础上，新建一批三级实验室（含移动三级实验室），实现每个省份至少设有一家三级实验室的目标。以四级实验室和公益性三级实验室为主要组成部分，吸纳其他非公益三级实验室和生物安全防护设施，构建和完善高级别生物安全实验室体系，夯实我国的烈性与重大传染病防控、生物防范和生物产业发展的基础条件，增强生物安全科技自主创新能力。

4. 建设蛋白元件资源库

为解决生物产业发展所需生物催化剂的来源问题，建设高通量、自动化、模块化、智能化的蛋白元件库。在建立蛋白质筛选、挖掘、设计、改造、评价、信息集成、保藏和提取等高通量、自动化技术体系的基础上，建设涵盖催化酶、功能蛋白质、结构蛋白等蛋白元件资源实物库，库存元件超10万以上；依托蛋白元件数字化表征、大数据集成、新酶设计、智能搜索、标准化、功能模块化体系，建设蛋白元件虚拟资源库，库存元件超100万以上；推进蛋白元件库数据开放共享、专利应用服务等机制创新，建设可提供数字化建模、精准化合成和标准化组装服务的资源支撑平台，全面支撑生物催化剂在化工、材料、医药等行业的大规模应用，为生物工业产业的快速、绿色发展提供重要基础保障。

5. 建设生物产业标准物质库

为提高我国生物产业质量控制和标准化水平，建立可溯源的精准测量技术和标准物质，构建核酸、蛋白质、细胞和微生物等核心测量能力和可溯源链，在此基础上开展关于抗体、疫苗、蛋白质、核酸、干细胞、微生物的质量控制的溯源计量和标准研究，以及新型体外诊断快速检测仪器的校准、生物质能质量检验、生物样本库中生物样本的评价和质量控制用标准物质研究，发展精准医学中如罕见病、遗传病等以基因测序为基础的大数据质量控制技术，夯实生物计量和质量控制标准创新基础。

二、转化应用平台

1. 建设抗体偶联药物一体化研发平台

针对抗体偶联药物产业化过程中偶联链构建、连接反应、制剂等关键环节对技术、环境、检测及质控要求严格，资金投入巨大等现状，依托有能力的生物药研发及生产服务企业，同步国际前沿研发趋势，建立和完善抗体偶联药物研发生产一体化服务平台，将重组抗体制备、化学药物与抗体的偶联反应、抗体偶联药物的制剂与质控等环节集成在同一平台，确保抗体偶联药物的安全性及有效性。推动国内制药企业研发新的抗体偶联技术，加速追赶甚至超越国际领先的竞争对手，不断提升中国生物制药在国际上的实力与地位。加速抗体偶联药物研发速度，降低研发成本，使国内外患者有更多不仅有效，而且价格相对低廉的药物可以选择，从而改善治疗效果、减轻患者家庭负担。

2. 建设医学影像信息库网络

针对影像信息的产生、存储、传输、共享和诊断环节中存在的"信息不共享、标准不统一、存储时间短、智能化程度低"等问题，建立一套统一的医学影像数据采集标准。在此基础上，建立医学影像信息库，整合不同医疗机构的疾病影像数据，建立影像数据共享机制，通过小范围的试点，建立并推广区域典型疾病医学影像数据库，争取到2020年覆盖大部分典型疾病。通过医学影像信息库的建立，促进医疗机构之间影像学数据的互认，减少患者不必要的重复性检查。利用高质量的医学影像大数据，逐步建立典型疾病影像学诊断标准，提升影像学诊断质量，减少误诊率，减小不同医疗机构之间及地区之间的影像学诊断水平差异，为医学影像大数据分析、影像学智能诊断技术的发展打造坚实基础。

3. 建设农作物分子育种平台

为促进我国分子育种技术应用，提升农作物育种效率和技术水平，实现从传统常规育种向现代化精确分子育种转变，完善以分子育种为核心的农业种业技术体系，突破全基因组选择、基因组编辑、航天生物工程等分子育种关键技术与装备，形成一批现代分子育种创新平台，加快建设主要农作物品种高通量单核苷酸多态性（SNP）芯片分子检测与基因分型、覆盖主要生态类型的主要农作物育种材料和组合田间测试网点，以及田间表型性状信息采集系统，为种业企业、科教单位、政府品种与市场监管单位等机构提供技术共享服务，带动和促进生物种业行业的快速发展。

三、检测服务平台

1. 建设仿制药一致性评价检测平台

针对仿制药参比物质来源困难和临床评价资源严重不足的现状，在产品原料、杂质、原研制剂等多方面建设标准物质实物和表征数据信息库，在 10 家非临床机构试点设立专业生物等效性评价服务平台。重点构建符合国际规范的生物样品分析实验室，配备与国际水平接轨的硬件、软件、管理流程，构建对健康受试者可能出现临床事件的处置能力和标准操作规范体系，配备专业医护团队和接受严格临床试验标准操作规范培训的研究人员，严格按照临床试验标准操作规范开展健康受试者的生物等效性评价研究工作，完善配套监管制度，建立第三方伦理委员会监管机制。从总体上提升我国仿制药质量水平，提高优质仿制药可及性，加强我国仿制药的国际竞争力。

2. 建设生物药质量及安全测试技术创新平台

针对我国生物药质量及安全检测技术落后、检测手段匮乏、检测标准不完善等问题，以企业为主体，建立生物药质量及安全测试技术创新平台，充分借助分子生物学、生物信息学等先进生物技术，开发病毒、支原体等污染物的创新检测方法，同时提高已有检测方法的敏感性、缩短检测周期、降低检测成本。提升重组单克隆抗体、血浆衍生物、疫苗等复合生物制品的质量水平及安全性，促进我国实施更彻底、更全面的生物安全监控策略，对迅速涌入我国的各类进口生物制品实行有效监管。

3. 建设农产品安全质量检测平台

为强化我国农产品生产、流通和进出口环节的有效监管，构建以快速、智能、经济为核心的农产品质量安全检测技术平台，开发快速检测技术及产品，重点研发基于新型生物识别材料和现代分子生物学方法的农产品安全快速精准检测技术，开发系列高特异性或高通量的前处理产品、速测产品和装备，基于相同生物效应的类检筛查技术和产品，新型重点污染物高通量筛查技术及产品，构建科学完善的农产品质量安全评价技术体系，提升我国农产品质量安全大数据分析能力和监管能力，促进我国大宗及优质农产品生产加工产业的快速发展。

4. 建设生物质能检验检测及监测公共服务平台

为健全我国生物质能技术、产品及其联产品产业检验检测及监测体系，满足产业发展公共服务需求，促进产业标准化、规模化发展，重点完善生物质能技术、产品及其联产品标准体系，建设检验检测及产业监测大数据平台、在线监控平台以及公共服务平台体系。建立生物质能技术、产品及其联产品检验检测公共实验室，通过检验监测机构资质认定、实验室认可，形成检验检测公共服务系统与能力。基于"互联网＋"模式，建立生物质资源、设备及产品检验检测和产业监测大数据平台，形成设备运行在线监控与产品可追溯体系。建立生物质能及其附产品产业数据统计、监测和发布机制，提供资源评价、技术产品检验检测、产业监测等公共服务。

第六节　构建行业管理新规制

针对制约生物产业发展的制度障碍，进一步推进行业准入、市场应用和市场监管等领域的重大改革，加快构建适应产业创新发展的新体制，加强全国统一市场建设，全面清理妨碍公平竞争的规定和做法，持续激发产业创新创业活力。

一、市场准入政策

全面推进药品医疗器械审评审批制度改革，加强审评队伍建设，招聘有国际审评审批经验的专家学者，加大政府购买审评服务力度。公开受理、审批相关信息，增加审批透明度，严格控制市场供大于求、低水平重复的产品审批，加快临床急需的创新药物医疗器械审批。加快制定新型诊疗技术的临床应用技术规范。完善创新产品和罕见病药物优先审查和快速审评机制。加快推广药品上市许可持有人制度试点。探索建立医疗机构之间检查检验结果互认机制。探索制定孤儿药独占制度。进一步完善转基因产品行业准入管理，完善转基因农作物推广种植和上市审批制度。研究修订《农产品进口关税配额管理暂行办法》，取消国有贸易配额和非国有贸易配额双轨制，为生物制造企业原料来源提供公平竞争环境，提升产业国际竞争力。

二、价格医保政策

按照政府调控和市场调节相结合原则，坚持分类管理，强化价格、医保、采购政策衔接，加强对市场竞争不充分药品价格监管，促进药品市场价格合理形成。积极稳妥推进医疗服务价格改革，坚持调放结合、政策联动，合理调整医疗服务价格，逐步建立分类管理、动态调整、多方参与的价格形成机制，降低大型医用设备检查检验价格，合理提升体现医务人员技术劳务价值的医疗服务价格，逐步理顺医疗服务比价关系。根据医保基金承受能力，及时将符合条件、临床必须、安全有效、价格合理、具有自主知识产权的药品、医疗器械和诊疗项目按规定程序纳入医保支付范围。坚持鼓励创新和使用适宜技术相结合的原则，及时受理新增医疗服务项目，高效办理，促进新技术进入临床使用。加快建立多种形式的大病救助体系，大力发展商业健康保险。

三、招标采购政策

打破产品市场分割和地方保护，提高创新药品和医疗器械在政府采购中的比重。改革招标采购机制，落实医疗机构药品、耗材采购主体地位，允许医疗机构自主采购和组团采购，加快将药品招标采购纳入公共资源交易平台。推动药品、高值医用耗材采购编码标准化。制定完善各级医疗机构的医疗器械配备标准，严格控制财政性资金采购不合理的超标准、高档设备。实行分类采购，科学设置评审因素，注重产品的综合评估。严格按照《政府采购法》规定，对国产产品能够满足要求的，政府采购项目原则上须采购国产产品，逐步提高公立医疗机构国产设备配置水平。加快落实《可再生能源法》，促进符合技术标准的生物质燃气、热力和燃料纳入燃气、热力和石油销售体系。

四、行业监管政策

完善医药产品上市后的不良事件监测、召回、退出制度，建立守信企业"绿色通道"和失信企业"黑名单"，加大对失信企业的联合惩戒力度。以推行新版 GMP 为契机，加强药品生产质量动态监管。健全药品供应保障制度。加强临床研究的规范性建设和监管，规范和促进我国人类遗传资源的保护和利用。加强生物遗传资源保护和监管，规范生物遗传资源的获取、利用和惠益分享活动。完善转基因产品的上市监管，进一步加强生物安全管理。加快修订《农作物种质资源管理办法》，支持我国优势种业国际化发展。严格执行国家环保相关政策，加强产业环保运行监管和配套设施建设，确保达到相关环保标准。

第七节　开拓要素支撑新途径

充分发挥市场在配置资源的决定性作用和更好发挥政府引导作用，为生物产业发展提供以资金、人才等要素为核心的全方位支撑。

一、加大财政投入

加大对创新医疗产品开发和产业化支持力度。相关领域确需中央财政支持的技术研发工作，纳入国家科技计划（专项、基金等）体系，由中央财政科技预算等渠道统筹考虑支持。统筹财政资源，创新财政资金使用方式，提高资金使用效率。继续开展首台（套）重大技术装备保险补偿机制试点，支持符合条件的国产医疗设备应用。加大对生物制造产品的采购鼓励，实施生物制造产品财政补贴。推动各地建立健全生物质燃气、液体燃料、热力生产财政补贴政策。

二、完善税收支持

根据现代生物产业高投入、高风险、高收益、长周期等特点，结合国家税制改革方向，落实研发费用加计扣除、固定资产加速折旧、高新技术企业、技术先进型服务企业所得税等优惠政策，落实医药产品相关税收优惠政策。

三、创新金融服务

鼓励产业投资基金、创业投资基金、专项建设基金支持创新型中小企业发展。加快发展商业保险，带动中高端医药产品消费。积极推动开展融资租赁、担保质押、投资保险（风险补偿）等创新型金融支持方式。在国家规定的范围内，充分发挥亚洲基础设施投资银行、丝路基金、中投公司等投融资平台作用，支持企业开拓海外市场，开展海外贸易和并购。

四、打造人才队伍

创新人才培养模式，加强人才培养能力建设，建立多层次人才培养基地，重点培养生物领域企业经营管理人才、原始创新人才、工程化开发人才、高技能人才等各类人才。继续实施"千人计划"等引智工程，积极创造条件引进国外优秀的行业领军人才和技术团队来华创业创新。鼓励大型生物技术企业设立博士后工作站。鼓励通过校企合作等方式，联合培养高技能人才；支持鼓励企业与高校、科研院所通过各类合作机制共建研究基地和创新平台。建立健全技术、技能等要素参与的收益分配机制，鼓励通过设立技术股等形式，充分调动人才的积极性和创造性。以提高企业竞争力为核心，积极开展多种形式的生物技术企业经营管理人员培训，培育一批领军型企业家。支持高校毕业生进入生物产业企业就业。鼓励生物产业各类人才到中西部地区就业创业。

第八节　打造协调联动新局面

加强部门联动、行业协同、区域协调，利用好国际国内两个市场两种资源，激发产业创新创业活力，形成共同推进生物产业蓬勃发展的新格局。

一、加强统筹协调

加强部门配合，完善细化政策措施，形成加快生物产业发展的合力。加强规划与国家相关科技专项的衔接，强化规划对年度计划执行和重大项目安排的统筹指导。发挥行业组织在企业和政府之间的桥梁纽带作用，支持行业组织承担政府职能转移，完善监管部门、行业协会、产业联盟和企业的沟通机制。建立中央与地方信息沟通平台，形成高效协同机制。各地区要根据当地比较优势和产业发展情况，科学确定生物产业发展定位，出台配套政策措施，加强生物产业统计和监测体系建设，优化调整产业布局，强化产业链分工和区域协作配套。

二、发展行业组织

围绕促进生物产业中高端和国际化发展的战略需求，发展一批服务行业企业发展的公益组织。在基因检测、细胞治疗、生物能源等前沿生物技术领域，加快组建行业联盟，促进行业内部及与其他产业在技术、经济、管理、知识产权等方面的合作，推动制定产业的行业、国家或国际标准，推动产品认证、质量检测等体系的建立和完善，反映行业政策建议与诉求，促进行业企业与监管部门的紧密联系与协调。在开展生物技术对外合作的重点领域，支持企业形成合力，建立企业走出去联盟，开展多种形式的国际交流与合作，发展与国外相关组织、企业的联系和交流，维护中国生物产业利益、形象，积极应对国际纠纷与政策协调。

三、打造产业高地

充分发挥各地方的积极性，依托现有生物产业基地、园区和集群，有步骤、有重点地推动若干生物经济集群建设，促进人才、技术、资金等资源向优势区域集中，引导生物产业特色化、集聚化发展，使生物产业在地方促进产业转型升级中发挥引领作用。组织开展生物产业基地评估工作，探索建立生物产业基地动态调整机制。支持地方开展体制机制改革的先行先试，积极推动有条件的地区率先开展生物产品应用示范。

四、加强国际合作

鼓励企业充分利用两种资源两个市场，加快整合配置全球创新要素和创新资源。在"一带一路"沿线国家重点开展国际产能合作，推动国内优势产能走出去。积极推进种业、基因检测等领域具有比较优势的产品"走出去"，带动整个行业抢占国际市场。进一步扩大中药在国际市场（特别是东南亚地区）的影响力和市场份额。推动有竞争力的生物技术企业开展境外并购和股权投资、创业投资，建立海外研发中心、生产基地、销售网络和服务体系，获取新产品、关键技术、生产许可和销售渠道，加快融入国际市场，创建一批具有国际影响力的知名品牌。鼓励企业积极参与国际公共卫生领域合作。积极参与有关国际标准的制订和修订工作，进一步推动行业标准、管理规制和知识产权的国际接轨。完善投资环境，加强配套体系建设，加大"引进来"力度，推动跨国公司在华建设高水平的研发中心、生产中心和采购中心，加快产业合作由加工制造环节向研发设计、市场营销、品牌培育等高附加值环节延伸，提高国际合作水平。

五、促进创新创业

完善知识产权政策和反不正当竞争政策，鼓励大企业对中小企业的兼并收购。加强创业培训，鼓励和引导生物科技人才创业，加快构建贯穿整个创新链条的生物科技创新创业服务平台，形成设备、人员、技术、资金等专业化配套体系，推动龙头骨干企业、高校、科研院所建设一批高水平、专业性的生物产业众创空间，在有条件的地区建设生物产业"双创"基地。

第三章 中医药发展战略规划纲要（2016—2030 年）

中医药作为我国独特的卫生资源、潜力巨大的经济资源、具有原创优势的科技资源、优秀的文化资源和重要的生态资源，在经济社会发展中发挥着重要作用。随着我国新型工业化、信息化、城镇化、农业现代化深入发展，人口老龄化进程加快，健康服务业蓬勃发展，人民群众对中医药服务的需求越来越旺盛，迫切需要继承、发展、利用好中医药，充分发挥中医药在深化医药卫生体制改革中的作用，造福人类健康。为明确未来十五年我国中医药发展方向和工作重点，促进中医药事业健康发展，制定本规划纲要。

第一节 基本形势

新中国成立后特别是改革开放以来，党中央、国务院高度重视中医药工作，制定了一系列政策措施，推动中医药事业发展取得了显著成就。中医药总体规模不断扩大，发展水平和服务能力逐步提高，初步形成了医疗、保健、科研、教育、产业、文化整体发展新格局，对经济社会发展贡献度明显提升。截至 2014 年底，全国共有中医类医院（包括中医、中西医结合、民族医医院，下同）3732 所，中医类医院床位 75.5 万张，中医类执业（助理）医师39.8 万人，2014 年中医类医院总诊疗人次 5.31 亿。中医药在常见病、多发病、慢性病及疑难病症、重大传染病防治中的作用得到进一步彰显，得到国际社会广泛认可。2014 年中药生产企业达到 3813 家，中药工业总产值 7302亿元。中医药已经传播到 183 个国家和地区。

另一方面，我国中医药资源总量仍然不足，中医药服务领域出现萎缩现象，基层中医药服务能力薄弱，发展规模和水平还不能满足人民群众健康需求；中医药高层次人才缺乏，继承不足、创新不够；中药产业集中度低，野生中药材资源破坏严重，部分中药材品质下降，影响中医药可持续发展；适应中医药发展规律的法律政策体系有待健全；中医药走向世界面临制约和壁垒，国际竞争力有待进一步提升；中医药治理体系和治理能力现代化水平亟待提高，迫切需要加强顶层设计和统筹规划。

当前，我国进入全面建成小康社会决胜阶段，满足人民群众对简便验廉的中医药服务需求，迫切需要大力发展健康服务业，拓宽中医药服务领域。深化医药卫生体制改革，加快推进健康中国建设，迫切需要在构建中国特色基本医疗制度中发挥中医药独特作用。适应未来医学从疾病医学向健康医学转变、医学模式从生物医学向生物—心理—社会模式转变的发展趋势，迫切需要继承和发展中医药的绿色健康理念、天人合一的整体观念、辨证施治和综合施治的诊疗模式、运用自然的防治手段和全生命周期的健康服务。促进经济转型升级，培育新的经济增长动能，迫切需要加大对中医药的扶持力度，进一步激发中医药原创优势，促进中医药产业提质增效。传承和弘扬中华优秀传统文化，迫切需要进一步普及和宣传中医药文化知识。实施"走出去"战略，推进"一带一路"建设，迫切需要推动中医药海外创新发展。各地区、各有关部门要正确认识形势，把握机遇，扎实推进中医药事业持续健康发展。

第二节　指导思想、基本原则和发展目标

一、指导思想

认真落实党的十八大和十八届二中、三中、四中、五中全会精神，深入贯彻习近平总书记系列重要讲话精神，紧紧围绕"四个全面"战略布局和党中央、国务院决策部署，牢固树立创新、协调、绿色、开放、共享发展理念，坚持中西医并重，从思想认识、法律地位、学术发展与实践运用上落实中医药与西医药的平等地位，充分遵循中医药自身发展规律，以推进继承创新为主题，以提高中医药发展水平为中心，以完善符合中医药特点的管理体制和政策机制为重点，以增进和维护人民群众健康为目标，拓展中医药服务领域，促进中西医结合，发挥中医药在促进卫生、经济、科技、文化和生态文明发展中的独特作用，统筹推进中医药事业振兴发展，为深化医药卫生体制改革、推进健康中国建设、全面建成小康社会和实现"两个一百年"奋斗目标做出贡献。

二、基本原则

坚持以人为本、服务惠民。以满足人民群众中医药健康需求为出发点和落脚点，坚持中医药发展为了人民、中医药成果惠及人民，增进人民健康福

祉，保证人民享有安全、有效、方便的中医药服务。

坚持继承创新、突出特色。把继承创新贯穿中医药发展一切工作，正确把握好继承和创新的关系，坚持和发扬中医药特色优势，坚持中医药原创思维，充分利用现代科学技术和方法，推动中医药理论与实践不断发展，推进中医药现代化，在创新中不断形成新特色、新优势，永葆中医药薪火相传。

坚持深化改革、激发活力。改革完善中医药发展体制机制，充分发挥市场在资源配置中的决定性作用，拉动投资消费，推进产业结构调整，更好发挥政府在制定规划、出台政策、引导投入、规范市场等方面的作用，积极营造平等参与、公平竞争的市场环境，不断激发中医药发展的潜力和活力。

坚持统筹兼顾、协调发展。坚持中医与西医相互取长补短，发挥各自优势，促进中西医结合，在开放中发展中医药。统筹兼顾中医药发展各领域、各环节，注重城乡、区域、国内国际中医药发展，促进中医药医疗、保健、科研、教育、产业、文化全面发展，促进中医中药协调发展，不断增强中医药发展的整体性和系统性。

三、发展目标

到 2020 年，实现人人基本享有中医药服务，中医医疗、保健、科研、教育、产业、文化各领域得到全面协调发展，中医药标准化、信息化、产业化、现代化水平不断提高。中医药健康服务能力明显增强，服务领域进一步拓宽，中医医疗服务体系进一步完善，每千人口公立中医类医院床位数达到 0.55 张，中医药服务可得性、可及性明显改善，有效减轻群众医疗负担，进一步放大医改惠民效果；中医基础理论研究及重大疾病攻关取得明显进展，中医药防治水平大幅度提高；中医药人才教育培养体系基本建立，凝聚一批学术领先、医术精湛、医德高尚的中医药人才，每千人口卫生机构中医执业类（助理）医师数达到 0.4 人；中医药产业现代化水平显著提高，中药工业总产值占医药工业总产值 30％以上，中医药产业成为国民经济重要支柱之一；中医药对外交流合作更加广泛；符合中医药发展规律的法律体系、标准体系、监督体系和政策体系基本建立，中医药管理体制更加健全。

到 2030 年，中医药治理体系和治理能力现代化水平显著提升，中医药服务领域实现全覆盖，中医药健康服务能力显著增强，在治未病中的主导作用、在重大疾病治疗中的协同作用、在疾病康复中的核心作用得到充分发挥；中医药科技水平显著提高，基本形成一支由百名国医大师、万名中医名师、百万中医师、千万职业技能人员组成的中医药人才队伍；公民中医健康文化素养大幅度提升；中医药工业智能化水平迈上新台阶，对经济社会发展的贡献率进一步增强，我国在世界传统医药发展中的引领地位更加巩固，实现中医药继承创新发展、统筹协调发展、生态绿色发展、包容开放发展和人民共享发展，为健康中国建设奠定坚实基础。

第三节　重点任务

一、切实提高中医医疗服务能力

（1）完善覆盖城乡的中医医疗服务网络。全面建成以中医类医院为主体、综合医院等其他类别医院中医药科室为骨干、基层医疗卫生机构为基础、中医门诊部和诊所为补充、覆盖城乡的中医医疗服务网络。县级以上地方人民政府要在区域卫生规划中合理配置中医医疗资源，原则上在每个地市级区域、县级区域设置1个市办中医类医院、1个县办中医类医院，在综合医院、妇幼保健机构等非中医类医疗机构设置中医药科室。在乡镇卫生院和社区卫生服务中心建立中医馆、国医堂等中医综合服务区，加强中医药设备配置和中医药人员配备。加强中医医院康复科室建设，支持康复医院设置中医药科室，加强中医康复专业技术人员的配备。

（2）提高中医药防病治病能力。实施中医临床优势培育工程，加强在区域内有影响力、科研实力强的省级或地市级中医医院能力建设。建立中医药参与突发公共事件应急网络和应急救治工作协调机制，提高中医药应急救治和重大传染病防治能力。持续实施基层中医药服务能力提升工程，提高县级中医医院和基层医疗卫生机构中医优势病种诊疗能力、中医药综合服务能力。建立慢性病中医药监测与信息管理制度，推动建立融入中医药内容的社区健康管理模式，开展高危人群中医药健康干预，提升基层中医药健康管理水平。大力发展中医非药物疗法，充分发挥其在常见病、多发病和慢性病防治中的独特作用。建立中医医院与基层医疗卫生机构、疾病预防控制机构分工合作的慢性病综合防治网络和工作机制，加快形成急慢分治的分级诊疗秩序。

（3）促进中西医结合。运用现代科学技术，推进中西医资源整合、优势互补、协同创新。加强中西医结合创新研究平台建设，强化中西医临床协作，开展重大疑难疾病中西医联合攻关，形成独具特色的中西医结合诊疗方案，提高重大疑难疾病、急危重症的临床疗效。探索建立和完善国家重大疑难疾病中西医协作工作机制与模式，提升中西医结合服务能力。积极创造条件建设中西医结合医院。完善中西医结合人才培养政策措施，建立更加完善的西医学习中医制度，鼓励西医离职学习中医，加强高层次中西医结合人才培养。

（4）促进民族医药发展。将民族医药发展纳入民族地区和民族自治地方经济社会发展规划，加强民族医医疗机构建设，支持有条件的民族自治地方举办民族医医院，鼓励民族地区各类医疗卫生机构设立民族医药科，鼓励社会力量举办民族医医院和诊所。加强民族医药传承保护、理论研究和文献的抢救与整理。推进民族药标准建设，提高民族药质量，加大开发推广力度，促进民族药产业发展。

（5）放宽中医药服务准入。改革中医医疗执业人员资格准入、执业范围和执业管理制度，根据执业技能探索实行分类管理，对举办中医诊所的，将依法实施备案制管理。改革传统医学师承和确有专长人员执业资格准入制度，允许取得乡村医生执业证书的中医药一技之长人员在乡镇和村开办中医诊所。鼓励社会力量举办连锁中医医疗机构，对社会资本举办只提供传统中医药服务的中医门诊部、诊所，医疗机构设置规划和区域卫生发展规划不作布局限制，支持有资质的中医专业技术人员特别是名老中医开办中医门诊部、诊所，鼓励药品经营企业举办中医坐堂医诊所。保证社会办和政府办中医医疗机构在准入、执业等方面享有同等权利。

（6）推动"互联网＋"中医医疗。大力发展中医远程医疗、移动医疗、智慧医疗等新型医疗服务模式。构建集医学影像、检验报告等健康档案于一体的医疗信息共享服务体系，逐步建立跨医院的中医医疗数据共享交换标准体系。探索互联网延伸医嘱、电子处方等网络中医医疗服务应用。利用移动互联网等信息技术提供在线预约诊疗、候诊提醒、划价缴费、诊疗报告查询、药品配送等便捷服务。

二、大力发展中医养生保健服务

（1）加快中医养生保健服务体系建设。研究制定促进中医养生保健服务发展的政策措施，支持社会力量举办中医养生保健机构，实现集团化发展或连锁化经营。实施中医治未病健康工程，加强中医医院治未病科室建设，为群众提供中医健康咨询评估、干预调理、随访管理等治未病服务，探索融健康文化、健康管理、健康保险于一体的中医健康保障模式。鼓励中医医院、中医医师为中医养生保健机构提供保健咨询、调理和药膳等技术支持。

（2）提升中医养生保健服务能力。鼓励中医医疗机构、养生保健机构走进机关、学校、企业、社区、乡村和家庭，推广普及中医养生保健知识和易于掌握的理疗、推拿等中医养生保健技术与方法。鼓励中医药机构充分利用生物、仿生、智能等现代科学技术，研发一批保健食品、保健用品和保健器械器材。加快中医治未病技术体系与产业体系建设。推广融入中医治未病理念的健康工作和生活方式。

（3）发展中医药健康养老服务。推动中医药与养老融合发展，促进中医医疗资源进入养老机构、社区和居民家庭。支持养老机构与中医医疗机构合作，建立快速就诊绿色通道，鼓励中医医疗机构面向老年人群开展上门诊视、健康查体、保健咨询等服务。鼓励中医医师在养老机构提供保健咨询和调理服务。鼓励社会资本新建以中医药健康养老为主的护理院、疗养院，探索设立中医药特色医养结合机构，建设一批医养结合示范基地。

（4）发展中医药健康旅游服务。推动中医药健康服务与旅游产业有机融合，发展以中医药文化传播和体验为主题，融中医疗养、康复、养生、文化传播、商务会展、中药材科考与旅游于一体的中医药健康旅游。开发具有地域特色的中医药健康旅游产品和线路，建设一批国家中医药健康旅游示范基地和中医药健康旅游综合体。加强中医药文化旅游商品的开发生产。建立中医药健康旅游标准化体系，推进中医药健康旅游服务标准化和专业化。举办"中国中医药健康旅游年"，支持举办国际性的中医药健康旅游展览、会议和论坛。

三、扎实推进中医药继承

（1）加强中医药理论方法继承。实施中医药传承工程，全面系统继承历代各家学术理论、流派及学说，全面系统继承当代名老中医药专家学术思想和临床诊疗经验，总结中医优势病种临床基本诊疗规律。将中医古籍文献的整理纳入国家中华典籍整理工程，开展中医古籍文献资源普查，抢救濒临失传的珍稀与珍贵古籍文献，推动中医古籍数字化，编撰出版《中华医藏》，加强海外中医古籍影印和回归工作。

（2）加强中医药传统知识保护与技术挖掘。建立中医药传统知识保护数据库、保护名录和保护制度。加强中医临床诊疗技术、养生保健技术、康复技术筛选，完善中医医疗技术目录及技术操作规范。加强对传统制药、鉴定、炮制技术及老药工经验的继承应用。开展对中医药民间特色诊疗技术的调查、挖掘整理、研究评价及推广应用。加强对中医药百年老字号的保护。

（3）强化中医药师承教育。建立中医药师承教育培养体系，将师承教育全面融入院校教育、毕业后教育和继续教育。鼓励医疗机构发展师承教育，实现师承教育常态化和制度化。建立传统中医师管理制度。加强名老中医药专家传承工作室建设，吸引、鼓励名老中医药专家和长期服务基层的中医药专家通过师承模式培养多层次的中医药骨干人才。

四、着力推进中医药创新

（1）健全中医药协同创新体系。健全以国家和省级中医药科研机构为核心，以高等院校、医疗机构和企业为主体，以中医科学研究基地（平台）为支撑，多学科、跨部门共同参与的中医药协同创新体制机制，完善中医药领域科技布局。统筹利用相关科技计划（专项、基金等），支持中医药相关科技创新工作，促进中医药科技创新能力提升，加快形成自主知识产权，促进创新成果的知识产权化、商品化和产业化。

（2）加强中医药科学研究。运用现代科学技术和传统中医药研究方法，深化中医基础理论、辨证论治方法研究，开展经穴特异性及针灸治疗机理、中药药性理论、方剂配伍理论、中药复方药效物质基础和作用机理等研究，建立概念明确、结构合理的理论框架体系。加强对重大疑难疾病、重大传染病防治的联合攻关和对常见病、多发病、慢性病的中医药防治研究，形成一批防治重大疾病和治未病的重大产品和技术成果。综合运用现代科技手段，开发一批基于中医理论的诊疗仪器与设备。探索适合中药特点的新药开发新模式，推动重大新药创制。鼓励基于经典名方、医疗机构中药制剂等的中药新药研发。针对疾病新的药物靶标，在中药资源中寻找新的候选药物。

（3）完善中医药科研评价体系。建立和完善符合中医药特点的科研评价标准和体系，研究完善有利于中医药创新的激励政策。通过同行评议和引进第三方评估，提高项目管理效率和研究水平。不断提高中医药科研成果转化效率。开展中医临床疗效评价与转化应用研究，建立符合中医药特点的疗效评价体系。

五、全面提升中药产业发展水平

（1）加强中药资源保护利用。实施野生中药材资源保护工程，完善中药材资源分级保护、野生中药材物种分级保护制度，建立濒危野生药用动植物保护区、野生中药材资源培育基地和濒危稀缺中药材种植养殖基地，加强珍稀濒危野生药用动植物保护、繁育研究。建立国家级药用动植物种质资源库。建立普查和动态监测相结合的中药材资源调查制度。在国家医药储备中，进一步完善中药材及中药饮片储备。鼓励社会力量投资建立中药材科技园、博物馆和药用动植物园等保育基地。探索荒漠化地区中药材种植生态经济示范区建设。

（2）推进中药材规范化种植养殖。制定中药材主产区种植区域规划。制定国家道地药材目录，加强道地药材良种繁育基地和规范化种植养殖基地建设。促进中药材种植养殖业绿色发展，制定中药材种植养殖、采集、储藏技术标准，加强对中药材种植养殖的科学引导，大力发展中药材种植养殖专业合作社和合作联社，提高规模化、规范化水平。支持发展中药材生产保险。建立完善中药材原产地标记制度。实施贫困地区中药材产业推进行动，引导贫困户以多种方式参与中药材生产，推进精准扶贫。

（3）促进中药工业转型升级。推进中药工业数字化、网络化、智能化建设，加强技术集成和工艺创新，提升中药装备制造水平，加速中药生产工艺、流程的标准化、现代化，提升中药工业知识产权运用能力，逐步形成大型中药企业集团和产业集群。以中药现代化科技产业基地为依托，实施中医药大健康产业科技创业者行动，促进中药一二三产业融合发展。开展中成药上市后再评价，加大中成药二次开发力度，开展大规模、规范化临床试验，培育一批具有国际竞争力的名方大药。开发一批中药制造机械与设备，提高中药制造业技术水平与规模效益。推进实施中药标准化行动计划，构建中药产业全链条的优质产品标准体系。实施中药绿色制造工程，形成门类丰富的新兴绿色产业体系，逐步减少重金属及其化合物等物质的使用量，严格执行《中药类制药工业水污染物排放标准》（GB 21906－2008），建立中药绿色制造体系。

（4）构建现代中药材流通体系。制定中药材流通体系建设规划，建设一批道地药材标准化、集约化、规模化和可追溯的初加工与仓储物流中心，与生产企业供应商管理和质量追溯体系紧密相连。发展中药材电子商务。利用大数据加强中药材生产信息搜集、价格动态监测分析和预测预警。实施中药材质量保障工程，建立中药材生产流通全过程质量管理和质量追溯体系，加强第三方检测平台建设。

六、大力弘扬中医药文化

（1）繁荣发展中医药文化。大力倡导"大医精诚"理念，强化职业道德建设，形成良好行业风尚。实施中医药健康文化素养提升工程，加强中医药文物设施保护和非物质文化遗产传承，推动更多非药物中医诊疗技术列入联合国教科文组织非物质文化遗产名录和国家级非物质文化遗产目录，使更多古代中医典籍进入世界记忆名录。推动中医药文化国际传播，展示中华文化独特魅力，提升我国文化软实力。

（2）发展中医药文化产业。推动中医药与文化产业融合发展，探索将中医药文化纳入文化产业发展规划。创作一批承载中医药文化的创意产品和文化精品。促进中医药与广播影视、新闻出版、数字出版、动漫游戏、旅游餐饮、体育演艺等有效融合，发展新型文化产品和服务。培育一批知名品牌和企业，提升中医药与文化产业融合发展水平。

七、积极推动中医药海外发展

（1）加强中医药对外交流合作。深化与各国政府和世界卫生组织、国际标准化组织等的交流与合作，积极参与国际规则、标准的研究与制订，营造有利于中医药海外发展的国际环境。实施中医药海外发展工程，推动中医药技术、药物、标准和服务走出去，促进国际社会广泛接受中医药。本着政府支持、民间运作、服务当地、互利共赢的原则，探索建设一批中医药海外中心。支持中医药机构全面参与全球中医药各领域合作与竞争，发挥中医药社会组织的作用。在国家援外医疗中进一步增加中医药服务内容。推进多层次的中医药国际教育交流合作，吸引更多的海外留学生来华接受学历教育、非学历教育、短期培训和临床实习，把中医药打造成中外人文交流、民心相通的亮丽名片。

（2）扩大中医药国际贸易。将中医药国际贸易纳入国家对外贸易发展总体战略，构建政策支持体系，突破海外制约中医药对外贸易发展的法律、政策障碍和技术壁垒，加强中医药知识产权国际保护，扩大中医药服务贸易国际市场准入。支持中医药机构参与"一带一路"建设，扩大中医药对外投资和贸易。为中医药服务贸易发展提供全方位公共资源保障。鼓励中医药机构到海外开办中医医院、连锁诊所和中医养生保健机构。扶持中药材海外资源开拓，加强海外中药材生产流通质量管理。鼓励中医药企业走出去，加快打造全产业链服务的跨国公司和知名国际品牌。积极发展入境中医健康旅游，承接中医医疗服务外包，加强中医药服务贸易对外整体宣传和推介。

第四节　保障措施

一、健全中医药法律体系

推动颁布并实施中医药法，研究制定配套政策法规和部门规章，推动修订执业医师法、药品管理法和医疗机构管理条例、中药品种保护条例等法律法规，进一步完善中医类别执业医师、中医医疗机构分类和管理、中药审批管理、中医药传统知识保护等领域相关法律规定，构建适应中医药发展需要的法律法规体系。指导地方加强中医药立法工作。

二、完善中医药标准体系

为保障中医药服务质量安全，实施中医药标准化工程，重点开展中医临床诊疗指南、技术操作规范和疗效评价标准的制定、推广与应用。系统开展中医治未病标准、药膳制作标准和中医药保健品标准等研究制定。健全完善中药质量标准体系，加强中药质量管理，重点强化中药炮制、中药鉴定、中药制剂、中药配方颗粒以及道地药材的标准制定与质量管理。加快中药数字化标准及中药材标本建设。加快国内标准向国际标准转化。加强中医药监督体系建设，建立中医药监督信息数据平台。推进中医药认证管理，发挥社会力量的监督作用。

三、加大中医药政策扶持力度

落实政府对中医药事业的投入政策。改革中医药价格形成机制，合理确定中医医疗服务收费项目和价格，降低中成药虚高药价，破除以药补医机制。继续实施不取消中药饮片加成政策。在国家基本药物目录中进一步增加中成药品种数量，不断提高国家基本药物中成药质量。地方各级政府要在土地利用总体规划和城乡规划中统筹考虑中医药发展需要，扩大中医医疗、养生保健、中医药健康养老服务等用地供给。

四、加强中医药人才队伍建设

建立健全院校教育、毕业后教育、继续教育有机衔接以及师承教育贯穿始终的中医药人才培养体系。重点培养中医重点学科、重点专科及中医药临床科研领军人才。加强全科医生人才、基层中医药人才以及民族医药、中西医结合等各类专业技能人才培养。开展临床类别医师和乡村医生中医药知识与技能培训。建立中医药职业技能人员系列，合理设置中医药健康服务技能岗位。深化中医药教育改革，建立中医学专业认证制度，探索适应中医医师执业分类管理的人才培养模式，加强一批中医药重点学科建设，鼓励有条件的民族地区和高等院校开办民族医药专业，开展民族医药研究生教育，打造一批世界一流的中医药名校和学科。健全国医大师评选表彰制度，完善中医药人才评价机制。建立吸引、稳定基层中医药人才的保障和长效激励机制。

五、推进中医药信息化建设

按照健康医疗大数据应用工作部署，在健康中国云服务计划中，加强中医药大数据应用。加强中医医院信息基础设施建设，完善中医医院信息系统。建立对患者处方真实有效性的网络核查机制，实现与人口健康信息纵向贯通、横向互通。完善中医药信息统计制度建设，建立全国中医药综合统计网络直报体系。

第五节　组织实施

一、加强规划组织实施

进一步完善国家中医药工作部际联席会议制度，由国务院领导同志担任召集人。国家中医药工作部际联席会议办公室要强化统筹协调，研究提出中医药发展具体政策措施，协调解决重大问题，加强对政策落实的指导、督促和检查；要会同相关部门抓紧研究制定本规划纲要实施分工方案，规划建设一批国家中医药综合改革试验区，确保各项措施落到实处。地方各级政府要将中医药工作纳入经济社会发展规划，加强组织领导，健全中医药发展统筹协调机制和工作机制，结合实际制定本规划纲要具体实施方案，完善考核评估和监督检查机制。

二、健全中医药管理体制

按照中医药治理体系和治理能力现代化要求，创新管理模式，建立健全国家、省、市、县级中医药管理体系，进一步完善领导机制，切实加强中医药管理工作。各相关部门要在职责范围内，加强沟通交流、协调配合，形成共同推进中医药发展的工作合力。

三、营造良好社会氛围

综合运用广播电视、报刊等传统媒体和数字智能终端、移动终端等新型载体，大力弘扬中医药文化知识，宣传中医药在经济社会发展中的重要地位和作用。推动中医药进校园、进社区、进乡村、进家庭，将中医药基础知识纳入中小学传统文化、生理卫生课程，同时充分发挥社会组织作用，形成全社会"信中医、爱中医、用中医"的浓厚氛围和共同发展中医药的良好格局。

第四章　安徽省"十三五"科技创新发展规划

"十三五"（2016—2020 年）时期，是我省实施创新驱动发展战略的关键时期，是全面建成小康社会的决胜阶段。根据《"十三五"国家科技创新发展规划》《安徽省国民经济和社会发展第十三个五年规划纲要》和省委省政府实施创新驱动发展战略以及系统推进全面创新改革试验的总体部署，特制定本规划。

第一节　主要成就与形势需求

"十二五"以来，省委、省政府把"建设创新安徽、推动转型发展"摆在全省发展全局的核心位置，深入实施创新驱动发展战略，主要创新指标保持全国先进、中部领先水平，合芜蚌自主创新综合试验区和创新型省份建设取得重要进展，我省科技事业进入快速发展的新时期。

——科技创新综合实力大幅提升。我省区域创新能力由 2010 年全国第 15 位上升到全国第 9 位；R&D 经费占 GDP 比重达 2%，提升 0.68 个百分点；地方财政科技拨款占地方财政支出比重达 2.8%，提升 0.5 个百分点；发明专利授权量 11180 件，增长 10.1 倍；万人有效发明专利拥有量 4.28 件，增长 6.5 倍；高新技术企业数 3157 家，增长 182.9%；技术合同交易额 190.5 亿元，增长 312.8%；建成国家级研发平台 143 家，建成院士工作站 114 家；每万人口从事 R&D 活动人员达 26.9 人年/万人。

——全省区域创新布局协调推进。我省被列为全国 8 个全面创新改革试验区域之一。合芜蚌自主创新综合试验区对全省自主创新的辐射带动作用显著增强，高新技术企业、高新技术产业产值、发明专利授权量、高层次人才引进均占全省 60% 以上。合肥国家创新型城市建设深入开展，芜湖、蚌埠、马鞍山、淮南、滁州等一批省级创新型城市建设稳步推进。省级以上高新技术产业开发区 16 家，农业科技示范园区 15 家，105 个县（市、区）全部通过国家科技进步考核,各类高新技术特色产业基地45家。

——支撑经济社会发展能力明显增强。在热核聚变、量子通信、铁基超导、智能语音、高端装备等领域,取得了一批国际领先的重大成果,其中40K以上铁基高温超导体、多光子纠缠及干涉度量项目获国家自然科学一等奖,淮南矿业、杰事杰新材料、济人药业等获中国专利金奖。高新技术产业产值实现15313.8亿元,高新技术产业增加值占GDP比例达16.7%。国家粮食丰产科技工程、国家农村信息化示范省建设取得新进展。科技服务业得到快速发展。

——科技体制机制改革不断深化。合芜蚌自主创新综合试验区积极开展股权和分红激励、人才特区、科技金融等重大政策先行先试取得显著成效。出台创新型省份建设"1+6+2"配套政策,积极推进科技管理改革,进一步厘清政府和市场的关系,形成联动有效的科技创新推进机制和责任机制。建立科技报告制度,健全创新能力评价和创新指标统计、监测机制。推进科技奖励制度改革,完善科技成果、企业、园区和人才等评价奖励体系。

——创新创业环境进一步完善。面向全球公开引进一批高层次创新创业人才团队,携带高端成果在皖创新创业,40家团队获得省参股扶持。支持众创空间等新型创业孵化服务机构发展,营造良好的创新创业环境,激发大众创业、万众创新热情。推进科技金融融合,创新科技金融产品和服务,开展企业科技保险和扩大专利权质押试点,设立省高新技术产业投资基金;支持科技型企业上市融资,有力促进中小企业创新发展。

"十三五"时期是全面深化改革和建设创新型省份的决战阶段,科技创新发展面临重大机遇和挑战。

从全球看,科技创新呈现出学科交叉、群体突破的发展态势,正在孕育和引发新一轮重大科技变革;互联网技术广泛渗透到经济社会各领域,正在重塑产业分工格局和产业价值链体系。通过全球范围的资源配置,发达国家和新兴经济体不断强化创新战略部署,抢占产业链、价值链、创新链高端环节,以科技创新为核心的国际竞争日益剧烈。

从国内看,经济发展进入速度变化、结构优化、动能转换的新常态,全国范围内产业转移、资本流动加速,人才竞争进一步加剧,创新已成为我国跨越中等收入陷阱、实现经济社会发展向中高端水平迈进的动力引擎。依靠科技支撑,引领产业转型、结构优化、提质增效,已成为各地区赢得发展先机、抢占战略竞争制高点的根本途径。

从省内看,我省正处于工业化加速阶段,人口、资源、环境对经济增长的刚性约束日益突出,新兴增长动力的孕育与传统投资增长的动力减弱并存;系统推进全面创新改革试验,用好安徽既有优势,下好创新先手棋,加快调结构、转方式、促升级，成为我省实现全面转型发展的必然选择。

与此同时，我省科技创新发展还面临一系列新问题、新挑战，如新兴产业规模偏小、竞争力较弱，企业自主创新能力不强，区域创新发展不平衡，创新创业环境有待进一步优化，科技成果转化深层次体制机制障碍还依然存在等。对此，我们必须保持清醒的认识，切实增强紧迫感和责任感，抢抓机遇，勇于挑战，大力革除阻碍科技创新的体制机制障碍，充分发挥创新引领发展的第一动力作用，推动我省增长动力实现新转换、产业发展保持中高速、产业结构迈向中高端，促进全省科技发展再上新台阶。

第二节　指导思想、基本原则和主要目标

一、指导思想

全面贯彻党的十八大和十八届三中、四中、五中全会精神，以马克思列宁主义、毛泽东思想、邓小平理论、"三个代表"重要思想、科学发展观为指导，深入贯彻习近平总书记关于科技创新的一系列重要论述，坚持"四个全面""五位一体"战略布局和创新、协调、绿色、开放、共享的新发展理念，坚持创新是引领发展的第一动力，围绕供给侧结构性改革，把创新作为最大政策，按照全省抓创新、优先抓转化、重点抓产业、突出抓项目、关键抓结合的思路，着力提供有效创新供给。以实施创新驱动发展战略为主线，以建设创新型省份为总抓手，以推动合芜蚌自主创新示范区建设为示范引领，以改革创新为动力，深入实施调转促"4105"行动计划创新驱动发展工程，推动以科技创新为核心的全面创新，主动引领经济发展新常态，形成大众创业、万众创新的新局面，为全面建成小康社会和创新型"三个强省"提供强大科技支撑。

二、基本原则

——坚持创新改革、统筹协调。加强创新驱动发展战略顶层设计和前瞻布局，发挥市场对创新资源配置的决定性作用和更好发挥政府引导作用，以改革推动创新，以创新驱动发展。充分激发企业、科研院所、高等学校等创新主体活力，统筹科技发展战略、规划、政策制定实施，着力破除体制机制障碍，优化创新创业环境，提高科技创新供给的质量和效率。

——坚持聚焦产业、优化升级。围绕经济发展调结构、转方式、促增长和产业提质增效需求，把高新技术企业作为主力军，把高新技术产业园区作

为主阵地，明确产业技术创新着力点和突破口，集成创新资源，大力培育发展高新技术产业和战略性新兴产业，推进传统产业优化升级；以科技创新支撑引领绿色发展，提升产业竞争力，提高科技进步对经济增长的贡献率。

——坚持开放共享、合作共赢。以更加开放的视野谋划和推动创新，按照"一带一路"、长江经济带以及其他惠及我省的国家战略部署，加强科技对外开放合作，主动对接京津冀和融入长三角、中部地区等区域创新网络。发挥自身优势和条件，利用两个市场、两种资源，培育和形成新的增长点，提升科技发展对外开放水平。

——坚持依法治理、包容创新。坚持用法治理念推进全省科技创新，加快推进科技依法行政工作，进一步提升科技治理能力和水平。把科技创新与改善民生福祉相结合，坚持人才为本，坚持科技为民。把推动大众创业、万众创新作为新使命，大力弘扬创新文化，加强知识产权保护，着力营造良好环境，最大限度地激发全社会创新创业热情。

三、主要目标

到 2020 年，创新引领发展能力明显增强，主要科技创新指标不断前移，科技创新成为转型发展根本驱动力量，具有安徽特色的区域创新体系更加健全，全社会崇尚创新创业良好氛围逐步形成，以合芜蚌为依托的全面创新改革试验取得显著成效，率先在全国建成充满活力、富有效率、更加开放的创新型省份，有力支撑创新型"三个强省"建设目标的实现，努力推进安徽从科技大省向科技强省迈进。

主要目标：R&D 投入占 GDP 比例力争达 2.5％，规模以上工业企业建研发机构比例达 40％；高新技术企业数力争达 5000 家，高新技术产业增加值占规模以上工业的比重力争达 50％；每万人口发明专利拥有量达 10 件，发明专利授权量达 1.5 万件，PCT 专利申请量达 300 件；技术合同交易额达 260 亿元；公民具备基本科学素质比例达 10％；科技进步贡献率达 60％。（表 4-1）

表 4-1 "十三五"期间全省科技创新发展主要目标

序	指 标	2015 年	2020 年
1	R&D 投入占 GDP 比例（％）	2.0	2.5
2	发明专利授权量（件）	11180	15000
3	PCT 专利申请量（件）	125	300
4	万人发明专利拥有量（件/万人）	4.28	10 *
5	高新技术产业增加值占规模以上工业的比重（％）	37.5	50.0

（续表）

序	指　标	2015 年	2020 年
6	高新技术企业数（家）	3157	5000 *
7	规模以上工业企业建研发机构比例（%）	16.5	40.0
8	技术合同交易额（亿元）	191	260
9	公民具备基本科学素质比例（%）	5.94	10.0
10	科技进步贡献率	55%	60%

备注：* 表示累计数，其他为当年数。

第三节　主要任务

一、系统推进全面创新改革试验

遵循科技集聚和培育规律，坚持创新改革示范引领，以推动科技创新为核心，以破除体制机制障碍为主攻方向，以合芜蚌地区为依托，大力推进系统性、整体性、协同性创新改革试验，力争到 2020 年，全省基本建成有重要影响力的综合性国家科学中心和产业创新中心，建成合芜蚌国家自主创新示范区，形成一批可复制可推广的改革试验成果，科技体制机制不断完善，科技成果转化体系进一步健全。

1. 打造合肥综合性国家科学中心和产业创新中心

依托合肥地区大科学装置集群，整合相关创新资源，集聚世界一流人才，建设国际一流水平、面向国内外开放的综合性国家科学中心。进一步提升现有大科学装置集群性能，争取新建一批大科学装置，争取在磁约束核聚变、量子计算与通信、功能材料、超导、强磁场、天基信息网络、离子医学、脑与神经等领域产生一批具有世界影响的原创性成果，保持和巩固我省在基础研究领域的先进地位和比较优势。

支持中国科技大学、合肥物质科学研究院、合肥工业大学等加强研发创新平台建设，突破一批产业关键共性技术，加快科技成果转化和产业化，培育出一批有核心竞争力的企业。在政产学研用协同创新、科技成果转化、金融服务自主创新、培育集聚人才、开放合作等方面取得突破。

强化高校院所科技创新基础作用，支持高校院所面向我省经济社会发展战略需求和重点领域，培育壮大特色优势学科，挖掘凝练科学问题，开展战略高技术研究开发，解决一批关键共性技术难题，突破一批产业技术瓶颈。

支持基因工程、精准医疗、电磁波空间应用、太赫兹器件、高端集成电路、低温制冷、燃气轮机、智能机器人、汽车智能驾驶、通用航空飞机等一批战略关键前沿技术研究,抢占未来战略性新兴产业制高点,积极培育发展新兴产业和建设产业创新中心。

2. 建设合芜蚌国家自主创新示范区

围绕合芜蚌国家自主创新示范区战略定位,发挥合肥、芜湖、蚌埠三个国家高新区产业特色优势,实现示范区功能科学布局和产业错位协同发展,促进城市间科技创新和生产力布局优化。重点发展新型显示、智能装备、航空航天装备、节能和新能源汽车、新材料、新能源、节能环保、生物医药和高端医疗器械产业及现代服务业,大力发展大数据、云计算、物联网、人工智能等新兴业态,推进新型显示、集成电路、智能语音、硅基新材料、机器人、现代农机、新能源汽车等一批新兴产业基地建设,成为引领带动全省产业转型升级的发源地和动力源;依托优势产业集聚基地,整合创新资源,探索建立产业创新中心和创新平台。充分发挥合芜蚌三市基础条件和先行先试优势,推动新技术、新产业、新业态蓬勃发展,将合芜蚌国家自主创新示范区建设成为科技体制改革和创新政策先行区、科技成果转化示范区、产业创新升级引领区和大众创新创业生态区。

落实国家赋予合芜蚌国家自主创新示范区先行先试政策并在全省范围内推广,加快推进企业股权和分红激励政策实施,落实股权奖励税收优惠政策。推进科技立法与改革相结合,保障科技成果使用权、处置权、收益权改革全面落地,激发科研人员积极性。支持人才资本和技术要素贡献占比较高的国有转制科研院所、高新技术企业、科技服务型企业开展员工持股试点。

到 2020 年,合芜蚌地区产业结构进一步优化,自主创新能力显著提升,创新创业环境日益完善;研发经费支出占地区生产总值的比重达 3% 以上,万人发明专利拥有量达 15 件,高新技术产业增加值占规模以上工业的比重达 60% 以上,基本形成现代产业体系。

3. 完善科技创新政策体系

根据改革创新发展需要,不断完善创新配套政策体系。发挥创新型省份建设"1+6+2"政策引导作用,巩固"企业愿意干、政府再支持,市县愿意干、省里再支持"的推进机制,完善依据市场和创新绩效评价进行后补助的支持机制,进一步落实支持自主创新能力建设、扶持高层次科技人才团队在皖创新创业、加强实验室建设、推进科技保险试点等实施细则。

进一步落实支持企业创新的普惠性政策。加大企业研发费用加计扣除、高新技术企业税收减免、固定资产加速折旧等政策落实力度,降低企业创新成本,不断扩大政策覆盖面和实施效应。推进股权奖励个人所得税等试点政策示范推广。

鼓励采用首购、订购等非招标采购以及政府购买服务等形式，加大创新产品研发和规模化应用；实施支持重大装备首台突破及示范应用政策。加强科技、产业等方面政策统筹协调和有效衔接，建立健全覆盖产业链创新政策体系。

4. 深化科技管理体制改革

深化科技计划管理体制改革，建立公开统一的省级科技管理平台，构建布局合理、定位清晰的省级科技计划体系。明确创新型省份建设专项、省自然科学基金、省科技重大专项、省重点研究与开发计划、省平台基地和人才专项、省创新环境建设专项等六类科技计划的定位和支持重点。加强省市联动，实施创新型省份建设专项；加强技术创新重点领域和方向凝练，组织重大专项和重点研发项目攻关；发挥自然科学基金引导作用，突出人才培养；加快成果转化，推进平台基地和创新环境建设。建立目标明确和绩效导向的管理制度，推进科技计划管理信息系统和科技报告制度建设，完善以第三方评估为重点的科技监督评估体系建设，探索建立专业机构项目管理机制。

深化科技项目资金管理改革，优化财政科技资金投入结构与方式，规范直接费用和间接费用支出管理。建立健全科研信用管理体系，完善决策、监管、实施主体的责任倒查和问责机制。

深化科技奖励制度改革，完善省科技奖励办法及其实施细则，逐步健全推荐提名制，加大对经济社会发展做出重大贡献的人才（团队）以及创新型企业家的奖励力度。

深化大型科研仪器设备使用改革，建立健全科研设施与仪器开放共享管理制度、标准规范和工作机制，打破资源壁垒，优化资源布局，规范运行管理，提升科研设施与仪器开放服务水平。

二、积极构建创新协调发展格局

围绕我省区域创新资源特点，坚持创新协调发展，推进企业主导的产学研协同创新，发挥金融创新对科技创新的助推作用，提升科技、产业和金融融合发展水平。推进共性技术创新平台建设，提高创新资源配置市场化程度，增强区域创新活力和动力，构建全省创新协调发展新格局。

1. 拓展区域创新发展空间

积极抓住皖江城市带承接产业转移示范区建设机遇，加快承接东部沿海发达地区产业和技术转移，重点发展电子信息、汽车、装备制造、新材料、节能环保等先进制造业，推动皖东和皖江地区战略性新兴产业集聚发展，促进东部沿海发达地区金融、文化创意、科技服务、现代物流等现代服务业加速向我省延伸辐射。

强化科技支撑皖北发展，支持皖北地区加快农业现代化，积极发展生物医药、现代中药、食品、轻纺鞋服、煤基材料等优势产业，大力培育电子信息、汽车、装备制造、新材料、云计算、现代物流等新兴产业，努力构建现代产业体系。推进合肥、芜湖等制造业向皖北地区梯度转移，加强产业技术协作，共建产业园区。

发挥科技创新对文化旅游示范引领作用，推进科技与文化旅游的深度融合，运用数字化技术和现代生产方式，提升文化旅游科技含量，打造新型文化旅游生产、传播和营销模式，延伸产业链，提高附加值。依靠科技创新助推皖南国际文化旅游示范区建设，支持皖南国际文化旅游示范区提升智慧旅游水平和层次，推动文化创意、生态旅游等新业态发展。

促进皖西大别山片区生态种植养殖业、多功能农业、绿色农产品加工等特色支柱产业发展。依靠科技进步推进皖西大别山片区建设成为全国生态文明示范区、贫困地区"四化"协调发展先行区、区域统筹发展和跨区协作创新区。

提升科技创新支撑县域经济发展能力，推动特色农业现代化、特色工业生态化、特色三产规模化发展，加强县域科技资源培育，促进县域科技融入全省创新网络。

积极推进创新型城市建设。以合肥国家创新型试点城市建设为示范带动，支持有条件的省辖市创建国家创新型城市；深入开展省级创新型城市建设试点。支持试点市围绕首位产业，依托骨干企业，提升产业发展层次，培育经济增长点，探索创新驱动发展新模式、新途径。

2. 促进产学研协同创新

支持高校院所提升"人才培养、学科建设、科研开发"三位一体创新水平，推动在人事制度、人才培养模式、资源募集机制等改革发展的关键环节实现突破，增强高校院所服务地方经济社会发展能力。推进科研院所分类改革，建立健全现代科研院所制度。

完善产学研协同创新机制，加速创新资源要素流动。支持龙头企业与高校院所建设多形式、紧密型的产业创新联盟和新型研发机构，形成利益共享、风险共担的市场化机制，整合资源，联合开展关键共性技术攻关。推动跨行业、跨领域协同创新，在智能语音、集成电路、装备制造等领域，推动企业与高校院所组建省级和国家级产业技术创新战略联盟。围绕我省战略性新兴产业集聚发展和传统产业改造提升的重点领域，建设一批具备独立法人资格、运行机制灵活、功能定位清晰、实行企业化管理的新型研发机构。加强政策引导和绩效评价，支持中科大先进技术研究院、合工大智能制造技术研究院、中科院合肥技术创新工程院、中科院皖江新兴产业发展技术中心、中科院淮南新能源研究中心、芜湖哈特机器人产业技术研究院等新型研发平台建设，集聚优质创新资源，形成有效运行机制，面向新兴产业，开展研发、技术转移及成果孵化服务和工程化示范推广。

支持我省企业、高校院所与驻皖军事院校、军工科研院所、军工企业开展联合攻关。实施省级军民科技融合重大项目，围绕航空航天、电子信息、特种显示、船舶、轨道交通、机械装备、新材料等领域，支持一批军民融合产业示范基地建设。以民用雷达、集成电路、超低温制冷、特种光纤电缆等产业为重点，促进民营企业进入军品科研生产和维修服务领域。

3. 加强科技金融深度融合

依托合芜蚌国家自主创新示范区，深入推进科技金融试点，放大示范带动效应。支持引导各市设立天使投资基金，整合资源，建设科技创新投融资交易服务平台。

改革财政科技投入方式，综合运用无偿资助、创业投资引导、风险补偿、贷款贴息以及后补助等多种方式，引导和带动社会资本投入创新活动。

扩大创新创业投资规模，支持安徽产业发展基金通过股权投资、兼并重组、跨国并购、天使投资、创业投资等形式，加大对我省高新技术企业的投资力度。推动省投资集团、信用担保集团与各市开展科技金融合作。

培育和发展服务科技创新的金融服务机构，鼓励商业银行在国家级高新区设立"科技支行"，探索实行科技型中小企业贷款风险分担和补偿机制。深入推进知识产权质押融资，扩大质押贷款规模。深化科技保险试点，建立健全科技保险奖补机制和再保险制度，创新科技保险产品。支持符合条件的保险公司设立科技保险专营机构，为科技型中小企业提供特色金融服务。

推动具备条件的高新技术企业上市融资，支持科技型中小企业登陆新三板和省区域性股权交易市场。完善省股权托管交易中心"科技创新板"服务功能，创新交易产品和方式，为挂牌的科技创新型企业提供综合金融服务。到2020年，科技型企业在沪深交易所公开上市150家以上，在新三板挂牌500家以上。

4. 协调推进技术创新平台建设

围绕新一代信息技术、装备制造、新能源汽车、生物医药、节能环保等新兴产业，组建一批行业技术创新服务平台。依托重点产业和企业、高校院所，建立省级、国家级重点（工程）实验室、工程（技术）研究中心等研发机构。提升省重点实验室运行管理水平，优化绩效评价指标体系，建立动态管理的激励机制。鼓励面向科技型中小企业建设一批生产力促进中心、检验检测服务机构、质检中心等创新服务平台。鼓励高校院所与企业共建行业技术创新平台,推进"2011"协同创新中心建设。

加强大型仪器设备协作网等通用性基础条件平台建设,支持中小企业利用大型科学仪器设备等协作平台开发新产品、新技术,实现各类科技资源在线协同创新和统一服务,为行业技术进步和企业创新提供科研条件支撑。

到2020年,国家级创新平台达160家。新建新型显示、集成电路、机器人、智能家电、智能装备等一批重点行业技术创新服务平台。

三、推动产业转型升级绿色发展

围绕产业提质增效需求,依靠科技创新促进产业转型升级,迈向中高端,促进产业低碳化集约化绿色发展。强化企业创新主体地位,依靠新技术、新模式、新业态,促进新兴产业规模化和传统产业高新化,全面构建以战略性新兴产业为先导、先进制造业为主导、现代服务业为支撑、现代农业为基础的现代产业体系,加快战略性新兴产业和传统产业融合发展,推进我省高新技术产业做大做强。

1. 发挥企业在产业技术创新中的主体作用

按照成熟期、成长期、初创期类型,选择一批科技型企业,对照高新技术企业认定标准,精准帮扶施策,落实支持政策,大力培育高新技术企业,壮大高新技术企业规模。

围绕省战略性新兴产业发展和主导产业,鼓励和引导一批企业加大研发投入,建设企业技术中心、企业重点(工程)实验室、工程(技术)研究中心等研发机构。实施创新企业百强工程,打造一批引领产业高端发展的创新型龙头企业。

支持企业牵头实施省科技重大专项等科技计划项目,开展高新技术产品研发创新,向产业链高端攀升,打造核心竞争力。深入开展创新型企业试点和培育科技创新"小巨人",推进企业技术创新、管理创新,建立现代企业管理制度。鼓励企业运用物联网、云计算、大数据等新一代信息技术,开展研发设计与商业模式创新;整合产品全生命周期数据,形成面向生产组织全过程的决策服务信息,为产品优化升级提供支撑。加快企业应用物联网、云计算、工业机器人、增材制造等技术改造生产流程,拓展产品附加值;鼓励企业基于互联网开展故障预警、远程维护、质量诊断、远程过程优化等在线增值服务,拓展产品生命周期,实现从制造向"制造+服务"的转型升级。

发挥国有及国有控股企业的技术创新主导作用。健全国有企业科技创新经营业绩考核制度,增加科技创新在国有企业经营业绩考核中的比重,激励国有企业加大研发投入,加大国有资本经营预算对国有企业自主创新支持力度。

加大中小企业创新人才高端平台建设和政策激励力度。支持企业院士工作站、博士后工作站等创新载体建设，完善评价制度，建立长效机制。充分发挥企业和企业家在政府产业规划、技术创新决策中的重要作用，促进企业真正成为技术创新决策、研发投入、科研组织和成果转化的主体。

到 2020 年，规模以上工业企业研发机构覆盖率达 40%，高新技术企业数力争达 5000 家，创新型企业试点规模进一步扩大。

2. 大力发展高新技术产业

大力发展以战略性新兴产业为先导的高新技术产业，推进战略性新兴产业集聚基地创新能力建设；围绕重大新兴产业基地、重大新兴产业工程、重大新兴产业专项和建设创新型现代产业体系"三重一创"，重点发展市场前景好、产业关联度高、带动能力强的新一代信息技术、智能装备、轨道交通装备、通用航空装备、节能和新能源汽车、新材料、新能源、节能环保、生物医药和高端医疗器械等新兴产业。组织实施新型显示、智能语音、集成电路、数控装备、轨道交通装备等一批科技重大专项，突破一批产业核心技术瓶颈。推动大数据处理应用中心和基地建设，加快大数据、云计算在产业链全流程的应用，打造智能化工厂。推动高新技术成果转化应用，实施重大科技成果应用示范工程，深入推进合肥、芜湖国家级新能源汽车应用示范城市建设，加快半导体照明、光伏等节能与新能源推广应用示范。

到 2020 年，建成新材料、新能源汽车、智能家电、高端装备、智能语音等一批产值千亿元以上的高新技术产业基地。全省高新技术产业增加值占规模以上工业比重力争达 50%。

3. 优化升级传统产业

围绕"中国制造 2025"战略部署，以推进高新技术改造提升我省传统产业为契机，开展高新技术强基行动，围绕基础零部件、基础材料、基础工艺、产业技术基础，加强科技攻关，研发高新技术产品，推动产品升级换代。加强冶金、建材、石化、煤炭、纺织、食品加工等传统产业利用技术、能耗、安全、环保等标准的规制作用，提升传统产业技术水平和比较优势，推动落后产能淘汰。加大传统产业信息化技术应用推广，以数字化、网络化、智能化为重点，支持企业从技术装备、研发生产、质量控制、节能减排等方面改造提升；围绕重大工程建设和重大装备需求，集中力量攻克一批关键共性技术，形成一批科技含量高、附加值大、低碳环保型的重大产品。推进节能新技术新产品和新型能源管理模式的应用，促进清洁生产和工业污染防控，提升工业设备能效水平，建设一批绿色示范工厂和绿色示范园区。

抓住互联网跨界融合机遇，实施"互联网＋"行动计划，加快云计算、大数据、物联网、移动互联网等新技术与我省传统产业深度融合，促进大数据、物联网、云计算和3D打印、个性化定制、人工智能等新技术在产业链集成应用,推动传统制造模式变革和传统产业转型升级。

推进农业绿色转型发展,构建现代农业产业体系。实施生物育种、农产品精深加工等科技重大专项,建设农业科技示范园区,大力发展现代生态农业,改善农业生态环境,推进国家农村信息化示范省建设。依靠科技创新引领传统资源型城市加快发展接续产业,积极推进传统产业低碳化、循环化和集约化发展。

4. 加快发展科技服务业

大力发展科技服务业,推进制造业与科技服务业深度融合,推动生产型制造向服务型制造转变。大力发展研发设计、技术转移、创业孵化、检验检测、知识产权、科技咨询、金融服务、科学技术普及等科技服务业。培育和壮大科技服务业市场主体,创新科技服务模式,围绕科技服务业新领域、新业态,延伸产业链,促进科技服务业专业化、网络化、规模化、国际化发展。培育科技服务业示范企业,支持合肥、芜湖、马鞍山慈湖等高新区和合肥通用机械研究院等开展国家科技服务业试点,培育建设一批科技服务业集群。

支持建设一批服务专业化、功能社会化、组织网络化、运行规范化的技术转移服务机构。进一步提升技术转移示范机构服务能力,搭建技术交易信息平台,提供信息检索、加工与分析、评估等服务,构建省市县技术成果交易网络体系。引导高校院所和企业在省战略性新兴产业集聚发展基地建立技术转移服务机构。支持组建省技术转移战略联盟,加强各机构之间的分工协作,集聚优势,提高技术转移、成果转化效能。加快科技创新智库发展,强化科技咨询、科技评估等第三方专业机构建设。

到2020年,基本形成覆盖全省科技创新全链条的科技服务体系,科技服务能力大幅增强,科技服务市场化水平明显提升。

5. 推进高新技术产业开发区和基地建设

明确产业技术创新发展方向,增强高新技术产业开发区集聚要素能力,鼓励引导高新技术产业开发区完善硬件基础条件,营造良好政策环境,促进各类创新要素在高新技术产业开发区汇聚,推动科技成果转化,吸引科技人才在高新技术产业开发区创业、科技企业在高新技术产业开发区发展,完善高新技术产业从技术研发、成果转化、企业孵化到产业集聚的培育发展体系。支持具备条件的高新技术产业开发区聚集发展战略性新兴产业,支持具备条件的经济开发区、工业园区转型升级为高新技术产业开发区,扩大省级高新技术产业开发区规模,推动符合条件的省级高新技术产业开发区创建国家高新技术产业开发区。提升合肥、芜湖、蚌埠、马鞍山慈湖等国家高新技术产业开发区建设水平,推动高新技术产业开发区协同发展,成为创新驱动和科学发展先行区、国家创新型特色园区。

加快高新技术特色产业基地建设，分类指导、差异化发展，培育一批产业特色鲜明、技术水平先进、产业链完整、布局相对集中的战略性新兴产业集群基地；推进芜湖国家创新型产业集群建设试点。加强国家农业科技园区建设，支持农业科技园区提档升级，推进农业科技园区成为农业高新技术成果研发转化、农业科技人才培养、现代农业新兴产业集聚的重要基地。

6. 实施知识产权战略

全面开展以专利为重点的知识产权培育工作，形成以开展共性关键技术研发为手段、以知识产权利益分享为纽带、以创新成果有效转化应用为目的的合作机制。提高专利申请质量，提升专利产业化水平。引导企业开展关键核心技术专利布局，推进实施核心专利产业化和知识产权优势企业培育计划。推进知识产权基础信息资源向社会开放，开展知识产权执法专项行动，加快建设合芜蚌知识产权快速维权中心。完善专利行政执法机制，建立健全知识产权多元化纠纷解决机制，推动知识产权信用监管体系建设。

采取政府采购、市场培育、创新奖励、风险补偿等方式，推进品牌、商标、技术标准等知识产权战略实施。深入推进质量强企活动，创建一批具有自主知识产权和国际竞争力的知名品牌，推动"安徽品牌"向"中国品牌"、"世界品牌"升级。重点培育战略性新兴产业商标集群，努力形成一批具有安徽产业和区域特色、体现安徽企业竞争力和形象的驰名商标企业。鼓励企业参与或主导行业、国家和国际标准制定，推动技术法规和技术标准体系建设，促进技术标准与研发、制造、市场相结合。

到 2020 年，全省知识产权创造、运用、保护和管理水平显著提高，培育一批竞争力强、具有较强影响力的知识产权优势企业。

四、提升科技创新开放发展水平

加大创新开放合作，坚持引进来和走出去并重，抢抓创新资源在全球范围内流动组合的机遇，主动参与全球研发分工，以全球视野谋划和推动科技创新，加快构建开放式创新体系，提升我省优势产业国际竞争力。主动对接"一带一路"、长江经济带、京津冀等国家战略，深化区域创新合作交流，发挥我省在长江经济带的重要战略带动作用。

1. 主动参与全球研发分工

进一步加强国际科技合作，加快融入全球创新网络，在更高起点上推进自主创新。支持企业、高校院所参与国际大科学工程（装置）建设；实施一批国际科技合作重点研发计划，利用全球创新资源，提升我省自主创新能力。加强与欧美发达国家、"一带一路"沿线、俄罗斯伏尔加河联邦区等国家和地区开展科技交流与合作；推进与拉美、非洲、东盟地区科技交流与合作，建立安徽－拉美科技合作联盟，建设中国－拉美技术转移中心，加强安徽－非洲技术转移中心、中国东盟技术转移中心安徽分中心建设。加强安徽与德国科技合作，依托骨干企业、国家高新技术产业开发区共建中德国际创新园；拓展与以色列科技交流与合作，推进皖以技术合作平台建设。

围绕战略性新兴产业发展需求，在新能源汽车、智能语音、装备制造、机器人、量子通信、新材料、生物育种等领域建设若干国际联合研究中心、国际技术转移中心、示范型国际科技合作基地和国际创新园。吸引海外知名高校、研发机构、跨国公司到我省设立全球性或区域性研发中心，引导我省企业与研发中心开展深度合作。深化科技人才国际合作交流，面向全球扶持一批高层次科技人才团队携带成果在安徽创新创业，依托高层次人才信息、技术优势，推动国际先进技术引进和研发资源在我省布局。支持我省有条件的企业引进或并购境外企业和研发机构，鼓励企业到境外建立研发机构，主动参与全球产业协作和研发分工。

2. 加强省际区域创新合作

深化我省与东部沿海发达地区、中部地区、中关村示范区的科技合作交流，扩展新领域和新方式，推动资本、技术、人才等要素双向流动。积极参与长江经济带、长三角区域创新合作，推进科技成果转化及资源共享，在创新战略研究、重大项目联合攻关、科技信息共享服务平台建设、产学研活动等方面加强对接合作。深化与中关村示范区战略合作，进一步推动体制机制改革、科技创新和产业发展等领域互动合作。支持省外高校院所在我省设立分校和研发机构，共建实验室和人才培养基地，开展产业技术联合攻关。

加强我省与中国科学院、中国工程院系统全面科技合作。支持我省企业和高校院所在农产品加工、资源矿产、生态环保、现代服务业和人才培训等方面，开展科技援藏援疆援青合作。

3. 推动科技资源开放互通

整合优化科技文献信息资源，提供对外开放共享服务。支持高校院所、企业、检验检测机构等单位的大型科学仪器设备对社会开放。推进科研仪器设备、科技文献、中国创新驿站安徽区域网络技术交易资源等科技资源互联互通。

利用互联网、大数据、云计算、物联网等新一代信息技术，推动省与省之间新业态和新商业模式的开放互通。以企业创新需求为导向，集成科技服务优势资源，构建跨区域、跨行业、跨领域的技术转移服务开放合作网络。

到2020年，全省大型科研设施、仪器设备和文献信息等开放共享率大幅提高，形成科技资源对外开放互通的新格局。

五、促进科技创新成果惠及民生

大力推动科技成果转化应用，发挥科技创新在创业服务、农业发展、精准扶贫和社会发展等方面的支撑作用，着力提升科技创新在增进民生福祉中的作用。到 2020 年，基本形成载体多元化、服务专业化、资源开放化的创新创业生态体系；公益性研究投入显著增长，农业发展科技进步明显提高，社会可持续发展水平大幅提升。

1. 推动大众创业万众创新

以营造良好创新创业生态环境为目标，以激发全社会创新创业活力为主线，以构建众创空间等新型创业服务平台为载体，加强政策集成，有效整合资源，形成大众创业、万众创新的生动局面。

实施"江淮双创汇"行动，通过政府引导、市场主导、社会参与、机制创新，拓展科技创新创业的边界和空间；为创新创业者搭建汇聚信息、人才、导师、项目和资金的平台，构建适用于创新创业的政府、市场、社会联合治理的创新共治新格局，建设覆盖全省的创新创业工作空间、网络空间、社交空间和资源共享空间，将"江淮双创汇"打造成有重要影响力的创新创业品牌。

支持依托高校院所、科技园区、产业基地、企业等建设众创空间。支持有条件的地区结合本区域产业定位和规划布局，推进众创空间建设。引导科技企业孵化器、大学科技园等创新创业服务机构向专业化、特色化、市场化和规模化方向发展，优化和完善创新创业生态体系，逐步形成"众创空间＋创业苗圃＋孵化器＋加速器＋产业基地"的梯度孵化体系。

到 2020 年，全省创建众创空间 300 家，孵化器 160 家，在孵企业 5000 家，吸纳就业人数 10 万人以上。

2. 强化科技服务三农发展

加快科技成果在农业领域的推广应用，带动农业增产农民增收，提高新农村建设科技发展水平。支持皖江农业科技创新综合示范，组织实施农业生态环保、智能农业等科技重大专项，推动现代农业发展。加快农业大数据关键技术研发和示范，提升农业生产智能化、经营网络化、管理高效化、服务便捷化能力和水平，促进农业科技创新惠民。

围绕大别山和皖北等贫困地区的科技需求，实施科技扶贫、三区人才、振兴皖北等专项计划。支持高校院所、企业通过建立示范基地、技术推广、人才培训等方式与帮扶地区开展科技合作和服务。支持科技特派员开展"包村联户"扶贫服务，支持"互联网＋"农业现代服务试点和应用，支持贫困地区农村产业融合发展试点示范。

3. 推进社会发展科技惠民

围绕资源环境、医药卫生、人口健康等社会发展重点领域，实施环境监测、生物医药、医疗装备等科技重大专项。构建科技惠民技术服务体系，在防灾减灾、城镇化与城市发展、质量安全、保密科技等领域开展云计算、大数据等新一代信息技术应用示范，推动应急、机要、消防等领域的科技工作，开发公共服务数据，形成各类民生应用，提升公共服务水平。

推进可持续发展实验区建设。支持合肥、芜湖国家"智慧城市"试点建设。支持巢湖、淮河等重点河湖及生态环境脆弱地区水生态修复与保护，提升环境污染监测治理的科技水平。加强重大疾病和传染病防治等科技攻关，提高传染病、慢性病、地方病、职业病等疾病的监控和医疗能力。

4. 提升全民科学素质

深入实施全民科学素质行动，完善科普政策法规体系，创新科普工作的管理体制和运行机制。加强科技宣传和信息工作，办好科技门户网站。强化科学技术知识和理念的普及，积极开展科技活动周等重大科普活动。加强科普基础设施建设，支持有条件的科技场馆对外开放。加强科普人才队伍建设，完善科普教育培训体系。到 2020 年，全社会科普基础设施不断完善，各类科普组织和活动不断健全活跃，公民具备基本科学素质比例不断提高。

第四节 保障措施

一、加强组织领导

加强科技创新工作组织领导，坚持一把手抓第一生产力；建立地方党政领导科技进步目标责任制，把创新驱动发展成效纳入对地方党政主要领导干部考核范围。加强科技部门对科技创新工作统筹协调；进一步完善部省、厅市、部门科技创新工作会商沟通机制。

进一步健全创新工作推进机制，强化"省抓推动、市县为主、部门服务"的责任机制。加强对基层科技工作的支持和指导，强化县级科技管理部门和基层科技管理队伍建设。发挥财政科技投入的引导作用，进一步完善多元化、多渠道、多层次的科技投入体系。

二、夯实人才支撑

筑牢人才是科技创新的根基。大力实施各类人才计划，完善人才引进、培养、使用的政策体系，优化人才发展环境，造就一批技能人才、企业经营管理人才、创新型领军人才和产业创新人才队伍。

建立健全人才激励机制，激发人才潜力和活力，提高高校院所科研人员在科技成果转化中的收益比例，引导企业实施股权、期权、分红等人才激励方式，调动广大科技人员积极性。创新人才评价机制，推进职称制度和职业资格制度改革，实行科研人员分类评价制度，建立科学的人才评价体系。促进人才、资本、技术、知识广泛汇集和自由流动，为实施创新驱动发展战略提供智力保障。

三、提升治理水平

进一步明确政府和市场关系，发挥政府在战略规划、政策制定、公共服务和监督评估等方面的引导作用。推动政府科研管理向创新服务转变，激发各类创新主体活力，形成多方共同参与、运行高效的科技创新治理体系。

贯彻落实国家科技进步法和促进科技成果转化条例，修订完善促进科技成果转化等地方法规。建立和完善政府权责清单、公共服务清单和负面清单制度。做好政务信息公开、科技信访、政风评议工作，及时办理人大代表和政协委员建议提案。开展资源调查制度、创新能力评价和科技统计监测工作。

四、营造创新氛围

大力弘扬求真务实、勇于创新、追求卓越、团结协作、无私奉献的科学精神，积极倡导敢为人先、勇于冒尖、宽容失败的创新文化，营造崇尚创新的文化环境，加快科学精神和创新价值的传播塑造，动员全社会更好理解和投身创新。营造全社会鼓励探索、宽容失败和尊重知识、尊重人才、尊重创造的良好氛围。

积极开展内容丰富的群众性创新活动，大力培育企业家精神和创新创业文化，树立创新价值导向，吸引更多人才谋创新、干事业、办企业、聚产业。

五、加强协调落实

加强本规划与国家科技创新发展规划、省国民经济与社会发展规划纲要及其他专项规划的衔接。强化科技政策、科技计划与规划的对接配套，明确目标任务，压实工作责任，推进规划各项任务和目标落实。

加强规划实施效果的跟踪分析和评价，开展规划中期评估。加强科技重大专项、重大项目实施绩效的跟踪调度，建立健全规划动态调整机制。

附件：1. 安徽省"十三五"科技重大专项
2. 安徽省"十三五"科技优先发展主题

附件1

安徽省"十三五"科技重大专项

一、新型显示

（1）大尺寸 TFT-LCD 产品研发。突破大尺寸液晶面板工艺技术瓶颈，研究 ADSDS 广视角技术、铜配线工艺技术、GOA 技术等在大尺寸面板上的应用，并解决大尺寸液晶面板抗变形等问题，开发出 65 英寸及以上大尺寸液晶面板。

（2）大尺寸 AMOLED 显示产品研发。研究高阻水性薄膜封装、面板封装、OLED MEM 封装、多层结构器件开发等技术，开发出高寿命、高信赖性的大尺寸 AMOLED 显示产品。

（3）新型液晶显示背光源产品研发。研究开发超高亮度白光 LED 芯片、双芯高色域 LED、搭载新型荧光粉的 LED 及应用技术，推进量子膜、管等相关技术的发展与应用，开发出超薄、低功耗、高色域的背光源产品。

（4）平板显示技术相关产品开发及产业化。开发以 0.3mm 以下超薄电子玻璃、高强玻璃盖板、ITO 导电膜玻璃等为代表的平板显示材料。开发以电容式触摸屏、OGS 触摸屏、双面消影触摸屏等为代表的平板显示组件。开发以汽车用平面显示器、数字相框和中尺寸显示器为代表的终端产品。

二、智能语音

（1）语音及语言人工智能关键技术与云平台研发。研发高表现力拟人化语音合成、多方言多场景个性化语音识别及远场声学前端处理等新一代感知智能语音交互核心技术，研发中英文和少数民族语言的口语翻译、人人交谈语音的内容提取与分析等语音语言认知智能核心技术，研发和建设集大数据、服务和分析于一体的智能语音交互服务云服务平台、自学习迭代优化的数据资源平台。

（2）智慧课堂及在线教学云平台研发及产业化。研发全学科智能阅卷、学业能力评价、个性化推荐等核心技术，研制教育资源云服务平台、教学质量测评与分析系统、作业学习系统和课堂教学软硬件等智慧课堂系列产品，建设移动互联网环境下的在线教学云服务平台。

（3）智能音乐云服务平台研发及产业化。研发语音、哼唱、原声多模态智能搜索等关键核心技术，研制集音频三合一检索入口引擎、音乐搜索与个性化推荐、可跨平台大数据曲库为一体的智能音乐云交互服务平台，面向运营商、第三方合作伙伴、最终用户，采取不同商务模式实现项目产业化。

（4）基于多模云屏互动的智慧旅游云服务平台及应用产品研发。基于通信网络的多模互动技术，"云"端与多种跨平台互动技术、通用的智能语音交互技术，优化面向旅游领域的拟人化语音合成、个性化语音识别等关键技术及云计算工程技术。研发多渠道电子商务、融合支付、语音导航、商户诚信认证、智能旅游客服、运营支撑等一体化的智慧旅游多模云屏服务平台和旅游应用产品。

三、高性能专用集成电路

（1）专用集成电路芯片的设计。以设计为核心，逐步突破面板驱动芯片、图像显示芯片、家电控制芯片、功率半导体芯片、汽车电子芯片、硅光通讯芯片、网络通信芯片、超高清电视主控芯片及操作系统等核心技术，实现国产化。

（2）高性能自主平台处理芯片设计。基于大数据、云计算、智能传感等新业态所涉及的信息处理、新型存储、新型网络交换等需要，开展高性能自主平台式处理芯片、存储器芯片、网络数据交换芯片等设计，形成16nm/10nm高水平工艺和特色工艺下芯片研制能力。

（3）专用集成电路芯片的封装测试。适应集成电路设计与制造工艺节点的演进升级需求，开展芯片级封装（CSP）、圆片级封装（WLP）、硅通孔（TSV）、系统级封装等先进封装和测试技术的攻关。基于国产芯片自主创新技术，研制大数据存储处理设备并实现产业化。研发集成电路引线框架、直选式光刻机、晶圆检测设备、刻蚀机、离子注入机、低温真空泵等集成电路关键设备。

四、机器人

（1）工业机器人系列产品开发、应用及产业化。开展工业机器人系列产品模块化设计、动态性能优化、高速高精度控制、故障诊断与可靠性、开放式网络化系统集成控制等关键技术研发，开发出具有自主知识产权的系列工业机器人及智能化生产线。

（2）工业机器人核心功能部件研发。开展工业机器人控制器、伺服驱动器和电机、精密减速器等关键核心部件研发，并实现产业化配套。系统开放性、精度及保持性、速度及动态特性、可靠性等性能指标达到国内先进水平。

（3）服务机器人的研发应用。围绕医疗健康、家庭服务、教育娱乐等服务机器人应用需求，研发新产品，提高数字化、网络化和智能化水平，扩大市场应用。

五、高档数控装备

（1）高档数控设备关键技术研究开发。开展高档数控设备现代设计、先进制造、高速高精度运动控制、动态性能优化、综合误差补偿、故障智能诊断和状态实时监控、可靠性等关键技术研究开发及应用。

（2）高档数控设备开发及产业化。研究开发新型多轴联动、复合功能、网络化和智能化控制的高性能高档数控设备，并实现产业化。开展数控设备的联网控制及生产线应用。

（3）高档数控系统及关键核心零（部）件的开发和应用。研发多通道多轴联动、网络化智能控制、多功能高性能数控系统。研发总线控制、高速高精度伺服驱动系统及伺服电，攻克高精度滚珠丝杠、轴承、直线电机、力矩电机、电主轴、线性导轨、自动刀库（刀架）、摇摆回转工作台、模具等关键核心零（部）件。

六、轨道交通装备

（1）轨道交通装备用先进材料及制造工艺研究开发。开发高性能轨道交通车轮用钢、车轴用钢、轴承钢、弹簧钢、齿轮钢、结构件和车厢板用钢等，以及耐蚀钢、高强耐蚀 H 型钢等车辆用大梁钢。研发先进的精密锻造、铸造、冲压、焊接、热处理等工艺及成套设备。

（2）先进轨道交通装备及关键零部件开发。重点开发新一代绿色智能、高速重载轨道交通装备，研发高性能高品质联轴器、车轮、轴承、传动齿轮箱、转向架、弹簧架、减振装置、刹车盘、大功率制动装置等关键零部件和行走总成装备，并形成批量生产。

（3）轨道交通轨道线路、供电、站台、通信信号控制等设备装置研发。开发移动巡检、车辆监测与控制、车辆整备与维检控制、通信信号与集成控制等系统，实现轨道交通装备的自动化控制和故障检测及预测诊断。

七、航空装备

（1）航空器整机研发设计制造。面向国内市场需求，开展高性能通用飞机、直升机、旋翼机、飞艇等航空整机装备的研发制造。开展混合动力、纯电动、太阳能、燃料电池等新能源飞机的研发，显著提高飞机的环保指标。开展通用航空器相关设计规范、典型工艺、关键生产设备、试验标准等自主知识产权体系的建设，形成航空装备研发制造领域的自主核心竞争力。

（2）航空器系统设备及关键零部件自主研发。瞄准国外同类先进产品，开展航空动力系统、航空电子设备、空管设备、起落架着陆系统、传感器系统等航空器系统设备的自主研发，以及大尺寸复合材料结构件、航空线缆、座舱盖、内饰及配件等关键零部件的国产化研发，培育航空装备产业链，降低整体成本。

（3）无人机及多用途特种飞机的系统集成与应用推广。开展长航时无人机、植保无人机、无人直升机等高性能无人飞行器及地面控制设备的研制。开展遥测型多用途飞机、监控型特种飞机、传感器飞机等多用途特种飞机的系统集成，在环保、国土、安保、应急响应等领域中推广应用，成为各级监管与公共服务体系的重要组成部分。

八、新能源汽车

（1）新能源整车开发。针对现有市场需求，研发全新平台高性能纯电动客车、轿车和专用车，使整车环境适应性、可靠性、动力性、经济性和舒适性等综合性能提升，实现整车批量化生产。针对未来市场发展，研发氢燃料电池汽车，最终实现氢燃料电池汽车产品的小规模产业化。

（2）电池、电机、智能化汽车电子和环控设备等关键部件研制。研发适用于新能源汽车高性能低成本的动力电池系统、高比功率的驱动电机系统、先进的机电耦合总成产品等核心关键零部件，产品性能、成本、质量等满足整车使用需求。研发电动汽车的智能化、网络化等智能控制技术，研发车载传感器、红外、可视、控制器、执行器等先进无人驾驶技术衍生产品，使汽车具有智能环境支持，通过智能终端形成人车的互动，实现汽车无人驾驶技术与高智能化汽车产品之间的关联应用。

（3）新能源汽车产业化技术服务体系建设。开展纯电动汽车关键零部件供应链的开发、纯电动汽车质量保证体系的研究、纯电动汽车整车生产工艺和生产设备的技术研究与开发等。开展重型车天然气国Ⅵ发动机技术研发。通过新能源服务站、运营中心的建设，以及远程诊断装置、应急预案、备件储备的完善，建立新能源汽车完善的远程诊断、远程管理的网络化系统，建立健全产业化示范推广技术服务体系。

九、新材料

（一）高性能铜基材料

（1）铜基导线产业化技术。面向特种电缆、电机及轨道交通等行业发展的需求，开展高强、高导铜合金绞合导线、超长超细镀膜高强高导铜合金丝、特种电磁线、高速铁路高强高导滑触线与承力索等铜基线材产业化技术的研发。

（2）铜基电子材料及产业化技术。面向电子及新能源等行业发展的需求，开展超薄高精度电子铜带与压延铜箔、新型铜合金引线框架、印制电路板、覆铜板及特种铜基合金支架、铜合金阻尼和记忆功能材料产业化技术的研发。

（3）新型铜基材料及加工技术。面向信息、轨道交通及新能源等行业需求，研发高速信息交换用铜基材料、电动汽车快速充电用铜合金材料及电气化铁路、轨道交通用高强、高导、高耐磨异型铜合金轨道接触线、异型铜合金材料，开展新型铜基材料加工技术研究，形成生产能力。

（二）高性能硅基材料

（1）光伏玻璃及产业化技术。面向太阳能利用等新兴产业需求，开展超白光伏玻璃、光伏薄膜导电玻璃、光伏背板玻璃等特种光伏玻璃及其产业化技术的研发。

（2）硅基建筑节能材料及产业化技术。面向新型建筑材料及环保节能等产业需求，开展硅基真空绝热材料、低辐射镀膜玻璃、涂膜玻璃、真空节能玻璃、超细空心玻璃微珠及其产业化技术的研发。

（3）电子级多晶硅、玻璃纤维及产业化技术。面向光伏、电子、信息等产业新需求，开展电子级大尺寸多晶硅片、高纯石英粉、光纤预制棒、超薄玻璃基板及玻璃纤维产业化技术研发。

（三）化工新材料

（1）高性能合成橡胶及产业化技术。面向电力电缆、汽车、轨道交通及高端装备等行业的发展需求，开展环保阻燃型热塑性弹性体、橡胶密封件、特种橡胶制品及其产业化技术研发。

（2）高性能树脂与复合材料及产业化技术。面向航空、汽车、电子电器及新能源等行业发展需求，开展丙烯酸酯板材、己二腈、丁辛醇及其下游产品、功能性膜材料、增强型工程塑料及其产业化技术开发，开展树脂基纤维及复合材料制备成套技术的研发。

（3）精细化学品及产业化技术。面向化工新材料相关产业链的构建需求，开展LPG（液化石油气）深加工、无机快速胶凝材料、绿色功能性涂料、石墨烯材料、3D打印材料等高附加值精细化学品及其产业化技术的研发。

（四）煤化工新材料

（1）新型煤化工原料及产业化技术。根据煤化工产业从基础化工原料向高附加值的高端化工产品转型的需求，开展煤制乙二醇、乙醇、甲醇、烯烃、聚乙醇酸、混合酚连续烷基化及其分离纯化、粗苯精制等新型煤化工原料以及煤基合成油催化剂、煤制天然气等精细化学品的产业化技术研究。

（2）煤化工新材料及产业化技术。根据促进煤化工产业从基础化工原料向高附加值的高端煤化工新材料转型的需求，开展基于煤化工原料的高性能合成橡胶及弹性体、工程塑料、功能性高分子材料等系列化工材料及其成套技术的研发，逐渐扩大产业规模。

十、量子通信

（1）量子通信关键设备研制。开发具备快速补偿信道变化功能特性的量子通信设备，完善与常规量子通信设备并行组成完整产品谱系。结合关联产业开发量子通信信道状态检测、监测、分析、计算和动态补偿等核心光学、光电部件以及处理单元，研制集成化、低成本的量子通信设备。采用国产CPU芯片实现设备国产化。突破高速低损耗量子光电器件与模块的设计封装、经典光与量子光的单纤复用等关键技术。

（2）平台化装备研制和设计。开展以平台化为内核的量子通信产品开发。结合常规通信设备、信息安全设备以及国家和行业相关标准，抽取典型需求和共性功能，设计架构性产品平台。

（3）量子通信产品测量标定规范。建立量子通信信道模拟、仿真、评估及其对通信过程产生的影响等技术体系，设计面向复杂应用环境的量子通信典型测试方案、测试条件、处理方法以及评估标准，制定量子密码标准。

（4）量子通信应用示范。围绕"京沪干线"建设和党政机关、金融、电力等领域对信息安全的基本要求，开展量子通信基础软件与应用终端的研制，开展量子安全通讯应用示范平台建设，实现规模化应用。

十一、基于大数据的科技服务业

（1）智能家居服务关键技术研发与应用模式创新。开展智能家电终端标准化、模块化及人机工效学设计，构建家用智能终端基础网络平台。开展智能家居相关智能终端用传感器接口标准、数据交互标准和服务推送与应用技术规范研究。基于大数据云服务的智能家居、智能终端与智能健康微环境构建综合集成应用示范。

（2）互联网金融信息服务安全关键技术及相关产品开发。面向政务金融等重点行业，开展大数据应用，搭建基于大数据技术的金融风险控制云服务、应收账款债权管理服务等系统，构建面向中小企业开展产业化应用服务和生产性服务模式的科技金融综合服务平台。

（3）数字文化旅游共性关键技术研发与应用模式创新。研制集成电子地图和文化资源展示等服务功能的开放式文化旅游综合服务集成云平台。突破非物质文化遗产内容创作、生产、管理、传播与消费等方面共性关键技术。研究旅游智能服务共性技术及商业模式。研究"互联网＋智能旅游服务"新型技术驱动业态运营模式。

（4）面向现代物流、交通运输、公共事业等重点领域云计算需求，利用云计算虚拟技术、云安全技术、数据交换、资源互联共享技术，研发适应云计算环境下的高性能、高可靠安全技术产品与应用，引导云计算数据中心和大数据服务业发展布局，提升云计算和大数据服务业能力建设。

十二、生物医药

（1）创新药物研发。针对恶性肿瘤、心脑血管疾病、感染性疾病、免疫性疾病等严重危害人体健康的重大疾病，研制具有自主知识产权、重大创新、重大产业化前景和市场效应的化学药物和生物技术药物。

（2）仿制药物研发。依据技术进步和政策法规要求，开展临床急需或短缺的仿制药物的研发。进行已上市仿制药质量和疗效一致性评价的相关技术研究，提高药品的质量与标准；开展具有市场竞争力、出口潜力大及有利于提升药品质量和疗效的关键医药中间体和新型药用辅料的研发。

（3）中药材品质提升。围绕安徽道地、特色、大宗中药材，开展良种选育繁育研究和基地建设，开展中药材野生抚育、野生变种种植研究，建立符合规范化标准种植要求的中药材种植基地。开展中药材产地加工、炮制、提取、仓储、运输等关键技术和商品规格研究，制定相关规范和标准。

（4）中药新品种和新剂型研发。围绕新安名医名方、名老中医验方，研发中药新品种和新剂型；对确有疗效的中药传统制剂和中药大品种进行再次研发；利用我省道地、特色中药资源，开展符合保健食品管理要求的技术研究和相关产品开发。

十三、环境监测与治理

（1）大气环境监测装备与治理技术。面向大气环境质量监测需求，研发时空、立体监测（细颗粒物、污染气体等）仪器装备；面向污染源超低排放新标准要求，开发高精度污染源排放烟气（SO_2、NO_x、NH_3、颗粒物、重金属等）在线监测仪器装备，以及超低减排技术方案；面向环境敏感区应急预警需求，研制有毒有害气体遥测设备；面向重点行业监控需求，研发挥发性有机物在线监测仪器设备和治理技术。

（2）水环境监测装备与治理技术。针对我省主要江河湖库以及塌陷区等重点水域水质安全和水质生态状况，开发影响水质、生态安全的有机有毒污染物、水体细菌微生物、水体重金属等快速在线监测仪器设备，以及相应的治理技术应用。

（3）土壤环境监测装备与治理技术。研发土壤养分、有机污染物和重金属等快速现场监测技术设备，以及相关治理技术；研发面向区域特征需求，应用互联网技术开发有关土壤环境监测传感器。

十四、高端医疗器械

（1）数字诊疗装备研发。开展新型断层成像系统、围绕治疗肿瘤的精确医疗设备和专用系统、医疗智能微创服务系统、智能手术导航定位系统等装备的研发。

（2）生命科学仪器及体外诊断技术的研发。开展新一代基因测序、新型质谱等装备及相关体外诊断试剂研制。

（3）新型医用光学设备研制。支持新型慢病早期检测设备、肿瘤检测系统以及其他创新型医用光学诊疗设备的研发。

（4）系统康复设备研制。综合利用大数据平台和智能化设备，开展运动康复应用研究，推进高端康复设备研制。

（5）高值医用耗材的研发。开展植入性材料、维持生命的高值耗材的开发应用以及用于烧伤、烫伤及慢性创面等高值耗材的开发应用。

十五、生物育种

（1）主要作物和专用品种选育。开展水稻、玉米、小麦、大豆等粮食作物优质高产抗逆新品种选育，油菜、棉花、茶树高产优质适于机械化生产新品种选育，薯类、蔬菜、水果优质多抗新品种选育。

（2）主要畜禽水产选育。开展优质猪、牛、羊、鸡、鸭、鹅新品种选育，高效繁殖等关键技术研究与应用以及具有地方特色的水产品种选育与繁育。

十六、农产品精深加工

（1）粮油、畜禽及水产品精深加工。开展粮油精深加工共性关键技术研究及产业化，高品质畜禽、经济动物、水产品精深加工及产业化开发，乳品加工新技术、新工艺研究及产业化。

（2）茶、林产品及果蔬精深加工。开展制茶新技术、茶食品研究及产业化开发，林特产品保鲜与精深加工系列新产品开发及产业化生产，果蔬、果汁产品精深加工关键技术研究及产业化，食用菌精深加工技术研究与系列产品开发。

（3）功能食品开发。开展特殊膳食、特殊医学用途、特殊环境人群等功能食品开发与产业化。

（4）农林生物质转化与副产品利用。开展农林生物质绿色转化与综合利用等技术研究及产业化开发，粮油、畜禽屠宰等副产品或废弃物的综合利用及产业化。

十七、智能农业

（1）农业传感器与机器人研发与应用。开展农业环境要素、本体信息、病虫草害等感知的低成本、高可靠农业传感器核心器件研发与应用，主要精确播种或采摘、施肥施药、整地除草等农用机器人或无人机的研制与集成应用。

（2）农业大数据开发与应用。开展农业遥感、气象、资源、环境、病虫草害等大数据集成与融合系统开发及应用示范，农业加工、经营、管理、市场、服务等大数据挖掘分析与智能预测服务系统研发及应用，农产品生产、加工、物流、消费全程追溯创新示范。

（3）智慧村镇关键技术研发。基于特色类型智慧村镇、社区，开展综合信息服务集成示范。

十八、现代农机装备

（1）农机动力装备。开展高效环保农、林、水大马力动力机械研发，新能源山地拖拉机装备研究与产业化。

（2）大田作业装备。开展适应于复杂农田环境的变量施肥、施药智能机械研发，秸秆粉碎还田与播种施肥一体化免耕作业装备的研发，新型作物植保装备研发，田间复式多功能作业装备研发，油菜、花生、大豆与薯类等种收环节机械化装备研究与产业化。

（3）设施农业装备。开展适用于温室设施园艺作物生产、健康养殖精细生产等高效环保型设施装备研究与产业化。

（4）农产品采摘加工与检测装备。开展主要和特色农产品的采摘、干燥、清选、分选、包装等机械装备研究与产业化，农产品质量、品质的检测设备研究与产业化。

十九、农业生态环保

（1）化肥减施增效。开展主要粮食和经济作物肥料养分高效利用、协同增效与损失阻控等技术研究与应用，秸秆还田和有机肥微生物转化替代化学养分技术与产品研发与应用，新型功能性或作物专用配方肥料研发及产业化。

（2）农药减施增效。开展农药品种之间的具有相互增效作用新组合、绿色环保新剂型、新功能助剂的农药新产品研发及产业化，主要粮食和经济作物的农药减量使用和减施增效技术应用与示范。

（3）生态修复开展。农业面源污染与重金属污染综合防治与修复技术集成示范，主要农作物生产区化肥、农药、重金属等污染物的监测与防控技术研究应用示范，农作物和微生物对重金属、化学农药污染的阻控、吸收、消减技术研究与应用示范，土壤调理剂、功能性生物有机肥、重金属钝化剂、无害化生物降解等高效产品研发与应用。

（4）中低产田土壤改良。开展中低产田土壤耕层耕性提升技术研究，水肥耦合与协同高效利用技术研究，作物根－土系统构建与高效生产技术研究，以及提升地力与作物周年提质增效技术集成示范。

附件 2

安徽省"十三五"科技优先发展主题

一、智能制造与装备

优先主题 1：基础材料与基础零部件

围绕提升核心基础零部件、先进基础工艺、关键基础材料和产业技术基础等能力，开展高性能轴承、自动变速箱、高精度智能传感器、高端液压元件等核心基础零部件攻关及工程化、产业化应用，研发轻量化材料先进成形制造、超精密加工、高效及复合加工等先进工艺，开发控制软件、工艺数据库、绿色制造、再制造等基础技术及应用。

优先主题 2：网络协同制造

建立合作伙伴与用户广泛参与、支撑众包众智众创的研发设计系统；建成具有泛在感知、高度自治、人机协同、实时诊断、远程监控、应急恢复等智能车间和智能工厂；研发基于大数据、云模式的供应链智能管控与预测系统；基于云平台构建服务价值链协同体系，支撑产品全生命周期制造服务。

优先主题 3：增材制造（3D 打印）

开展机械设计制造、数控、激光、新材料等多学科的增材制造共性技术研究，研发基于激光技术的金属 3D 打印机，并在复杂高精度模具、航空航天、汽车、军工等领域特殊功能部（零）件增材制造应用。开展医疗植入物 3D 打印、基于生物活性材料的人体器官 3D 打印技术研发和应用。

优先主题 4：节能和智能网联汽车

支持传统燃油汽车节能技术的研发与应用，开展高效内燃机、先进变速器、轻量化材料、智能控制等核心技术攻关及工程化应用研究。面向智能网联汽车，以智能化、绿色化、安全化、便利化为发展方向，开展智能辅助驾驶总体技术及关键技术研究。

优先主题 5：专用动力装备

开展微小型燃气轮机研制，应用于特种车辆、舰船、能源供应装备（节能、清洁）等领域；开展高效燃油发动机技术研究，突破节能减排、轻量化等关键技术。

优先主题 6：海洋工程装备与高技术船舶

开展海洋工程作业装备配套、关键零部件配套等技术攻关。开展远洋散货船、快速集装箱船、成品油船及化学品船、游船（艇）、滚装船等高技术船舶研发，以及船用主、辅机与大型船用关键零部件研制。

优先主题7：新型工程机械

围绕新型工程机械的高效、智能、安全、节能及人性化等关键环节，研究系统控制、综合测试和先进工艺，重点突破数字化设计与制造、节能环保、智能控制、安全可靠等关键共性技术，提升工程机械核心零部件水平，开发集机、电、液于一体的智能控制系统。

优先主题8：智能成套装备

针对家电、汽车、轻工、新能源等行业，开发先进的自动化成套装备与生产线，开展高性能模具、传感器系统、总线控制系统等关键技术研究，集成工业机器人技术、现场总线控制技术、移动互联网技术、云计算和大数据，实现成套装备及生产线的自动化、数字化、网络化和智能化控制。开展智能物流仓储装备关键技术研发。开展电力装备、矿山、化工、建材等大型成套设备关键技术研发。

优先主题9：传统装备的智能化改造

围绕推动传统产业向中高端转型、提升产品质量，组织开展传统产业装备智能化升级技术研发，加快新技术、新工艺应用，实现钢铁、有色、化工、煤炭、轻工、纺织、食品等行业装备的智能化改造，提高精准制造和敏捷制造能力。开发改造压力容器与管道安全服务系统，实现安全智能监控和预警。

二、电子信息

优先主题10：信息系统软件

开展嵌入式软件技术、面向行业的产品数据分析、管理、辅助设计和制造软件、电子商务、电子政务支撑与协同应用软件研发；开展基于内容的图形图像智能识别、检索、处理技术，人机交互技术，3D图像处理技术，基于移动互联网的信息采集处理技术研发；开展基于信息系统的相关保密技术产品研发与应用。

优先主题11：信息系统硬件处理

开展计算机终端设备设计与制造技术、宽带无线接入设备的设计与制造技术、基于标识管理和强认证技术、基于视频、射频的识别技术等研发；开展智能家居、可穿戴式电子设备等融合型设备设计与制造技术研发；开展面向行业的传感器软硬件及应用系统研发；开展汽车电子融合设计技术研发。

优先主题12：通信系统

开展三网融合通信技术、新型光传输接入设备和系统技术、基于移动通信网络的行业应用技术、宽带无线接入系统技术研发；开展微波通信系统技术、广播电视业务集成与支撑系统技术、广播电视监测监管、安全运行与维护系统技术、数字电视终端技术研发。

开展高灵敏度北斗/GPS/GALILEO多模定位和授时关键技术、核心部件及系统研发，突破北斗核心通用芯片的应用适配能力，研发北斗终端关键产品。

优先主题13：新型电子器件

开展高可靠片式元器件、片式高温、高频、大容量多层陶瓷电容器（MLCC）制造技术研发；开展片式NTC、PTC热敏电阻和片式多层压敏电阻技术研发；开展片式高频、高稳定、高精度频率器件制造技术研发；开展大功率半导体器件和基于新原理、新材料、新结构、新工艺的敏感元器件的传感器与工艺技术研发；开展新一代通信继电器、安全管控SOC器件设计和智能电源管控等技术研发。

三、"互联网＋"

优先主题14："互联网＋智能交通"

开展交通信息物联感知关键技术与装备、互联网＋城市交通智能优化控制关键技术、智能分析云平台关键技术、个性化交通信息主动服务关键技术研发。

优先主题15："互联网＋智慧出版"

研发出版内容的知识化加工、内容动态重组、用户偏好挖掘等技术，构建专业信息和知识的智慧出版服务系统。

优先主题16："互联网＋电子商务"

面向客户移动电子商务关键技术和应用开发，构建用户兴趣模型向量与广告特征相匹配的精准广告投放系统，为用户进行个性化推荐，对增值服务进行实时动态定价。

优先主题17："互联网＋教育多媒体产品"

研制跨平台的、多种技术兼容的、科技教育内容为主的移动互联网信息可视化服务（包括数据可视化和科学可视化）一体化应用系统。

四、新材料

优先主题18：高性能金属材料

开展高品质特种钢、新型高强韧钢、高端装备用钢、铁剂复合材料制备技术开发，高精度电子铜带/铜箔、低松比铜粉、新型引线框架精密带材等关键铜合金材料研发，高精铝板带、复合铝基材料、特种合金材料制备技术开发。开展特种金属功能材料共性关键技术与应用。

优先主题19：新型无机非金属材料

开展光伏、平面显示硅基新材料、超大尺寸硅材料、功能化特种玻璃、特种光纤高性能陶瓷粉体、大功率 LED 及 IGBT 用高导热陶瓷与器件、磁传感材料与器件等关键技术研发。

优先主题 20：纳米材料及其他新材料

开展石墨烯、高端功能纳米材料、高效纳米催化材料、高密度存储材料、稀土功能材料、新能源材料、新型复合材料、高性能结构材料、环保新材料、功能膜、高性能化纤、核电工程材料等关键核心技术研发。

五、节能环保与新能源技术

优先主题 21：节能技术与装备

开展余热余压利用设备、高效节能锅炉、洁净煤高效转化装备、垃圾焚烧发电设备、高效节能变压器、节能电机、智能电网、节能建材、半导体照明等节能技术产品开发和应用，推进节能技术与装备产业化。

优先主题 22：环保技术与装备

开展水污染处理技术装备、生活垃圾生化处理设备、垃圾渗滤液处理设备、污泥高效深度脱水及资源化应用成套设备、重金属污染治理与污染土壤修复成套装备，烟气除尘、脱硫和脱硝高效处理及协同处置装备，有毒有害废气及有机废气高效净化技术装备，"三废"在线监测、检测技术装备等环保装备和产品的开发。

优先主题 23：太阳能光伏技术与装备

开展光伏并网发电关键技术与装备研究，开发高效能太阳能光伏逆变器、储能变流器、太阳能电池板、光伏组件用功率优化器等光伏设备，突破光伏电站群控、风光柴蓄多能源互补、智能微网、大规模储能等关键技术。

六、资源环境

优先主题 24：矿产资源绿色高效开发利用

以铁、铜、金多金属共生资源为重点，开发品位低、埋藏深的绿色高效采选冶关键技术与装备，开展金属及重要非金属的典型矿床、资源勘查技术研究；重点突破煤炭绿色开采工艺和煤炭清洁高效利用技术，探索开展煤层气、页岩气、地热等新型能源资源的勘查及开采关键技术研究。

优先主题 25：水污染防治

研发巢湖、淮河流域重点行业工业废水减排与深度处理成套技术，工业园区废水分质回收、处理、利用集成技术，分散式生活污水高标准低成本处理技术，城市污水处理厂"提标改造"和"提效改造"技术；开展饮用水安全保障与突发性污染应急处理、地下水污染修复、农业面源污染综合控制技术研究。

优先主题 26：大气污染防治

开展重点地区和城市大气污染特征及成因、大气污染监测及预报预警技术、区域大气复合型污染"联防联控"方案研究；开展挥发性有机物、有毒有害废气和恶臭污染物排放控制技术研究；开展重点工业烟气除尘、脱硫、脱硝协同处理控制、机动车尾气排放监管及净化、室内空气污染物控制与削减技术研究。

优先主题 27：生态环境治理

开展重点河流湖泊环境修复技术，湿地生态资源监测保护及修复技术，江淮分水岭及沿江、沿淮、沿湖地区生态环境综合治理关键技术的集成与示范研究；开展"两淮"采煤沉陷区生态环境修复与生态安全保障、矿山排土场和尾矿库重金属污染控制、工业场地有机物及重金属污染修复技术研究与示范；开展重大工程生态评价与生态重建技术研究。

优先主题 28：再生资源综合利用

开展废旧汽车、家电、废钢、废铅酸电池、废旧塑料、轮胎和生物质废物等回收再利用技术研究及装备开发。非粮燃料乙醇相关的其他大宗化学品、生物柴油和副产品甘油的资源综合利用、农林废弃物直燃和气化发电关键技术研究。

七、人口健康

优先主题 29：重大疾病防控

针对心脑血管疾病、恶性肿瘤、代谢性疾病、呼吸系统疾病等重大慢病，艾滋病、病毒性肝炎、多药耐药结核病、血吸虫病等重大传染病，消化、口腔等常见多发病，重点突破一批防治关键技术，完善重大疾病防治与诊疗规范及临床路径，有效解决临床实际问题。推进精准医学发展，开发一批精准医学的检测试剂、个性治疗药物等医药产品，建立重大疾病的早期筛查、个体化治疗、疗效和安全性预测及监控等精准医学诊疗方案，提高疾病防治效益。

优先主题 30：生殖健康及出生缺陷防控

针对我省出生缺陷防控、不孕不育和避孕节育等突出问题，研发一批适宜技术和创新产品，全面提升我省出生缺陷防控科技水平，保障育龄人口生殖健康，提高出生人口素质。

优先主题 31：老年医学

针对人口老龄化、高龄化愈来愈严重的情况，开展适应省情的医养结合的医疗服务模式研究。主要开展适合安徽省老年人群的健康参数、营养指南、康复干预指南、老年患者医疗服务体系等关键技术研究。完善规范老年人群健康和生活质量评估，发展老年重要器官功能维护技术，发挥中医药优势，开展中医老年医学研究。

八、现代生物医药

优先主题 32：中药现代化

开展安徽道地中药材资源保护、安徽主产中药材良种选育与规范化标准种植、中药材生态种植技术研究；选择新安名医名方、名老中医验方开发新品种、新剂型；针对重大疾病开展具有中医药优势的中药复方、中药组分或单体新药的研发；加快中药传统制剂、特色方剂的二次开发利用，创新中药材炮制技术；加强中药材综合利用研究。

优先主题 33：新药研究

开展药物分子设计与优化技术、分子标志物发现与靶向药物技术研究；开展新型抗体、新型疫苗、肿瘤精准治疗、抗病毒药物及手性药物等关键技术研究；开展抗癌抗肿瘤类、抗感染、心血管类、老年病用药、儿童用药、干细胞等拥有自主知识产权的创新药物研制。

优先主题 34：高端医疗器械

开展新型成像前沿技术、质控和检验标准化技术、多模态分子成像系统、新型断层成像系统、新一代超声成像系统、大型放射治疗装备、医用有源植入式装置的研发；开展细胞成像、流式细胞仪等生命科学仪器及体外诊断试剂的研发；开展新型医用光学设备的研发；开展系统康复设备研发；开展生物医用材料、新型高值医用耗材研发。

九、城市发展

优先主题 35：绿色建筑推广及建筑产业现代化

开展建筑能效提升技术研究与示范，浅层地热能、太阳能等可再生能源建筑关键技术研究与示范，围护结构保温隔热材料、高性能混凝土等绿色建材技术应用及评价研究，预制装配式混凝土结构关键技术研究与示范，钢结构关键技术研究与示范，建筑信息模型技术应用研究与示范、绿色建筑技术集成应用研究与示范、建筑能耗监管体系研究与示范；推动物联网、云计算、大数据等新一代信息技术与城市规划建设管理深度融合。

优先主题 36：体育、旅游产业及公共服务信息化

开展数字旅游、智慧旅游等现代服务业技术创新研究与应用；开展旅游资源可持续利用的综合技术应用示范；开展我省优势和潜优势竞技体育项目的综合测试与科学训练系统研发；开展体育产品的文化创意与研发、智能化健身服务系统的开发与应用；开展云计算环境下智慧社区的资源共享关键技术研究与示范。

十、公共安全

优先主题 37：社会安全与应急技术及装备

开展社会安全基础信息综合应用技术、立体化社会治安防控关键技术、社会安全事件决策与指挥调度技术等社会安全预测预警和查控处置技术研究；开展多模态城市安全监测预警关键技术、智能视觉监控技术、语音识别技术等城市安全技术研究，开展智能交通系统管控集成与优化、无人机应用、交通拥堵、事故、灾害的防控、检测和处置等交通安全技术研究，开展重特大灾害事故的现场处置、抢险救援、综合指挥、战勤补给等应急指挥技术研究，建立卫星通信产品、移动应急指挥系统、应急指挥车、应急信息决策指挥机和新一代航空管雷达系统等应急指挥和保障体系。

优先主题 38：消防技术应用与设备

开展高层建筑、古建筑、地下空间、交通枢纽、人员密集场所等特殊场所的火灾防控技术、灭火救援技术研究，重点开展大型复杂建筑中人员疏散优化方法及疏散指示系统应用技术研究，开展相关消防新产品、新装备的研究与开发。

优先主题 39：防范刑事犯罪和恐怖袭击技术及装备

开展数字化治安防控技术、视音频处理技术研究，加强刑事侦查新技术在反恐维稳、安全防范、监所管理等领域的应用研究；开展物联网的广泛应用所带来的新型犯罪及社会管理等方面的应对技术研究，建立重大刑事案件和恐怖袭击活动预警系统和处置机制，建立基于云计算和物联网技术构建的公安网上应用服务支撑体系。

优先主题 40：查缉毒品技术与先进设备

开展现代卫星监控技术、应用风险管理技术、禁毒信息综合研判技术研究；开展毒品单项检验装置、综合型检验装置、多种便捷式毒品快速检验装备以及 X 光机人体藏毒检查仪、毒品及易制毒化学品现场检测箱、金属探测仪器等安检设备的研究与开发。

优先主题 41：煤矿安全生产

开展煤矿安全开采技术与装备、深部煤炭开采防灾减灾关键技术及仪器装备、灾害事故智能预警防控和仿真模拟技术、重大事故调查分析技术与应急救援装备的研究与开发；开展煤层群煤与瓦斯共采关键技术、煤层增透新技术、瓦斯灾害防治新技术及瓦斯利用新技术等研究，开发煤矿瓦斯主动智能抑爆系统和智能高效瓦斯抽采系统。

十一、防灾减灾

优先主题 42：防灾减灾

开展自然灾害预防和应急处置技术创新，重点开展气象灾害、洪涝灾害、地质灾害、地震灾害等重大自然灾害的监测、预警、预防和应急处置技术研发，提升自然灾害预防和应急处置能力。开展灾害性天气及其次生灾害监测、预警、预报技术研究；开展郯庐断裂带中南段、大别山区地震立体监测、预警及强地震预测关键技术研究，以及对强震危险区划、重大工程地震参数确定、地震灾害评估与应急救援、现场灾情监控与救援装备的研发；开展滑坡、泥石流等地质灾害的监测预警、预报技术以及救灾救急装备的研发。

十二、农林畜禽水产

优先主题 43：新品种选育

开展主要农作物优异种质资源精准鉴定与利用、功能基因组学、基因组编辑、育种材料创制等育种新技术研究和新品种选育；开展良种繁育、种子加工与质量检验等技术研究与应用。开展农林特色经济作物的优质特异种质资源发掘利用、特异性状相关基因挖掘和品种选育。开展主要畜禽优异种质资源鉴定、功能基因挖掘解析、种质特性和育种及高效繁育技术研究，新品种（配套系）培育等种质创新。开展优异水产种质资源发掘及品种选育、水产新品种引进与繁育。开展农林作物和畜禽水产育种信息技术与平台、育种公共服务平台建设。

优先主题 44：粮食作物丰产优质增效

研究粮食作物高产优质协同机理、形态生理关键指标及精确调控途径，粮食作物丰产增效协同的资源优化配置机理与高效种植模式。开展粮食作物优质高产宜机收品种筛选及其配套栽培技术、粮食作物生长监测诊断与精确栽培技术研究。研究主要气象灾变过程及其减灾保产调控、主要病虫草害发生及其绿色防控、土壤培肥与丰产增效耕作技术。开展农机农艺农信融合的粮食作物生产技术系统研发与示范，全程机械化轻简栽培技术模式创新与示范，粮食作物生产物联网精准决策服务新技术研究。

优先主题 45：特色农林作物提质增效

开展果树（水果、坚果）、蔬菜、西甜瓜、茶叶、油茶、蚕桑、花卉、中药材、珍稀树种、能源林及其他经济作物等种质资源鉴定评价，种苗集约化生产技术，化肥农药减施增效关键技术研究。开展机械化、轻简化、信息化生态安全种植技术模式研究与示范。开展具有区域特色的优质专用作物丰产保优增效技术集成与示范。研发特色农林作物的采收与初加工工艺及装备。

优先主题 46：主要畜禽水产健康养殖

开展重大动物疾病、免疫抑制病和新发疫病等重要疫病诊断与检测新技术及防控关键技术研究；研究畜禽营养代谢与中毒性疾病防控、重要病原耐药性检测与控制技术。开展畜禽废弃物无害化处理与资源化利用新技术及产品研发。开展无抗生素、无臭、零排放等生态养殖技术集成与示范。研究重要水生动物疫病诊断与综合防控技术，开展高效、生态、减排、标准化健康养殖技术研究和大水面生态友好型渔业利用等技术研究与示范。

优先主题 47：农林废弃物资源化与高效利用

开展粮食深加工废弃物高效饲料化利用研究，秸秆、果蔬加工等农林废弃物高效利用技术研究。开展畜禽粪肥中抗生素、重金属等污染物高效去除与钝化技术研究，清洁环保型畜禽粪肥开发与高效利用。开展作物秸秆与畜禽粪肥养分资源高效与清洁化利用技术模式集成示范。

十三、农产品加工和安全

优先主题 48：农产品食品加工技术

开展大宗农产品加工重大共性关键技术和大宗油料高效、绿色精制技术研究，研究畜禽水产品精深加工与物流配送关键技术。开展蔬菜、干鲜水果精深加工和茶叶清洁化、标准化加工及林特产品加工提质增效技术研究。开展大宗农产品烘干贮藏保鲜共性关键技术及农产品产后减损技术创新。

优先主题 49：农产品质量安全

开展农产品质量安全快速检测技术和装备开发，农药残留、重金属和POPs富集降解、快速检测和污染控制技术与标准，农产品贮藏保鲜过程中有害物质快速筛查、风险评估及污染控制技术与标准研究。研究农产品加工过程中有毒有害物质形成机制、防控技术及风险评估技术。

十四、农业信息化和新农村建设

优先主题 50：农业信息化

开展农业先进传感器、大数据建模、精播精施与精准控制等关键技术研究。研究农业生产、流通、消费全产业链可追溯技术研究。研究农村"互联网+"及农产品电子商务关键技术和智能信息处理、生产经营预警与优化决策巨系统。

优先主题 51：农村宜居社区

开展安徽特色城镇化关键技术研究。研究城镇化进程中产业布局与土地资源开发利用技术，村镇居住环境低碳化及绿色节能、健康宜居住宅设计与建设标准。开展不同类型农村社区生活污水与生活垃圾生态处理、村镇饮水安全保障等技术研究与应用。

第五章　安徽省战略性新兴产业 "十三五"发展规划

大力发展战略性新兴产业，是推进供给侧结构性改革、培育经济社会发展新动能、实现新常态下新发展的重要支撑。根据《安徽省国民经济和社会发展第十三个五年规划纲要》和《中共安徽省委安徽省人民政府关于印发〈加快调结构转方式促升级行动计划〉的通知》（皖发〔2015〕13号）精神，编制本规划。

第一节　总体考虑

一、发展现状

"十二五"期间，省委、省政府认真贯彻落实党中央、国务院决策部署，聚焦重点，精准发力，战略性新兴产业实现了跨越式发展，成为全省经济增长的重要引擎。

一是产业规模迅速壮大。战略性新兴产业产值由2010年的2504亿元增加到2015年的8921.5亿元，年均增长29%，占全部规模以上工业总产值的比重由13.6%提高到22.4%，对全省工业产值增长的贡献率达到58%。新一代信息技术、生物医药、新材料、节能环保等产业产值超千亿元。二是一批新兴产业快速成长。新型显示产业从无到有、由弱到强，以面板为核心，集聚了液晶玻璃、光学膜、偏光片、驱动芯片等上下游企业30多家，合芜蚌地区正成为国内面板产能最大、产业链最完整、技术水平一流的新型显示产业集聚发展区。机器人产业在全国影响力和知名度大幅提升，龙头企业埃夫特公司已进入国产机器人整机企业第一梯队，四自由度以上机器人销量占国产机器人的1/3，位居全国第一。集成电路、通用航空、硅基材料、生物医药等产业稳步崛起。三是基地建设初显成效。2015年，合肥新站高新技术产业开发区新型显示、芜湖鸠江经济开发区机器人、蚌埠硅基新材料产业园硅基新材料等首批 14 个战略性新兴产业集聚发展基地启动建设，总投资 400 亿元的全球最高世代液晶面板生产线京东方 10.5 代线、总投资 135 亿元的晶合晶圆制造、总投资 100 亿元的凯盛科技铜铟镓硒薄膜太阳能电池，以及埃夫特万台机器人、贝克药业替诺福韦等一批牵动性强的重大项目加速推进，14 个基地当年实现产值 3082.7 亿元、增长 19.7%，高于全部工业增速 13.6 个百分点。四是开放合作不断扩大。埃夫特公司收购意大利 CMA 喷涂机器人公司，不断缩小与国外先进水平的差距。马钢公司收购法国瓦顿公司，加快高速轮轴产品认证步伐，进一步开拓了高铁轮轴、弹性车轮等市场。中鼎集团收购美国库伯、德国 KACO 等公司，并分别在欧洲和美国建立研发中心，大幅提升了企业技术实力和国际竞争力。五是创新能力不断提升。加快建设以企业为主体、市场为导向、产学研相结合的技术创新体系，建成国家级工程研究中心（实验室）33 家、国家级工程技术研究中心 9 家、省级工程研究中心（实验室）100 家，国家认定企业技术中心 64 家，专利申请量、授权量等主要创新指标均保持全国先进、中部领先。

二、面临形势

未来 5 到 10 年，是新兴技术群体迸发、新一轮产业深度演变的关键时期。信息革命进程持续快速演进，万物互联、云计算、大数据等技术广泛渗透于经济社会各个领域，信息经济繁荣程度成为经济社会发展实力的重要标准。机器人、智能控制等领域技术不断取得重大突破，深度推动传统工业体系分化变革，将重塑制造业分工格局。全球气候变化助推绿色发展大潮，新能源革命正在改变现有资源能源版图。基因重组、精准医疗等新模式加快演进推广，生物新经济将引领生产生活迈入新天地。数字创意产业逐渐成为软实力角逐的重要舞台，引领消费新风尚。

"十三五"时期，是全面建成小康社会的决胜阶段，也是战略性新兴产业发展大有作为的重要战略机遇期。我省成为国家系统推进全面创新改革试验试点省，获批建设合芜蚌国家自主创新示范区，创新驱动所需的体制机制环境更加完善，人才、技术、资本等要素配置持续优化，新兴产业投资需求旺盛，产业体系日益完备，市场空间广阔。与此同时，我省新兴产业规模还不够大、自主创新能力还有待提升、产业链配套尚不完整、产品附加值偏低，迫切需要加强统筹规划，瞄准技术前沿，聚焦重点领域，创新发展思路，提升发展质量，推动战略性新兴产业成为经济社会发展的主动力。

三、指导思想

全面贯彻落实党的十八大和十八届三中、四中、五中全会精神，深入贯彻落实习近平总书记系列重要讲话和视察安徽重要讲话精神，按照"五位一体"总体布局和"四个全面"战略布局，牢固树立和贯彻落实创新、协调、绿色、开放、共享的发展理念，以推进供给侧结构性改革为主线，紧紧围绕大众创业万众创新、"互联网＋""中国制造2025"、调结构转方式促升级行动计划等国家和省重大战略部署，着力扩大开放合作，着力强化龙头引领，着力提升创新能力，着力破除体制机制障碍，加快建设一批重大新兴产业基地（即"省战略性新兴产业集聚发展基地"），扎实推进一批重大新兴产业工程，积极培育一批重大新兴产业专项，建设创新型现代产业体系，为加快创新型"三个强省"和美好安徽建设提供强大支撑。

四、基本原则

市场主导，政府引导。扎实推进全面创新改革试验，着力破除体制机制障碍，充分发挥市场在资源配置中的决定性作用和更好发挥政府作用，最大限度调动市、县（市、区）以及各类园区的积极性，形成推进战略性新兴产业发展的强大合力。

创新驱动，龙头引领。以行业龙头企业为切入点，围绕产业链部署创新链，围绕创新链完善资金链，全面提升人才、技术、资金的供给质量，全方位推进产品创新、品牌创新、产业组织创新和商业模式创新。

开放合作，集聚资源。抢抓国家"一带一路""长江经济带"战略机遇，充分利用"两个市场、两种资源"，高效调动和运用优势创新资源，不断提升创新创业资源集聚和创新成果转移转化能力。

梯次推进，滚动发展。立足当前、建设一批重大新兴产业基地，谋划中期、培育新兴产业后备力量，布局长远、努力把握未来产业发展主动权，形成"重大新兴产业专项—重大新兴产业工程—重大新兴产业基地"梯次推进、滚动发展的格局。

五、发展目标

产业规模持续壮大。到2020年，战略性新兴产业总产值翻番，力争达到2万亿元。

产业结构进一步优化。创新型现代产业体系初步形成，在新型显示、机器人、新能源汽车、现代中药、生物医药等领域建成10个左右千亿元级、在国内外具有重要影响力的重大新兴产业基地，在太赫兹芯片、环境监测与污染控制、下一代机器人、高端数控机床、精准医疗、先进光伏制造等领域建成一批重大新兴产业工程，在量子通信和量子计算、新药创制、核能装备、燃气轮机、虚拟现实、智能汽车等领域建成一批重大新兴产业专项。

产业创新能力明显提高。基本建成综合性国家科学中心和产业创新中心，形成以企业为主体、高校院所高效协同的技术创新体系，涌现出一批原创能力强、具有国际影响力和品牌美誉度的行业排头兵企业，攻克一批关键核心技术，支撑产业迈向中高端水平。

第二节 战略重点

未来5年，立足市场前景、技术储备和产业基础，加快发展壮大新一代信息技术、高端装备和新材料、生物和大健康、绿色低碳、信息经济五大产业。

一、新一代信息技术

面向网络化、智能化、融合化发展趋势，加快突破关键核心技术，着力推动集成电路、新型显示、智能语音、智能终端、软件和信息服务等产业发展壮大，提升电子基础产品支撑能力。到2020年，新一代信息技术产业产值超过5000亿元。

1. 集成电路

积极打造"中国IC之都"（合肥），聚焦存储、驱动、射频芯片以及微机电系统（MEMS）等特色芯片，以设计和制造为核心，积极发展封装测试、专用装备和材料产业。到2020年，建设3条12英寸晶圆生产线和3条以上8英寸特色晶圆生产线，综合产能超20万片/月，形成数个特定行业的集成器件制造（IDM）公司，产值达到500亿元。

壮大芯片制造业规模。驱动芯片方面，加快建成晶合12英寸驱动芯片生产线，适时进行产能扩建，打造"国内唯一、国际领先"的12英寸生产线。存储芯片方面，适时引进国际团队，尽快实现技术突破和产品突破，力争进入国家存储产业发展布局。射频芯片方面，积极推进4英寸、6英寸、8英寸化合物半导体生产线建设，实现氮化镓（GaN）、砷化镓（GaAs）、磷化铟（InP）、碳化硅（SiC）等射频功率器件产品规模化生产。新型传感器方面，加快建设6英寸以上可控增益固态微光图像传感器（EMCCD）生产线，规划建设国际先进水平的8英寸微机电系统（MEMS）生产线。

大力发展芯片设计业。重点突破北斗导航、移动通讯、数字处理器等集成电路芯片设计，大力发展显示控制与驱动、电源管理、变频控制等专用集成电路芯片设计。培育引进100家以上设计企业，培植1-2家国家级集成电路设计中心。

提升封装测试业层次和能力。引进建设封装测试生产线，与 8 英寸或 12 英寸晶圆制造项目配套发展。优先发展系统级封装（SIP）、芯片级封装（CSP）、圆片级封装（WLP）、三维封装等新型封测技术。

突破关键专用设备和材料。重点开发光刻机、封装及检测设备，大力发展硅片、铜箔、引线框架、高性能光刻胶、电子化学试剂等相关材料和配套产品。

专栏 1	集成电路产业重点项目
产业化	合肥晶合 12 英寸芯片制造、合肥长鑫 12 英寸存储芯片制造、芜湖泰贺知特色工艺集成电路生产线、安徽红雨半导体 8 英寸晶圆生产线、睿成微电子砷化镓射频功率放大器前端模块系列芯片设计、安芯电子 4~8 寸晶圆制造、中科微 8 英寸和 12 英寸 MEMS 集成研发制造基地、北方通用 EMCCD 生产线、芯华 6 英寸砷化镓芯片生产线、富士通高端集成电路封装产业基地、38 所高性能单片北斗多模导航芯片研发及产业化、38 所 DSP 芯片军民两用产业化、长电科技半导体封装、汇成光电合肥晶圆凸块封装测试基地、矽力杰封测基地、华钛半导体封装测试产业园、氮化晶科半导体公司氮化镓单晶衬底产业化、合肥芯碁激光直写光刻设备产业化、铜陵三佳集成电路引线框架及封装装备制造基地、郑蒲港新区瑞声科技电子元器件和电路板产业化、立讯精密电子产业园等
重大平台	中国科学技术大学/合肥工业大学国家示范性微电子学院、合肥联合微电子中心、合肥集成电路公共服务平台、中国兵器 214 所 MEMS 国家地方联合工程实验室、池州半导体研发中心、睿成射频微电子工程实验室等

2. 新型显示

抢抓大尺寸、超高清液晶显示和中小尺寸有机发光半导体（OLED）柔性显示发展机遇，继续巩固领先优势，加快突破关键共性和前瞻性技术，完善产业配套体系，提升发展质量和效益。到 2020 年，力争建成具有国际竞争力的世界级新型显示产业集群，产值超过 2000 亿元。

做大做强显示面板。完善京东方 6 代、8.5 代、10.5 代高世代面板生产线布局，推动企业加速掌握大尺寸、超高清、低功耗、窄边框、曲面显示等核心技术，突破有源矩阵有机发光二极体（AMOLED）背板、蒸镀和封装等关键工艺技术。超前布局柔性、量子点、全息、激光等显示技术。

提升配套能力。支持企业突破高世代玻璃基板和掩模板、偏光片、光学膜、OLED 发光材料等关键技术，开发 5.5 代及以上蒸镀、成膜、激光退火、印刷打印等关键设备。鼓励面板企业与配套企业通过多种合作方式，结合 AMOLED 等新一代显示技术工艺研发，共同开发关键设备和材料。

建设高水平产业研发平台。依托京东方合肥研究院、合肥现代显示研究院、安徽新型显示创新中心、打印 OLED 研发平台等，建设国内领先的新型显示技术创新平台，筹建国家级新型显示创新中心，抢占未来显示技术制高点。

专栏 2　新型显示产业重点项目	
产业化	京东方液晶面板 10.5 代生产线、康宁 10.5 代液晶玻璃基板生产线、大富重工柔性 OLED 显示模组产业化、芜湖东旭光电玻璃基板生产线、合肥彩虹玻璃基板生产线、蚌埠玻璃工业设计研究院 8.5 代 TFT－LCD 超薄基板玻璃生产线、三利谱偏光片、乐凯光学膜材料产业化、京东方整机制造、胜利精密电子精密结构模组自动化柔性生产线、南京工大方圆环球光电公司有机发光二极管技术产业化平台、滁州量子光电公司纳米光电－量子点产业化、郑蒲港帝显手机背板生产线、桑尼光学膜材料产业化、阜阳欣奕华平板显示材料制造基地、金张科技高性能光学膜、润晶大公斤数蓝宝石等
重大平台	国家级新型显示创新中心、京东方打印 OLED 研发平台、薄膜晶体管液晶显示器件（TFT－LCD）国家地方联合工程研究中心、彩虹平板显示玻璃工艺技术国家工程实验室、合肥乐凯高性能薄膜省级工程技术研究中心、马鞍山南京大学高新技术研究院 OLED 及高介电常数（高 K）研究中心等

3. 智能语音

不断提升智能语音产业发展规模和水平，打造"中国声谷"。到 2020 年，建成具有国际竞争力的智能语音产业集聚发展基地，产值达到 1000 亿元。

加强语音及人工智能核心技术研发。加快突破基于深度神经网络的感知智能机器学习、高表现力拟人化语音合成、多方言多场景个性化语音识别等新一代感知智能语音交互核心技术，以及口语表达及交流能力评测、纸笔考试全科学智能阅卷、中英文口语翻译等以自然语言理解为核心的认知智能核心技术，力争达到国际领先水平。

推进语音及人工智能核心技术成果的规模化应用。大力引进智能语音产业链各环节骨干企业，推动语音与人工智能技术融合，实现语音技术在智慧教育、智能家居、智能汽车、智能终端、智能机器人、信息安全等领域的应用。

专栏 3　智能语音产业重点项目	
产业化	中国（合肥）国际智能语音产业园、讯飞智慧课堂及在线教学云平台/AIUI 人工智能交互平台/基于人工智能的车联网系统研发及产业化/数字电视智能语音交互系统研发和产业化/人机交互智能云客户服务系统研发及产业化/智能音乐云服务系统研发及产业化、"讯飞超脑"关键技术研究与云平台、芜湖智能语音产业园等

重大平台	合肥语音信息技术研究院、语音及语言信息处理国家工程实验室、数字语音和语言省级工程技术研究中心等

4. 智能终端

提高移动智能终端核心技术研发及产业化能力，大力发展智能手机、车载智能终端、智能电视、可穿戴设备等多模态人机自然交互终端产品。鼓励发展支持智慧家庭、智慧城市、智慧工厂、智慧农业应用的物联网智能终端产品，以及面向金融、交通、医疗等行业应用的专业终端设备。支持华米等龙头企业积极开展差异化细分市场需求分析，提升用户体验，做大高端移动智能终端、智能物联终端产品和服务的市场规模。到2020年，智能终端产业产值达到500亿元。

5. 软件和信息服务

加快推进合肥"中国软件名城"建设，大力发展支撑信息化和工业化深度融合的工业软件、智慧城市专项业务操作系统软件及基于软件即服务（SaaS）模式的行业应用软件。充分发挥全国教育信息化试点省优势，以建设"三通两平台"为抓手，大力发展教育管理和教学应用类软件，积极推进智慧班级、智慧校园、智慧教育建设，为实现教育现代化提供强有力支撑。加快培育网络身份认证、网络支付、位置服务、社交网络服务等新兴服务业态，大力推动信息系统集成、信息技术咨询、网络中介服务、信息安全等服务业发展。到2020年，软件和信息服务业收入超过1000亿元。

专栏4　软件和信息服务产业重点项目	
产业化	保腾网络"云保通"在线保险服务平台、省教育管理公共服务平台和基础教育资源应用平台、省高等教育资源云平台、共生科技物流智能匹配及可视化运输公共信息平台、芜湖软件科技产业园、中创安腾国际信息谷、晨昊投资聚合运营平台、中科院合肥技术创新工程院安徽省车联网大数据中心与行业应用服务平台、科力信息城市交通信息采集与信号控制系统平台、铜陵蓝盾光电子区域空气质量监控物联网系统研制和应用/国家空气质量监测网运维服务平台/基于云计算的智能交通大数据应用系统示范等
重大平台	省计算机软件工程技术研究中心、智能交通技术国家地方联合工程研究中心、道路交通集成优化与安全分析技术国家工程实验室、省教育和科研计算机网络中心、省高校数字图书馆、省网络课程学习中心平台（e会学）等

二、高端装备和新材料

顺应制造业智能化、绿色化、服务化发展趋势，加快突破关键技术与核心部件，推进重大装备与系统的工程应用和产业化，提高新材料支撑能力。到 2020 年，高端装备和新材料产业产值突破 4000 亿元。

1. 机器人

突破机器人整机、关键零部件及系统集成设计制造技术等技术瓶颈，有序推进机器人应用。到 2020 年，建成具有重要影响力的国家级机器人产业基地，产值达到 400 亿元。

推进机器人整机向中高端迈进。重点突破高性能工业机器人运动控制、精确参数辨识补偿、协同作业与调度、示教等关键技术，重点发展弧焊机器人、真空（洁净）机器人、全自主编程智能工业机器人、人机协作机器人、双臂机器人、重载 AGV、智能型公共服务机器人和智能护理机器人。

大力发展机器人关键零部件。全面提升高精密减速器、高性能伺服电机和驱动器、高性能控制器、传感器、末端执行器等五大关键零部件的质量稳定性和批量生产能力，打破长期依赖进口的局面。

有序推动机器人规模应用。实施"机器换人"计划，在汽车、家电、轻工纺织等劳动强度大的工业企业和化工、民爆等危险程度高的行业，以及医药、半导体、食品等生产环境洁净度要求高的行业，有序推进中高端机器人的规模应用。

专栏 5　机器人产业重点项目	
产业化	合肥欣奕华智能制造装备基地、哈工大集团华东产业基地、井松物流智能设备、运鸿智能包装装备生产基地、国购服务机器人智能制造基地、芜湖机器人产业园、埃夫特机器人核心零部件及行业应用技术收购与产业化、中安重工大型数字伺服压机与工业自动化装备产业化、奥一精机高精密减速机、行健机器人全自动视觉定位焊接机器人、瑞祥工业焊装生产线自动化技术改造、瑞思并联机器人、欧凯罗伯特服务机器人、凯盛工业机器人制造、惊天液压军民两用多功能作业机器人、沪宁智能消防机器人、零点智能工业机器人、方宏自动化工业机器人、预立精工机器人基础零部件及智能装备制造、华创智能新型六自由度搬运机器人、砀山智能工业机器人、晨讯科技智能机器人、铜陵耐科柔性智能型材包装机器人、铜陵松宝环锭纺自动落纱机器人等
重大平台	国家机器人可靠性检测中心、国家机器人协同创新中心、机器人及智能制造装备国家地方联合工程研究中心、哈工大机器人中央研究院等

2. 通用航空

抢抓国家加快发展通用航空产业重要战略机遇，坚持开放合作和自主创新，逐步健全航空产业体系，实现整机产品系列化、配套产品国内领先。到2020年，通用航空产业产值达到300亿元。

集中力量开发整机。积极对接和吸纳国内外通航优质资源，大力引进高层次技术团队，开展军用和民用技术双向转化研究，重点突破通用飞机整机系统设计、制造、测试、取证、集成开发等关键技术，开发2座至40座通用飞机系列化产品。

构建通用航空装备产业链。重点推动通用飞机活塞航空发动机和中小型涡桨发动机、涡轴发动机、涡扇发动机研发制造，大力发展机载显示、无线电导航、航空电子测试设备等相关产业，积极推进高性能复合材料、高温合金材料、高端轻质高强度金属材料等研发和产业化。

拓展通航服务空间。支持组建航空俱乐部、航空教育培训机构、飞机租赁等运营服务主体，推动通航运营服务企业集群发展。发展航空维修产业。推动通用航空与互联网、创意经济融合发展，拓展通用航空新业态。

专栏6　通用航空产业重点项目	
产业化	芜湖通用航空产业园、合肥骆岗通用航空产业园、阜合现代产业园区通用航空产业园、钻石飞机多用途轻型通用飞机制造、中科动力DART－450初级教练机研制、航瑞航空发动机、钻石航空发动机通用航空发动机、芜湖综合航空维修基地、芜湖高端航空地勤设备产业基地、芜湖先进航空复合材料研发制造基地、卓尔航空螺旋桨制造、芜湖羽人农业航空无人机、蚌埠通航国际飞机总装制造基地、合肥滨湖水上飞机总部基地、合肥雷克系列飞机开发与产业化、合肥赛为无人机飞训基地、合肥阿科雅/阿古直升机生产组装基地、华东国际公务机枢纽港、安徽青龙湾通用航空服务体系建设、六安航空产业园、38所空管系统研发及产业化、安徽翔农植保无人机、砀山通用航空产业园、滁州通航无人机研发制造及服务、安庆通用航空产业园、铜陵华云无人机及飞艇制造等
重大平台	北航通用航空科技孵化器、钻石国家通用航空工程中心、中小型航空发动机重大适航审定实验室、省通用飞机工程研究中心等

3. 智能制造

加快推进新一代信息技术与制造技术的深度融合，加快突破增材制造关键工艺，构建贯穿生产制造全过程和产品全生命周期，具有信息深度管制、智慧优化决策、精准控制自执行等特征的智能制造系统，在重点领域建设一批高水平的智能工厂。到 2020 年,智能制造产业产值达到 300 亿元。

突破增材制造关键工艺。大力发展粉末冶金技术,积极研究熔融沉积成形(FDM)、激光净成形(LENS)、分层实体制造(LOM)、电子束熔丝沉积(EBF)等选择性沉积技术,以及光固化成形(SLA)、选择性激光烧结(SLS)、选择性激光熔化(SLM)、三维打印(3DP)、电子束熔炼成形(EBM)等选择性黏合技术,研制复杂零部件复合成形、金属喷射复合沉积、金属构件修复与再制造、生物医疗打印制造等新型装备。

积极推进智能工厂建设。面向汽车、家电、冶金、化工等传统产业转型升级和新能源、消费电子、节能环保等新兴产业发展需要,在骨干企业推广数字化技术、系统集成技术和智能制造成套装备,建设智能工厂和数字车间,重点培育离散型智能制造、流程型智能制造、网络协同制造、大规模个性化定制、远程运维服务等新模式。

	专栏7 智能制造产业重点项目
产业化	中科智城信息物联网(CPS)智能制造、中工科安高档数控机床系统研发及产业化基地、富士康五轴车铣复合加工机研发/DYNA728 数控系统和配套伺服控制器生产、金雅精密装饰件生产及数控机床制造、欧迈特工业以太网交换机/数字视频光端机/工业数据光端机研发生产、井松自动化智能化物流设备、凯旋自动化多层机械停车系统、智创精机数控高速钻攻中心、埃芮科工业智能成套装备研发制造、蓝德高档数控机床、康佳智能工业园、联合智能装备数控产业园、池州家用精密数控机床产业园、马鞍山裕祥高端数控机床、安徽天锻高精度数控机床等
重大平台	数字化设计与制造安徽省重点实验室、仿生感知与先进机器人技术重点实验室、春谷 3D 打印智能装备产业技术研究院等

4. 现代农机装备

依托现代农业装备国家地方联合工程研究中心、省级企业技术中心、院士工作站等研发平台,加强产学研合作,突破行业急需的大功率拖拉机、复式保护性耕作机械、精准高效植保装备、智能化谷物联合收割机等关键技术。大力发展插秧机、拖拉机、收获机械、烘干机械、园林机械等多种农机装备,为水稻、小麦、玉米、大豆、油菜等农作物提供土地耕整、种植、田间管理、收获及收获后处理等环节全程机械化方案。到 2020 年,现代农机装备产业产值达到 500 亿元。

专栏 8 现代农机装备产业重点项目	
产业化	芜湖现代农业机械产业园、玉柴联合动力农机配套发动机、中联重机拖拉机无级变速箱（CVT）研发及产业化、芜湖森米诺低温循环式环保型谷物烘干机产业化、美国科勒柴油发动机、三普智能重工绿化机械研发与成果转化基地、山辉微耕机、铜陵森米诺低温循环式环保型谷物烘干机产业化、国泰拖拉机、常立发农机制造、六安恒源高压液压油缸及大马力拖拉机电液提升器生产线、北汽蒙城现代农业装备产业基地、亳州中联重机大型农业装备制造等
重大平台	现代农业装备国家地方联合工程研究中心、中联重机博士后科研工作站、玉柴联合动力博士后科研工作站、全柴动力股份有限公司技术中心等

5. 轨道交通装备

提升轨道交通"材轮轴架"系统制造集成能力，加快 250 公里/小时和 350 公里/小时高速轮轴运行试验，力争早日实现国产化。开发制造先进城市轨道交通弹性、降噪车轮。积极推进传动齿轮箱、转向架、减振装置、牵引变流器、绝缘栅双极型晶体管（IGBT）器件、大功率制动装置、供电高速开关等关键零部件研发和制造。创建国家轨道交通轮轴系统工程技术研究中心，不断提高高端车轮、车轴系统及关键零部件产品整体研发水平和创新能力。到 2020 年，轨道交通产业产值达到 500 亿元。

专栏 9 轨道交通装备产业重点项目	
产业化	马钢车轮生产线/车轴生产线/轮对组装生产线/轮轴智能制造数字化车间/瓦顿公司轮轴生产线/埃斯科特钢生产线、双益低地板弹性车轮生产线、港泰轮轴智能化生产线、圣合轨道交通设备生产基地、伟群系列高铁核心零部件、中车铜陵重载铁路货车转向系统技改工程、盛世高科轨道车辆配件、中车浦镇庞巴迪单轨车辆及捷运系统胶轮车辆生产基地、铜陵瑞铁轨道交通货车及配件制造等
重大平台	省轨道交通轮轴工程研究中心、省高性能轨道交通新材料及安全控制重点实验室、工业（车轮、H 型钢）产品质量控制和技术评价实验室、安徽轨道交通研究院、来安汉河轨道交通检验检测中心等

6. 新材料

瞄准重大装备和重点产业方向，顺应新材料高性能化、多功能化、绿色化发展趋势，积极发展高端金属材料、新型功能材料、先进结构材料和高性能复合材料，加强前沿材料布局。到 2020 年，新材料产业产值到达 2000 亿元。

引导金属材料高端化发展。加快突破高纯化、微合金化、复杂多元合金化、复合材料化等高端铜合金制造技术，重点发展高精度电子铜带、HDI 板用超薄电子铜箔、海洋及电力工程用高效换热铜管、轨道交通用特种线缆（杆），以及集成电路引线框架、高密度互联印制电路板、新型电子元器件封装材料等延伸产品。推进铁基新材料高端化发展，大力发展高速轮轨用钢、激光拼焊汽车板、变频电机和发电机用高效节能型硅钢等高性能钢材和合金材料。以轻质、高强、大规格、耐高温、耐腐蚀、耐疲劳为发展方向，发展高性能铝合金、镁合金和钛合金。加快稀土永磁、稀土镀层、稀土耐磨等稀土应用新材料的发展。

鼓励发展化工新材料。重点开发新型高分子材料、高性能纤维、工程塑料、合成树脂等石油化工产品，积极发展新型结构材料、膜材料、塑料合金材料、可降解塑料，加快发展汽车用热塑性复合材料制品。加快发展以煤制烯烃为基础的高分子材料及其产业链，实现煤基化工原材料向煤基新材料的转变。加快有机硅新材料发展，优先发展甲基、苯基氯硅烷单体、环体等。积极发展碳纤维和高强高模 PVA 纤维，加快推进碳纤维在相关领域的应用。

大力发展新型无机材料。以满足建筑节能、平板显示和太阳能利用等领域需求为目标，重点发展平板显示玻璃，鼓励发展应用低辐射镀膜玻璃、涂膜玻璃、真空节能玻璃及光伏电池透明导电氧化物镀膜超白玻璃。加快发展高纯石英粉、石英玻璃及制品，促进高纯石英管、光纤预制棒产业化。开发高性能玻璃纤维、连续玄武岩纤维、高性能摩擦材料和绿色新型耐火材料等产品。

布局前沿新材料。围绕石墨烯材料批量制备以及基于石墨烯的各类功能材料制备关键技术，引导骨干企业携手有关高校、科研院所，协同开发材料规模化制备技术，促进关键工艺及核心装备同步发展，提升产业化水平，推进石墨烯材料在新产品中的应用。积极推进纳米材料在新能源、节能减排、环境治理、功能涂层、电子信息等领域的研究应用。积极推进铁基高温超导材料研究和超高温隔热防护氧化锆纤维产业化进程。

专栏 10　新材料产业重点项目		
产业化	合肥微晶石墨烯柔性透明导电膜、格丰环保森美思环境治理纳米材料、新兴铸管新材料产业园、铜陵华威铜箔生产、海创 ACA 绿色节能板材、金辉锂离子电池隔膜、芜湖长青藤超高分子量聚乙烯纤维、达尼特锂电池三层复合隔膜材料、明基多层复合薄型动力电池用隔离膜材料、伦丰触摸屏柔性材料、天道绿色新材料、马鞍山红太阳可降解新材料、百特新材料高品质石墨烯、阜阳欣奕华石墨烯生产、相邦铝基复合材料产业化、华中天力高精度铝合金板带箔热轧、银丰铝业新能源汽车铝合金车体、卓泰化工混合芳烃加氢、淮北华醇化工煤焦油加氢、富德能源甲醇制烯烃、华谊甲醇制芳烃及聚酯一体化、铜陵有色锂离子电池用电子铜箔、曙光集团氨氧化法制氢氰酸/己二氰和乙二胺产业化、铜陵全威压延铜箔、铜陵金誉高精铸轧板基铝合金材料、铜陵化工聚苯硫醚工程塑料产业链示范基地/聚酰胺工程塑料产业链示范基地、马钢奥瑟亚现代化工焦油精制加工生产基地、滁州德威高压绝缘材料、天大铜业高等级电磁线、安庆飞凯合成新材料、阜阳颍州磁性材料产业园、中玺超高分子量聚乙烯、亿成化工重芳烃深加工、虹宇化工生物基光固化树脂、台玻电子级玻璃纤维、德力中性药用玻璃产业化、玻璃设计院空心玻璃微珠、华光光电中铝背板玻璃及镀钼玻璃等	
重大平台	中机精密成形材料产业技术研究院、省铝基复合材料应用研究中心、省绿色高分子材料重点实验室和水基高分子工程技术研究中心、安徽（阜阳）先进电子材料研究院、省水性高分子聚合物工程技术研究中心、安徽（淮北）新型煤化工合成材料研究院、淮海石墨烯科技股份公司研究院、浮法玻璃新技术国家重点实验室、国家硅基新材料制造业创新中心、清华曙光氰化物研究院、国家石油化工产品质量监督检验中心（安庆）、铜陵有色国家级铜基新材料加工工程技术研究中心等	

三、生物和大健康

　　把握生命科学纵深发展、生物新技术广泛应用和融合创新的新趋势，着力构建生物医药新体系，推动医疗器械向高端迈进，积极发展移动医疗、远程医疗等智慧医疗产业，不断提升生物农业和生物制造规模化发展水平。到 2020 年，生物和大健康产业产值达到 2000 亿元。

　　1. 生物医药

　　以临床用药需求为导向，在肿瘤、心脑血管疾病、糖尿病、精神性疾病、高发性免疫疾病、重大传染性疾病、罕见病等领域，重点开发具有靶向性、高选择性、新作用机理的治疗药物。加快新型抗体、蛋白及多肽等生物药及医药中间体研发和产业化。加快开发手性合成、酶催化、结晶控制等化学药制备技术，推动大规模细胞培养及纯化、抗体偶联、无血清无蛋白培养基培养等生物技术研发及工程化，提升长效、缓控释、靶向等新型制剂技术水平。构建基于细胞和动物模型的高效药物筛选与测试系统，提高药物测试水平。到 2020 年，生物医药产业产值突破 500 亿元。

专栏 11 生物医药重点项目	
产业化	合肥天麦口服胰岛素胶囊、合肥安德生国家一类聚肽靶向抗肿瘤化学新药紫杉肽生产基地、康卫生物一类新药"口服重组幽门螺杆菌疫苗"新产品产业化、华恒氨基酸及多肽产业基地、九洲方圆制药工程、贝克制药替诺福韦和 1.1 类丙肝新药、广药白云山（安徽）化学原料药基地、太和高端药品开发及产业化、利洁时桂龙医药产业园、精方药业骨科产业园、悦康生物医药产业基地、安科恒益化学原料药基地、一灵药业抗丙肝病毒新药创制、安庆医工医药创新药物产业化基地、海南卫康（潜山）生物医药产业基地等
重大平台	省抗病毒药物工程实验室、省医疗微创工程研究中心、省干细胞工程研究中心、长江医学科学院新药研发中心、黄山胶囊公司医药辅料辅材研发与评测中心、中科大先进技术研究院生物医药研发与评测中心等

2. 现代中药

以中药标准体系建设为核心，加快规范化中药材基地建设，加大中药制药过程的关键技术开发和推广，打造一批从原料药材到药品的中药标准化示范产业链，培育现代中药大品种。加快中药材、中药生产、流通及使用追溯体系建设，提高中药产品质量和安全水平。开发现代中药提取纯化技术，研发符合中药特点的黏膜给药等制剂技术，推广质量控制、自动化和在线监测等技术在中药生产中的应用。到 2020 年，现代中药产业产值突破 500 亿元。

专栏 12 现代中药重点项目	
产业化	亳州中药材产业基地、阜阳中药材产业基地、中国中药霍山生物医药及石斛产业、华佗国药制药工程、珍宝岛神农谷中药物流城、亳州九州通中药物流园、九洲方圆制药工程、民生药业产业园、铜陵禾田地道药材凤丹皮标准化基地、协和成药业白芍中药饮片标准化、广印堂白芷等中药饮片标准化、济人药业疏风解毒胶囊标准化建设、郑蒲港中草药铁皮石斛生产加工基地、安科余良卿现代中药等
重大平台	济人药业现代中药研发中心、亳州九方药物研究院、国家中药材产品质量监督检验中心、协和成第三方检测平台等

3. 高端医疗器械

大力发展高性能诊疗设备、体外诊断设备、高端植介入产品，力争在医疗影像、超导质子治疗系统、数字化 X 射线机、手术导航系统、医用机器人等领域取得突破。加快建设合肥离子医学中心、肿瘤医学中心、区域细胞制备中心，支持建设关键共性技术研发、检验检测等公共服务平台及医药产业创新中心。到 2020 年，力争高端医疗器械产业产值达到 300 亿元。

专栏 13	高端医疗器械产业重点项目
产业化	天智航手术导航机器人应用产业化基地、芜湖生命谷半导体高通量基因测序仪产业化、宇度医学微创医疗器械科技产业园、万聚源智能输液泵研发制造、中科院合肥技术创新工程院助老助残可穿戴机器人/康复智能化多功能护理床/健康体征参数检测装备、铜陵皖江中心重大慢性病无创检测系列仪器和自动化基因检测系统、马鞍山戴博光电 CCD 数字乳腺机、黄山胶囊公司胃肠道体检胶囊机器人等
重大平台	合肥离子医学中心、肿瘤医学中心、区域细胞制备中心等

4. 智慧健康

加快发展基于互联网的医疗健康、养老等新兴服务，鼓励发展第三方在线健康市场调查、咨询评价、预防管理等应用服务，支持以社区为基础搭建养老信息服务网络平台。支持第三方影像设备应用示范中心建设，加强医学影像分布式存储架构、广域网医学图像即时传递、网络化医学影像三维后处理分析等关键技术研究，鼓励运用计算机断层扫描（CT）、磁共振成像（MRI）、彩超等影像设备，为基层患者提供医疗诊断服务。到 2020 年，智慧健康产业产值突破 100 亿元。

专栏 14	智慧健康产业重点项目
产业化	中科合肥普瑞昇精准医疗研发及产业化、阜阳医疗健康大数据服务平台、北大未名国际健康中心、京东方数字化全科医院、芜湖美年健康养老、九次方医疗大数据、黄河故道（砀山）康体养老中心、安徽华大基因一院一所两中心、太和中科国际精准医学产业化、修正养安享养老产业集群、池州智慧九华山禅修养生、石台慢生活庄园养老服务中心、当涂经开区美丽健康产业园、马鞍山健康管理中心、铜陵润泽医养服务中心等
重大平台	省精准医学大数据工程实验室、合肥金域基因检测技术应用示范中心实验室、省养老服务信息平台等

5. 生物农业

以产出高效、产品安全、资源节约、环境友好为目标，开展基因编辑、分子设计、细胞诱变等生物育种关键核心技术研究，打造具有核心竞争力的"育繁推一体化"现代生物种业企业。大力发展动植物病虫害防控新技术，创制一批新型动物疫苗、生物兽药、植物新农药、绿色饲料、绿色肥料等重大产品，推动农业转型发展。到2020年，生物农业产业产值突破200亿元。

	专栏15 生物农业产业重点项目
产业化	荃银高科优势杂交稻新品种选育/转基因玉米品种选育及产业化、隆平高科杂交玉米新品种选育及产业化/高通量育种大数据信息处理平台、丰乐种业玉米新品种选育及产业化/玉米抗茎腐病和丝黑穗病分子标记育种及产业化/水稻抗病分子标记育种及产业化/优质抗病水稻广三系不育系的研究与应用、皖垦种业小麦多倍体育种及其产业化等
重大平台	绿色环保水稻工程实验室、国家水稻商业化分子育种技术创新联盟、地方畜禽遗传资源保护与生物育种重点实验室、作物抗逆育种与减灾国家地方联合工程实验室、农产品质量安全重点实验室、茶树生物学与资源利用国家重点实验室、农业部黄淮南部小麦生物学与遗传育种重点实验室等

6. 生物制造

紧盯市场需求和技术变革方向，加快生物基材料产业关键共性技术攻关，重点发展聚乳酸（PLA）、丁二酸丁二醇聚酯（PBS）、聚羟基烷酸（PHA）、聚有机酸复合材料及椰油酰氨基酸等生物基材料及生物助剂。持续加强非粮原料转化、生物质气化、生物酶解等关键技术研究，不断提升柠檬酸、燃料乙醇、富马酸、苹果酸等大宗精细化学品和工业酶制剂产品规模水平。到2020年，生物制造产业产值超过400亿元。

	专栏16 生物制造产业重点项目
产业化	华恒巴斯夫发酵法丙氨酸和氨基酸表面活性剂、中粮生化聚乳酸/纤维素燃料乙醇、丰原集团聚乳酸/维生素系列产品/明胶/氨基酸/L-苹果酸/L-丙氨酸、雪郎生物生物降解材料/生物基复合材料、铜陵康智生物发酵产业园、铜陵瑞璞丹皮酚提取及副产品产业化基地、绿塑科技生物基完全降解改性材料（PHA）及制品产业化、海升果业天然生物果胶、和兴化工PBS、虹泰生物法制油酸及下游制品等
重大平台	中粮生物化学（安徽）股份有限公司院士工作站、生物化工分离提取技术实验室、雪郎公司生物基降解树脂实验室等

四、绿色低碳

把握能源变革重大趋势和产业结构绿色转型发展要求，以绿色低碳技术创新和应用为重点，大幅提升新能源汽车、新能源的应用比例，全面推进节能环保、资源循环利用等产业快速发展。力争到 2020 年，绿色低碳产业产值达到 4000 亿元。

1. 新能源汽车

以纯电动汽车和插电式（含增程式）混合动力汽车为主，鼓励发展燃料电池汽车，坚持产业发展和推广应用相结合、整车引领和加强配套相结合，加快新能源汽车推广应用和产业化。到 2020 年，全省新能源汽车年产量达到 30 万辆，建成核心竞争力强、产业化领先、配套完善的新能源汽车产业基地，新能源汽车产业产值超过 1000 亿元。

大力推进动力电池及电机驱动系统技术创新。重点开展高比能动力电池新材料、新体系以及新结构、新工艺研究，加强电机驱动系统、电机控制器、制动器等关键零部件研发，力争电机、电池、电控研发和生产技术达到国际先进水平。

加快充电设施建设。鼓励社会资本进入充电设施建设领域，推进充电设施项目建设，加快形成布局合理的充电服务体系。加大对充电设施建设用地的支持力度。鼓励建设集停车和充电功能于一体的停车场，逐步推进城市公共停车场及住宅小区增建充电桩。

加大新能源汽车推广力度。在城市客运、环卫、物流、机场和车站通勤、公安巡逻、景区观光等领域积极推广新能源汽车。探索开通城际间新能源汽车客运专线，增加营运路线和规模。推进党政机关和公共机构、企事业单位使用新能源汽车。

专栏 17　新能源汽车产业重点项目	
产业化	奇瑞新能源铝车身骨架纯电动乘用车/新能源电池包、奇瑞汽车自动驾驶新能源汽车研发和产业化、凯翼汽车云木科技智能互联研发及产业化、江淮汽车新能源乘用车及核心零部件/高端及纯电动轻卡、大富重工电动汽车、安庆新能源汽车产业园、安庆安达尔新能源汽车升级改造、合肥国轩锂电池正极材料、铜陵国轩动力电池/碳酸锂、恒宇新能源锂聚合物动力电池及材料生产基地、科达洁能锂电池负极材料、猎豹新能源汽车、铜陵沃特玛锂离子动力电池、皖南电机新能源汽车电机、郑蒲港新能源汽车驱动电机及控制系统、天康集团高倍率动力锂电池、瑞能新能源汽车生产基地、众泰（铜陵）新能源汽车、奇点（铜陵）新能源汽车等
重大平台	高节能电机及控制技术国家地方联合工程实验室、省电动客车工程实验室、合肥国轩高科企业技术中心、省新能源汽车产业技术研究院、奇瑞新能源动力电池实验室和电驱动实验室等

2. 新能源

加快发展太阳能光伏、生物质能、风电、储能等新能源产业，促进光伏制造关键技术研发，推进高效率低成本光伏技术应用。到 2020 年，新能源产业产值超过 1000 亿元。

专栏 18　新能源产业重点项目	
产业化	凯盛科技铜铟镓硒薄膜太阳能电池、中广核光伏发电、阳光电源新能源发电成套装备制造基地/储能装置生产基地、安徽海容新型结构管式胶体高储能电源、庐江经开区新能源动力装备产业基地、信义光伏电站、中路高空风力发电、协鑫集成超大光伏组件和双片电池、亳州昌盛光伏电站、当涂协鑫渔光互补、新能创投光伏发电/风电、隆基 2GW 高效单晶光伏组件、铜陵三公山风力发电等
重大平台	省智慧能源集成创新中心

加快高效率低成本光伏技术开发。支持高效率晶硅电池、新型薄膜电池、电子级多晶硅、高端切割机、全自动丝网印刷机、高纯度关键材料等研发和产业化，提高光伏逆变器及智能电网技术和装备水平。加强光伏新能源领域标准化研究，完善检测公共服务平台建设，提升产品认证和服务运营水平。

积极有序推进光伏应用。引导光伏电站与配套电网规划和建设，实施若干光伏发电工程。在合肥、蚌埠、芜湖、六安、安庆等城市实施光伏建筑一体化应用示范工程。按照"自发自用、余量上网、电网调节"方式，推广小型分布式光伏发电系统。到 2020 年，全省累计并网光伏发电装机容量超过 8GW。

3. 节能环保

开发推广面向工业、交通、建筑等重点领域的高效节能技术与装备，推动合同能源管理、节能诊断改造等节能服务产业发展，提升能源利用效率。面向水、大气、土壤、重金属、城市垃圾等环境治理重大需求，开发推广先进环保技术装备及产品。大力发展源头减量、资源化、再制造等新技术，提高资源综合利用水平和再制造产业化水平。到 2020 年，节能环保产业产值超过 2000 亿元。

五、信息经济

以"互联网＋"行动为抓手，加强网络基础设施建设，加快发展电子商务、云计算、数字创意等新兴产业。到 2020 年，信息经济产业产值达到 4000 亿元。

1. 电子商务

以打造"电商安徽"为突破口和切入点，培育电商龙头企业，积极推动农村电子商务和跨境电商有序发展。到 2020 年，网络销售额超过 2500 亿元。

鼓励电商企业做大做强。大力培育本土电商品牌企业，支持中小电商企业发展。全面普及工业企业电子商务应用，积极推进新技术、新成果、新模式应用转化，加快建立与我省产业特色相适应的工业品网络零售和分销体系，推动产品质量和企业效益不断提升。

促进农村电子商务加快发展。改善农村电子商务发展环境，培育和壮大农村电子商务市场主体，引导电子商务企业与新型农业经营主体、农产品批发市场、连锁超市等建立多种形式的联营协作关系，培育发展一批电子商务特色小镇和电商村。

加快完善电商物流体系。合理规划布局物流仓储和快件处理中心，支持各地建设快递物流园区，降低流通成本，提高流通效率。鼓励快递企业总部在我省建设快件分拨（转运）中心或后台服务（呼叫）中心，加快建设快递区域总部经济。

2. 云计算和大数据

充分发挥合肥科教资源和淮南、宿州能源基地优势，加快建设合肥云计算大数据生产应用中心和淮南、宿州大数据存储基地，构建"一中心两基地多园区"的产业空间布局。到 2020 年，云计算和大数据产业产值达到 500 亿元。

加快云计算核心技术研发。重点突破云服务体系结构、云计算网络均衡、分布式数据存储、数据交换、大规模数据管理等关键核心技术。加强信息安全保障技术研究和体系建设，进一步提升网络信息安全监测、预警、控制和应急处置能力。

培育龙头骨干企业。围绕数据感知、传输、处理、分析、挖掘、应用、安全等大数据产业链，引进培育 20 家左右云计算、大数据领域的龙头企业和 500 家应用服务企业，打造 2～3 个在国内具有重要影响力的云计算和大数据产业集聚区。

积极发展新兴业态。大力发展公共云计算服务，引导专有云有序发展。支持有条件的企业建设高水平数据中心和云计算服务平台，提供弹性计算、云存储、分布式数据库、企业经营管理、研发设计等应用服务。

推动政府数据资源开放。按照"按需共享、统一交换、授权使用"的原则，加快建设"政务云"，建立全省政务信息资源目录体系和交换体系，推动政府部门数据开放共享，引导和规范社会力量对政府数据资源进行增值开发利用。

3. 数字创意

创新数字文化创意技术和装备，丰富数字文化创意内容和形式，提升设计服务水平，逐步形成文化引领、技术先进、链条完整的数字创意产业发展格局。到 2020 年，数字创意产业产值突破 1000 亿元。

提升文化创意内容和形式。挖掘地方特色文化，创作具有鲜明特点的戏曲、音乐、美术等数字创意内容产品，推动徽派文化走出去。支持传统文化单位发展互联网新媒体，加快内容集成和数字传输综合平台建设，推动传统媒体和新兴媒体融合发展。支持数字创意产品原创能力建设，提升技术装备水平，发展网络内容服务新业态，引导影视、动漫游戏、音乐制作、新媒体艺术创新发展。

鼓励设计服务业创新发展。支持设计服务与制造业、建筑业等领域融合发展，打造一批具有较强竞争力的设计龙头企业。加强设计服务企业与工业企业对接，开展基于新技术、新工艺、新装备、新材料的设计服务。促进数字技术在人文景观、园林绿化、楼宇建筑等领域应用，不断提高城乡规划、建筑设计、景观设计水平。

第三节　主要抓手

一、加快建设一批重大新兴产业基地

立足当前，围绕新型显示、智能终端、机器人、新能源汽车、现代中药、生物医药、节能环保、数字创意等领域，推进一批重大新兴产业基地建设，力争通过 5 年左右时间的努力，形成 10 个左右千亿元级、在国内外具有重要影响力的重大新兴产业基地。持续推进合芜蚌新型显示、芜马合机器人两个国家级战略性新兴产业区域集聚发展试点建设，合芜蚌新型显示区域集聚发展试点重点突破 OLED、3D 显示等新型显示技术，加快形成完善的新型显示产业链和技术创新体系；芜马合机器人区域集聚发展试点重点突破精密减速机、伺服电机及驱动器等核心技术，形成机器人技术创新体系。积极推进首批省重大新兴产业基地建设，启动实施后续批次基地建设。

二、扎实推进一批重大新兴产业工程

谋划中期，在有一定基础、具有较强优势的太赫兹芯片、环境监测与污染控制、下一代机器人、高端数控机床、精准医疗、先进光伏制造等领域，实施一批重大新兴产业工程，推动尽快完善产业链、形成产业规模。

1. 太赫兹芯片

开展太赫兹相关技术研究工作，开发太赫兹移动通信、生物检测、食品检测等系列芯片，支持太赫兹技术在物体成像、医疗诊断、宽带移动通信等领域应用。

2. 环境监测与污染控制

利用智能监测设备、大数据、移动互联网等技术手段，完善污染物排放在线监测系统，形成覆盖主要生态要素的资源环境承载能力动态监测网络。支持具有自主知识产权的环境治理材料和装备的研发、生产、应用。

3. 下一代机器人

跟踪机器人产业未来发展趋势，开展人工智能、感知与识别、控制与交互等下一代机器人关键共性技术研究，突破机器人通用控制软件平台、人机共存、安全控制、高集成一体化关节、灵巧手等核心技术，推动智能感知、模式识别、智能分析、智能控制等在下一代机器人领域的深入应用。

4. 高端数控机床

以高速、复合、精密、环保、智能和多轴联动为主要发展方向，推动建设数控机床和装备技术研发公共服务中心，开展数字化设计技术、高精度加工成型技术等高档数控机床关键共性技术研究，开发高档数控系统、伺服电机、轴承等主要功能部件及关键应用软件。

5. 精准医疗

建设基于疾病早期筛查、疾病样本库、高通量测序技术、大数据分析与个性化用药测试于一体的综合性平台，形成贯穿筛查、诊断、治疗与预后的疾病防诊治应用支撑体系。建设基因检测技术应用示范中心，开展遗传病和出生缺陷基因筛查，加快基因检测技术推广应用。

6. 先进光伏制造

支持低成本、高转换效率、长寿命的晶硅太阳能电池研发及产业化，不断提升铜铟镓硒（CIGS）、碲化镉（CdTe）等新型薄膜电池的转化效率。支持新型高效逆变器（设备）研发及产业化，加强光伏电站智慧监控管理系统技术开发和应用推广。

三、积极培育一批重大新兴产业专项

布局长远，着眼产业发展前沿，重点在量子通信和量子计算、新药创制、核能装备、燃气轮机、虚拟现实、智能汽车等领域，加快实施一批重大新兴产业专项，突破一批关系长远发展的关键核心技术，培育一批具有爆发式增长的未来型产业。

1. 量子通信和量子计算

支持中国科学技术大学申报建设量子信息国家实验室，加强量子密钥分配技术研究，建设基于量子密码的新型安全通信网络体系，积极拓展量子通信在金融、互联网、军工等领域应用。探索量子计算机新模型，推动量子计算机的物理实现和量子仿真应用。开展面向未来网络的前沿科学技术研究。

2. 新药创制

支持行业领军企业加强抗体药物、重组蛋白药物、新型疫苗等创新药的研发，建立与国际接轨的质量体系，推动新药产业化。

3. 核能装备

支持中国科学院核能安全技术研究所攻克铅基反应堆设计与仿真、反应堆材料与液态铅铋回路、反应堆运行与控制等技术，开展移动式小型铅基堆核电源研发设计和关键设备研制。

4. 燃气轮机

加快推进微小型燃气轮机研发，研制具有完全自主知识产权和国际先进水平的分布式能源、车船动力和通用航空动力用 0.1M～10MW 级微小型燃气轮机。深化与骨干企业、大学和科研院所的合作，积极推进重型燃气轮机研发及产业化。

5. 虚拟现实

加强计算机图形图像、虚拟现实、增强现实、自然人机交互等关键技术研发，研制具有自主知识产权的新型可穿戴智能装备、沉浸式体验平台、虚拟直播、超感影院等装备。

6. 智能汽车与车联网

推动汽车企业与互联网企业设立跨界交叉的创新平台，开展自主车联网通信系统研发与应用示范。加快区域车联网大数据中心与行业应用服务平台建设，推动北斗智能车载终端在汽车领域规模化应用。

第四节　推进举措

一、扩大开放，整合优势资源

瞄准境内外新兴产业领域的领军企业，实施"领军企业引进计划"，建立省、市、县（市、区）联动机制，实行"一企一策"，推动项目落地。支持境内外企业、高校院所等来皖设立研发机构、共建研发平台、建立人才培养基地，联合开展产业核心技术攻关。鼓励企业到境外投资并购"隐形冠军"企业或研发机构。加快实施国际合作创新计划，支持国家级、省级开发区与发达国家和地区共建合作园区，推动中德智慧产业园、中德（芜湖）中小企业国际合作园建设。

二、培育龙头，强化引领带动

组织实施省创新企业百强培育工程，着力培育一批龙头性、引领性创新型企业。遴选一批符合产业发展方向、具有较强研发能力、主营业务收入超过 10 亿元的企业，或经专家论证具有重要创新点和较高成长性的企业，列入龙头企业培育备选库，力争通过 5 年时间的努力，培育一批处于国内行业前列、在全球具有一定影响力的产业链龙头骨干企业。改革国有企业经营业绩考核办法，分类实施创新转型专项评价。探索军工科研院所企业化改制，促进军民融合发展。

三、强化创新，提升核心竞争力

加快综合性国家科学中心和产业创新中心建设。围绕战略性新兴产业发展重点，加快建设一批国家级和省级工程（技术）研究中心、工程实验室、制造业创新中心。鼓励构建以龙头企业为主导、产业链上下游企业和高校院所参与的产业创新战略联盟。完善科技重大专项实施机制，支持行业龙头企业牵头实施重大科技专项。支持企业将互联网技术融合到生产、管理、销售、服务等环节，全方位推进产品创新、品牌创新、产业组织创新和商业模式创新。

四、夯实基础，提高保障能力

加快"宽带安徽"建设，推进光纤宽带网络建设提速，提升骨干网传输和交换能力。加速广播电视数字化改造，建设覆盖全省的地面数字电视网。加快无线宽带网络建设，推动市和部分县（市）建成区重要公共场所无线宽带网络全覆盖。加强工业互联网基础设施建设规划与布局，建设低时延、高可靠、广覆盖的工业互联网。组织实施工业强基示范工程，持续提升关键基础材料、核心基础零部件（元器件）、先进基础工艺等工业基础能力。

五、深化改革，破除体制机制障碍

系统推进全面创新改革试验，加速科技成果向现实生产力转化。改革政府科技管理体制，从管理具体项目转为主要负责科技发展规划、评估和监督。改革金融创新体制，争取纳入投贷联动试点区域，支持银行业金融机构设立科技金融专营机构，建立"新三板"与省区域性股权交易市场的合作对接机制。改革创新人才管理体制，完善科研人员双向流动制度，切实保障和落实用人主体自主权。

六、推进双创，打造发展新引擎

促进科研人员、海外高层次人才、大学生创新创业。实施"江淮双创汇"

"创业江淮"行动计划，建立一批低成本、便利化、开放式众创空间，实现创业与创新相结合、线上与线下相结合、孵化与投资相结合。建设集创新政策、行政服务、创业辅导、交流培训、孵化培育、创业融资、知识产权质押、上市辅导等为一体的综合服务平台，实现创业创新政策和服务全覆盖。大力推进双创示范基地建设，积极发展众创、众包、众扶、众筹等支撑平台。

第五节 保障措施

一、加强统筹协调

充分发挥省战略性新兴产业发展集聚发展基地建设工作领导小组作用，加强顶层设计，加大对资金、技术、人力、土地等资源的统筹力度，及时研究解决工作推进中存在的问题。各地、各有关部门要加强协调配合，整合要素资源，共同推动战略性新兴产业跨越发展。

二、创新工作机制

各市人民政府是推进战略性新兴产业发展的责任主体，要加强组织领导，建立相应的工作机制，确保重大项目建设、体制机制改革、科技成果转化等顺利实施。要树立全球眼光，加强与国内外研究机构合作，建立综合性、常态化的研判机制，把脉产业发展方向，提升产业谋划水平。

三、强化要素保障

充分发挥"三重一创"专项引导资金作用，重点投向重大项目建设、新产品研发和关键技术产业化、检验检测平台建设等。加快组建运营总规模600亿元的安徽产业发展基金，推进各市组建运营天使投资基金，加大对种子期、初创期科技型中小企业支持力度。加大高层次人才、高技能人才引进培养力度，省扶持高层次科技人才团队在皖创新创业、战略性新兴产业技术领军人才等各类人才激励政策优先向"三重一创"建设倾斜。

四、严格考核评估

建立任务落实情况督促检查机制和第三方评估机制，对重大新兴产业基地、重大新兴产业工程和重大新兴产业专项实行动态调整管理。加强考评结果运用，对考评结果优秀的给予滚动支持，对考评不合格的予以摘牌，并根据目标完成情况按比例收回省级支持资金。

第六章 安徽省中医药
健康服务发展规划

中医药作为我国独具特色的卫生资源、潜力巨大的经济资源、原创优势的科技资源以及优秀的文化资源和重要的生态资源，在经济社会发展中作用突出、地位特殊。安徽是中医药资源大省，素有"北华佗、南新安"之称，具有丰富的中医药历史、文化、生态和自然资源，发展基础坚实。根据《国务院办公厅关于印发中医药健康服务发展规划（2015—2020 年）的通知》（国办发〔2015〕32 号）要求，为加快推动我省中医药健康服务发展，制定本规划。

第一节 总体要求

一、指导思想

深入贯彻党的十八大和十八届三中、四中全会和习近平总书记系列重要讲话精神，在切实保障人民群众基本医疗卫生服务需求的基础上，加强政策引导，创新体制机制，挖掘市场潜力，鼓励多元投资，彰显特色优势，拉动服务需求，加快构建全省中医药健康服务体系，不断提升中医药对我省经济社会发展的贡献率。

二、发展目标

到 2020 年，基本建立覆盖全生命周期，以中医药养生保健、基本医疗、健康养老、慢性病管理、健康旅游、居家健康服务等为主要业态，内涵丰富、结构合理、分工明确的中医药健康服务体系，中医药健康服务成为我省健康服务业的优势领域、推动经济转型发展的重要力量。中医药健康服务提供能力大幅提升，技术手段不断创新，相关技术和产品研发、制造、流通与消费规模不断壮大，中药材种植业绿色发展和相关制造产业转型升级明显加快，重点打造 1 个集中医药医疗、保健、教育、科研、产业、文化"六位一体"共同发展的国家级中医药健康服务中心，有 3～5 个中医药健康服务产业集团或联盟成为全国性的中医药健康服务知名品牌，中医药健康服务业总规模力争达到千亿元，占生产总值和健康服务业比重超过全国平均水平。

第二节　重点任务

一、中医养生保健

大力支持中医养生保健机构发展。支持社会力量兴办各类中医养生保健机构，支持中医养生保健机构聘请有资质的中医师提供咨询和调理服务，鼓励中医医疗机构为养生保健机构提供规范技术支持，推动中医养生保健机构连锁发展、做大做强。大力开发满足多层次需求的中医药健康养生服务产品。依托当地中医药资源和自然生态资源，建设一批各具特色的中医养生保健基地。

拓展中医养生保健服务范围。发挥中医药行业学会作用，制定中医养生保健服务技术规范和标准，推进各类中医养生保健机构按照规范和标准提供服务。推广太极拳、五禽戏、易筋经、八段锦等中医传统运动，开展群众性中医养生保健活动，引导人民群众自觉培养健康生活习惯和精神追求。大力发展药膳产业，开发药食同用产品，倡导合理饮食调养。积极运用云计算、互联网＋、物联网等信息技术开发智能化中医健康服务产品，为居民提供融中医健康监测、咨询评估、养生调理、跟踪管理于一体，高水平、个性化、便捷化的中医养生保健服务。

打造中医药健康管理新模式。将中医药优势与健康管理结合，以慢性病管理为重点，以治未病为核心，探索融健康文化、健康管理、健康保险为一体的中医健康保障模式。鼓励商业保险机构开发中医药养生保健、治未病保险以及各类医疗保险、疾病保险、护理保险和失能收入损失保险等商业健康保险产品，通过中医健康风险评估、风险干预等方式，提供与商业健康保险产品相结合的疾病预防、健康维护、慢性病管理等中医特色健康管理服务。不断拓展基本公共卫生中医药健康服务范围，满足人民群众健康服务需求。

专栏 1　中医养生保健服务建设项目

中医养生保健示范区建设项目

　　通过养生保健示范区、养生产业园区、中医养生一条街等形式，整合区域内医疗机构、中医养生保健机构、生态旅游服务机构、养生保健产品生产和经营企业等资源，提供研发、生产、销售、服务等全方位一条龙的中医养生保健服务，促进中医养生保健产业规模化。

中医治未病服务能力建设项目

　　在二级以上中医医院设立治未病中心，综合医院、妇幼保健院设立治未病科，将中医体质辨识纳入医院体检项目。指导专业体检机构开展中医健康体检，提供规范的中医健康干预服务

二、中医医疗服务

　　加强中医药服务体系建设。建立并完善以基层中医药服务为重点、公立中医医院为主导、非公立中医医疗机构共同发展的中医医疗服务体系。大力支持社会力量举办非营利性中医医院。鼓励开办传统中医门诊部、诊所（含坐堂医诊所），放开规划限制。规范和推进中医师多点执业，鼓励具备资质的执业中医师到非公立中医机构和基层医疗卫生机构执业。

　　创新中医医院模式。开展集团化和托管试点，加强医疗联合体和中医专科联盟建设，鼓励县级中医医院组建县域医共体，实施县乡村中医药服务一体化管理，提供中医药基本医疗和健康服务，拓宽公立中医医院服务领域。选择优势突出、疗效显著、社会公认的中医专科（专病），与其他医疗机构合作组建专科联盟，跨区域进行品牌复制。

　　实施中医馆（国医堂）进社区工程。在社区卫生服务中心和乡镇卫生院建设集中医医疗、预防、保健、康复为一体的中医馆，成为传授中医药养生保健知识、传播中医药传统文化的阵地。鼓励社会力量参与中医馆建设。

专栏 2　中医医疗服务建设项目

中医专科诊疗中心建设项目

　　在我省现有中医（中西医结合）医院布局基础上，提升服务水平和质量，积极争创国家级中医专科诊疗中心，打造省级和区域型中医专科诊疗中心；以重点专科或优势病种为基础组建 5—7 个专科联盟，进行品牌复制推广。

中医馆建设项目

　　实施中医馆进社区工程。依托现有社区卫生服务中心，在全省建设 400 个中医馆，基本实现社区全覆盖，提供规范化中医药服务。

国家中医药健康服务中心建设项目

　　建设 1 个集中医药医疗、保健、教育、科研、产业、文化"六位一体"共同发展的国家中医药健康服务中心

三、中医特色康复

加强中医康复机构建设。鼓励社会资本举办各类中医康复机构，鼓励医疗资源丰富的地区改建中医特色康复医院，开展中医特色康复服务。支持公立中医医院发挥中医药特色，拓展服务领域，开展慢性病管理、残疾人康复、工伤康复等服务。支持社区卫生服务机构与中医医院合作开展中医康复技术服务，推动中医医院与境外机构开展中西医结合康复技术合作。

专栏3　中医特色康复建设项目

中医医院康复科建设项目

三级中医医院建设康复中心，二级中医医院和有条件的综合医院、专科医院、妇幼保健院建设康复科；支持大型中医医院与国外康复机构，开展中西医结合康复技术合作。

社区、养老机构康复中心建设项目

中医医院与社区、养老机构合作开展康复中心建设，开展中医特色康复服务

四、中医药健康养老

发展中医药特色养老机构。鼓励新建以中医药健康养老为主的护理院、疗养院。鼓励有条件的养老机构设置以老年病、慢性病防治为主的中医诊室，符合条件的按规定享受相应补贴。支持中医医院与老年护理院、康复疗养机构等开展合作。鼓励各级各类中医医院领办或与其他机构合作开办具有中医药特色的医养结合机构，中医医院开办的具有独立法人资格的养老机构，享受规定的扶持优惠政策。

促进中医药与养老服务结合。鼓励二级甲等以上中医医院在养老机构设立老年病区，为养老机构老年病人提供基本医疗服务。二级以上中医医院开设老年病科，为老年人就医提供优先优惠服务。支持养老机构开展融合中医特色健康管理的老年人养生保健、医疗、康复、护理服务。支持中医医疗机构兴办和运营社区居家养老服务项目，建立医疗契约服务关系，开展上门诊视、健康查体、慢性病管理、保健咨询等服务。对承接城乡"三无"人员、孤老优抚对象、低收入老年人、失独老年人养老服务的机构，按规定给予政府购买服务补助。支持中医医疗机构参与医养融合发展示范区（机构）建设。

促进中医药与养老产业相结合。将中医药健康养老产业纳入养老服务产业发展规划，引导中医药相关企业开发针对老年人的中医诊疗设备、健身产品、中药、保健食品等产品，着力打造一批融中医医疗养生、健身休闲、文

化旅游为一体的特色鲜明、辐射面广、带动力强的养老基地，满足老年人多层次多元化的健康需求。

专栏 4　中医药健康养老服务试点项目

中医医养结合试点项目

选择有条件的中医医院开展医养结合试点，并在政策、资金等方面给予支持，探索中医药健康养老的模式和运行机制

五、中医药文化和健康旅游

发展中医药文化产业。发掘安徽中医药文化资源，建设以新安医学、华佗医学、针灸医学为特色的中医药文化宣传教育基地。积极创造条件，建设安徽省中医药博物馆。加强中医药文物、古迹保护，做好中医药非物质文化遗产保护传承工作。选择有条件的地方，开展中医药文化一条街建设。创作并宣传科学准确、通俗易懂、贴近生活的中医药文化科普创意产品和文化精品，充分利用数字出版、移动多媒体、动漫等载体宣传中医药文化。广泛开展健康教育，将中医药知识纳入基础教育相关学科教学内容。中医药机构要定期开展社会开放日活动，让群众参与体质辨识、针灸推拿、中药识别等体验活动。

发展中医药健康旅游。充分利用我省生态旅游资源和中医药文化资源优势，推动中医药产业与旅游产业、农林产业融合发展，开发中医药特色旅游线路，促进生态旅游向休闲疗养旅游转型。打造一批中医药特色旅游小镇，建设若干个药用植物园，形成一批与中药科技农业、名贵中药材种植、田园风情生态休闲旅游结合的养生体验和观赏基地。大力开发中医药特色旅游商品，打造具有中医药特色的健康旅游服务品牌。

专栏 5　中医药文化和健康旅游建设项目

中医药养生旅游基地建设项目

在皖南建设中医养生康复旅游基地和中医情志养生旅游基地，在大别山区建设生态养生旅游基地，在皖中建设中医慢性病温泉康复旅游基地，在皖东南建设中医美容休闲养生旅游基地，在皖北建设中药养生旅游基地。

中医药文化宣传教育基地建设项目

在皖南、皖中和皖北各建设一个中医药文化宣传教育基地

六、中药产业发展

开发利用中药资源。整合国家级、省级农业综合开发项目、林下经济扶

持项目等专项资金，加大对中药材基地建设投入，积极开发利用中药资源，实现中药资源可持续发展。推动大宗优质中药材品种集聚发展，形成若干个各具特色的大宗中药材种植基地，支持中药材种植大户、合作社、家庭农场发展，推行"企业＋基地＋农户""企业＋基地＋合作社＋农户"等运行模式，加强道地药材、大宗药材、名贵特色药材和重点中成药品种所需中药材的规范化、规模化、产业化基地建设，实现中药材从分散生产向组织化生产转变。重视野生动植物中药种质资源库和人工种植（养殖）基地建设，在全省重点建设若干个中药材优良品种培育基地和种子种苗繁育基地。结合自然保护区和野生动植物自然保护小区建设，对野生动植物资源进行抢救性保护。把中药材作为"一村一品"的重要内容，推动省级中药材专业村镇建设，做好中药材土地流转、标准化生产基地建设、无公害产品及绿色和有机产品认证、质量安全追溯等工作，促进中药材基地建设，打造中药材区域经济。

加快发展现代中药产业。整合全省中药资源和中药研发、生产优势，规划建设2—3个现代中药工业园。加快中药工业企业结构调整，支持中药骨干企业进行技术改造，鼓励和支持中药企业开发中药新品种及传统验方，引导中小型中药企业通过兼并、重组、联合和产权制度改革等多种形式做大做强。鼓励和支持中医机构根据传统名方和名老中医的经验方按照国家有关规定自制中药膏、丹、丸、散等普通制剂，鼓励和支持将特色中药制剂开发成中药新药。加快传统中药商业升级改造，支持中药商业企业拓宽经营渠道，创新经营模式，形成配套齐全、管理先进、与国际接轨的现代物流体系。支持我省中药连锁经营企业发展，形成规模大、覆盖广、服务优的中药销售网络。

专栏6 中药产业发展项目

道地药材综合开发与利用项目

建设以亳州为中心的皖北大宗中药材种植基地，以六安为中心的大别山绿色有机中药材种植基地，以黄山、宣城为中心的皖南山区特色中药材产业基地。

中药资源监测、检测及平台信息化建设项目

建设省级中药资源动态监测中心，建设3～5个中药资源动态监测站；建设第三方中药材质量检测认证中心和中药资源监测信息平台，提供中药质量检测认证服务、中药资源和中药材市场动态监测信息

七、国际交流和服务贸易

推动中医药健康服务走出去。以"一带一路"沿线国家为切入点，借助孔子学院、海外中国文化中心等平台，挖掘扶持一批中医药医疗保健、教育培训、科技研发等重点项目和中医药服务贸易骨干企业（机构），开展中医药

服务对外交流与合作，扩大我省中医药服务贸易发展。鼓励有条件的中医药企业开展对外投资和跨国经营，建立境外营销网络。推动我省高校走出去申办中医孔子学院或在已有孔子学院基础上开设中医学堂，支持我省中医药大学和中医医院与国际著名的医学院校建立教育合作关系，赴境外开办中医药服务机构。广泛吸引海外留学生来皖接受学历教育、非学历教育、短期培训、临床实习及暑期修学旅游等。鼓励有条件的中医医院成立国际医疗部或外宾服务部，与境内外旅行社等机构合作开展预约服务等多样化服务模式，在境内为境外消费者提供高端中医医疗保健服务。支持在皖南国际旅游文化示范区和省内中医药保健文化氛围浓厚的地区建设以"康复理疗、养生保健、药膳食疗"为核心的国际养生保健旅游基地，推动涉外中医药养生保健服务发展。

开展涉外中医药信息服务。依托行业商协会等中介组织，建设中医药服务网站等中外文信息服务平台，实现信息互通、资源共享。争取驻外经济商务机构支持，收集整理国外中医药服务和传统医疗业的市场需求、市场准入、政策法规、人员交流等方面信息，为企业提供相关信息咨询服务。组织中医药机构参加境内外中医药服务贸易展会、项目推介会，帮助中医药机构线上线下开拓国际市场。

发展中药国际贸易。鼓励拥有自主知识产权药物的中药企业在国外同步开展临床研究，扩大中医药老字号和知名品牌企业开展国际合作生产，逐步培育一批具有较强国际市场开拓能力的中医药服务贸易骨干企业。

专栏7　中医药国际交流和服务贸易项目
中药服务贸易示范区建设项目
选择有条件的中药企业发展中药国际贸易，形成一定的规模和水平，打造中药服务贸易示范区。
涉外中医药医疗保健服务项目
选择有条件的中医机构在我省国际旅游目的地开展涉外中医医疗保健服务

八、相关支撑产业发展

开发中医药健康服务产品。支持高等院校和科研机构与企业合作研发中医仿真技术、智能化康复等相关健康产品，研制健康检测、监测产品以及自我保健、功能康复等器械产品。加强产品检验，保证产品质量。

大力发展第三方服务。开展第三方质量和安全检验、检测、认证、评估等服务，培育和发展第三方医疗服务认证、医疗管理服务认证等服务评价模式，建立和完善中医药检验检测体系。开展传统医药知识调查和保护工作，建立传统医药知识评价认证工作机制。完善中药材质量认证体系，建立第三方中药材质量控制中心和流通溯源系统，实现中药种植养殖、流通、饮片生产、消费使用等环节全程贯通追溯，做到"来源可知、去向可追、质量可查、责任可究"。

专栏 8　中医药健康服务相关支撑产业项目

传统知识产权保护与成果转化推广项目

开展民间医药及技术的筛选、验证和推广应用。对特色中药制剂、名老中医验方进行深度开发，研制生产中药新药和保健食品。

中医药健康产品及食品协同创新研发项目

研发适宜于高血压、糖尿病等慢性疾病的健康食品、饮品及保健设施设备。

第三方平台建设项目

扶持发展中医药健康服务第三方检验、检测、认证、评估及相应的咨询服务机构，开展质量检测、服务认证、健康市场调查和咨询服务

第三节　保障措施

一、加强组织领导和规划引领

各地、各有关部门要高度重视中医药健康服务，加强组织领导，认真落实规划确定的各项重点任务，促进中医药健康服务发展。要将中医药健康服务纳入"十三五"经济社会发展规划，深入谋划，统筹实施，维护人民群众健康权益。各地要依据本规划，结合实际，制定本地区中医药健康服务发展的实施方案。发展改革、卫生计生等部门要根据本规划制定分阶段行动计划。

二、强化政策保障

完善补偿机制。各级政府要加大对中医药健康服务发展的投入，采取多种方式，扶持中医药健康服务重点项目。通过公办民营、民办公助等方式，支持社会资本举办中医药健康服务机构。大力支持社会资本举办中医医疗机构，落实社会办医各项优惠政策，落实政府对公立中医医疗机构的运行补偿政策，加大对公立中医医疗机构的基本建设等投入。规范中医养生保健（服务包）收费，探索建立中医治未病收费标准，完善中医价格形成机制，将符合条件的医疗机构中药制剂及针灸、治疗性推拿等中医非药物疗法技术纳入基本医保。

加强用地保障。各地要将中医药健康服务发展用地纳入土地利用总体规划和年度用地计划，优先保障非营利性中医药健康服务机构用地。支持利用以划拨方式取得的存量房产和原有土地兴办中医药健康服务机构，对连续经营1年以上、符合划拨用地目录的中医药健康服务项目，可根据划拨土地的规定办理用地手续；对不符合划拨用地条件的，可采取协议出让方式办理用地手续。

加大金融支持。坚持政府引导，安徽产业发展基金要把中医药健康服务项目作为重要投向。积极支持符合条件的中医药健康服务企业上市融资和发行债券。扶持发展中医药健康服务创业投资企业，规范发展股权投资企业。支持社会资本举办的中医医疗机构通过有偿方式取得的土地、投资形成的房产、设备等固定资产用于贷款抵押。

三、放宽市场准入

对于社会资本举办仅提供传统中医药服务的传统中医诊所、门诊部，医疗机构设置规划、区域卫生发展规划不作布局限制。允许取得乡村医生执业证书的中医药一技之长人员，在乡镇和村开办只提供经核准的传统中医诊疗服务的传统中医诊所。

（四）加强人才培养

完善职业技能鉴定体系，推动行业协会等承接中医药健康服务水平评价类职业资格认定工作。鼓励支持有条件的本科高校、职业院校增设中医药健康服务相关专业，在相关专业增设中医药健康服务课程。深化产教融合、校企合作，加强实训实习基地建设，大力开展"工学一体"就学就业工作，搭建人才培养平台。鼓励行业协会与相关院校和培养机构联合培养、培训中医药健康服务专门人才。推进职业教育学历证书和职业资格证书"双证书"制度，在符合条件的中医药院校设立职业技能鉴定站（所）。采取用人单位委托培养、与培训基地合作、政府适当补助等方式，加快推进中医住院（全科）医师规范化培训。

五、加强行业监管

建立中医药健康服务行业组织，通过行政授权、购买服务等方式，将适宜行业组织行使的职责委托或转移给行业组织，强化服务监管。发挥行业组织在行业咨询、标准制定、行业自律、人才培养和第三方评价等方面的重要作用。规范服务行为，对暂不能实行标准化的领域，制定并落实服务承诺、公约、规范。建立健全中医药健康服务监管机制，推行属地化管理。建立不良执业记录制度、失信惩戒以及强制退出机制，将中医药健康服务机构及其从业人员诚信经营和执业情况纳入省公共信用信息共享服务平台，引导行业自律。在中医药健康服务领域引入认证制度，推进中医药健康服务标准应用。

六、营造良好发展氛围

加强舆论引导，营造全社会尊重和保护中医药传统知识、重视和促进健康的社会风气。支持广播、电视、报刊、网络等媒体开办专门的节目栏目和版面，开展中医药文化宣传和知识普及活动。弘扬大医精诚理念，加强职业道德建设，不断提升从业人员的职业素质。开展中医药养生保健知识宣传，坚持科学精神，任何组织、个人不得对中医药作虚假、夸大宣传，不得以中医药名义谋取不正当利益。依法严厉打击非法行医和虚假宣传中药、保健食品、医疗机构等违法违规行为。

第七章　安徽省林业发展
"十三五"规划

　　林业是实现经济社会可持续发展的根基，发展林业是全面建成小康社会的一项重大任务。按国家林业局和省政府的统一部署，依据全国林业发展"十三五"规划以及全省国民经济和社会发展第十三个五年规划纲要，制定安徽省林业发展"十三五"规划，为"十三五"林业改革发展提供行动指南。

第一节　林业改革发展迈入新阶段

一、"十二五"主要成就

　　"十二五"期间，在省委、省政府的坚强领导下，在国家林业局的有力支持和指导下，全省林业系统紧紧围绕生态强省发展战略，全力执行省政府做出的实施千万亩森林增长工程推进生态强省建设的决定，突出抓好"四大区域生态屏障、八大主导产业、一批重点生态文化基地"建设，圆满完成"十二五"规划确定的林业发展目标任务，加速向生态强省、林业产业大省和生态文明先进省迈进。

　　造林绿化取得显著成效。"十二五"期间，通过实施千万亩森林增长工程，实现造林、森林增长和城乡绿化新突破。一是造林绿化再创佳绩。全省共完成人工造林 949.21 万亩、封山育林 377.4 万亩。二是全省森林资源总量快速增加。全省森林面积达到 6010 万亩，比"十一五"末增加 304 万亩；森林覆盖率 29%，林木绿化率 33.45%，比"十一五"末分别提高 1.47 和 1.76 个百分点；林木总蓄积量 2.61 亿立方米，森林蓄积量 2.22 亿立方米，5 年间分别增加 0.44 亿立方米和 0.41 亿立方米；乔木林单位面积蓄积量亩均增加 0.66 立方米，达到每亩 4.79 立方米。三是城乡绿化水平整体提升。池州、合肥、安庆、宣城和黄山 5 个市相继成为国家森林城市，33 个县（市）成功创建省级森林城市，367 个乡镇和 2628 个行政村达到省级森林城镇和森林村庄标准;全省城市绿化覆盖率达到 45%,村镇绿化覆盖率达到 60%,农田林网控制率达到 85%;建成森林长廊示范路段 5545 千米。

林业资源得到有效保护。一是全省森林防扑火能力不断加强,森林火灾受害率控制在 0.5‰ 以下,未发生重大森林火灾和重大人员伤亡事故。二是林业有害生物防控水平得到提高,全省林业有害生物成灾率控制在 6‰ 以内,防治松材线虫病和美国白蛾等重大林业有害生物取得积极成效。三是自然保护区建设不断加强。新晋升 1 个国家级自然保护区,新建 4 个省级自然保护区。全省已建有国家级自然保护区 8 个、省级自然保护区 26 个,保护区面积占全省土地总面积的 2.97%。四是湿地保护面积得到快速扩大。全省湿地面积达到 1563 万亩,自然湿地保护率达到 44.46%,湿地生态质量下降趋势得到遏制;新建国家湿地公园 11 个、省级湿地公园 11 个,全省湿地公园总数达到 37 个。升金湖国家级自然保护区经《湿地公约》秘书长正式签署确定为国际重要湿地,成为我省首个荣获国际级称号的自然保护区。五是森林公园建设步伐加快。新建国家级森林公园 2 个、省级森林公园 20 个,全省森林公园总数达到 74 个。新建国家林木(花卉)专类公园 1 处。

林业产业迅速发展壮大。坚持生态产业化和产业生态化,全省林业产业加快转型升级,新兴林业产业不断培育发展,已基本形成木材生产及林产工业、竹产业、木本粮油、特色经济林、苗木花卉、森林旅游、野生动植物驯养繁育利用、林下经济等八大林业主导产业,产业规模和质量效益持续快速提升。2015 年,全省实现林业产业产值 2832 亿元,跻身全国前九。"十二五"期间林业产业产值年均增长 31.69%,增幅高于全国平均水平;全省林农收入较大幅度提高,山区林农林业综合收入年均增长 10% 以上,林业扶贫攻坚取得显著成效。

林业改革不断深化。一是开展集体林权制度配套改革,全省农村集体林地和森林、林木确权登记发证工作全面完成,共核发林权证 234 万本,确权登记面积 5291 万亩;林权流转、林权抵押贷款、森林保险等有序推进,林业产业化龙头企业、家庭林场、农民林业专业合作社等新型林业经营主体蓬勃发展。二是国有林场改革全面启动,省委、省政府出台《国有林场改革实施方案》,把创新国有林场体制机制等摆上全面推进深化改革的重要议程。三是针对公益林的森林生态效益补偿制度逐步完善,补偿标准已由每亩每年 5 元提高到 15 元;升金湖国家级自然保护区被国家纳入湿地生态补偿试点范围。四是我省在全国较早提出和公布四条林业生态红线指标。全省林地红线:林地面积不低于 6645 万亩;森林红线:森林面积不低于 6225 万亩,森林蓄积量不低于 2 亿立方米;湿地红线:湿地面积不少于 1560 万亩;物种红线:确保各级各类自然保护区严禁开发,确保濒危野生动植物种类不再增加,濒危野生动植物物种全部得到保护。

法治林业建设加速推进。一是省政府令第 234 号公布的《安徽省陆生野生动物造成人身伤害和财产损失补偿办法》，自 2011 年 7 月 1 日起施行。二是省人大常委会于 2011 年 8 月 19 日通过的《安徽省林木种子条例》，自 2012 年 1 月 1 日起施行。三是省人大常委会于 2013 年 9 月 26 日通过的《安徽省林权管理条例》，自 2013 年 12 月 1 日起施行。四是省政府令第 246 号公布的新《安徽省森林防火办法》，自 2013 年 9 月 1 日起施行。五是省人大常委会于 2015 年 11 月 19 日通过的《安徽省湿地保护条例》，自 2016 年 1 月 1 日施行。

二、发展机遇

林业正处在新的战略机遇期和黄金发展期，安徽林业改革发展具备了很多有利条件和积极因素。

1. 全面建成小康社会提出林业发展新任务

良好生态环境是提高人民生活水平、改善人民生活质量、提升人民幸福感的基础和保障，是最公平的公共产品和最惠普的民生福祉，是全面建成小康社会的必然要求。广大人民群众由过去"求生存"到现在"求生态"，由过去"盼温饱"到现在"盼环保"，由过去"要硬化"到现在"要绿化"。这就要求，林业建设要把保护生态环境、增加人民福祉作为出发点和落脚点，充分发挥涵养水源、净化水质、保持水土、固碳释氧、吸霾滞尘、调节气候、美化环境、休闲游憩、健康养生等强大生态功能，努力为人民群众营造天蓝、地绿、水净的美好家园。我省全面建成小康社会的难点在皖北、皖西大别山区，重点是大别山片区，同时也是重点生态功能区，依靠传统产业脱贫难，林业具有进入门槛低、产业链条长、就业容量大、收益可持续的优势，脱贫增收潜力巨大。中共中央、国务院出台的《打赢脱贫攻坚战的决定》和省委、省政府出台的《坚决打赢脱贫攻坚战的决定》，明确提出，要大力加强生态建设，发展生态产业，实行生态补偿，对生态特别重要和特别脆弱的实行生态保护扶贫，实现林业精准扶贫、精准脱贫。

2. 加快推进生态文明建设赋予林业发展新使命

中共中央、国务院出台《加快推进生态文明建设的意见》和《生态文明体制改革总体方案》，进一步明确了森林覆盖率、湿地和生物多样性保护的目标任务。同时也明确了未来林业改革发展任务，要全面深化林业改革，深入实施重大生态修复工程，严格保护天然林、强化森林资源保护和培育，实行资源有偿使用制度和生态补偿制度，加强湿地保护与恢复，加快防沙治沙步伐，努力维护生物多样性，大力发展绿色富民产业，着力完善扶持政策体系，加强依法治林，全面提升科技支撑能力，积极弘扬生态文化。面对中央提出的十分艰巨的林业发展目标和建设任务，需要广大务林人付出艰苦的努力，充分体现林业在生态文明建设中举足轻重的地位和作用。中共中央、国务院出台的《国有林场改革方案》，明确了国有林场改革的目标和政策要求，为国有林场改革指明了方向。

3. 新常态明确林业发展新要求

十八大以来，党中央、国务院高度重视林业，习近平总书记对生态文明建设和林业改革发展做出了一系列重要指示，指出林业是事关经济社会可持续发展的根本性问题。十八届五中全会提出了创新、协调、绿色、开放、共享的发展理念，发展林业是践行五大发展理念、转变发展方式的重要体现，是构建生态安全屏障的重要支柱，是建设美丽中国的重要内容。在国民经济从高速增长进入中高速增长的新常态，既要稳增长，更要增容量、提质量、增效益，强化创新驱动，培育发展新动力，拓展发展新空间，构建发展新体制，加快推进供给侧结构性改革。

4. 建设绿色江淮新家园带来林业发展新机遇

国家发展战略层面上的安徽融入"一带一路"、长江经济带、中原经济区、长三角城市群、国家生态文明示范区、生态保护与建设示范区、农业可持续发展、大别山革命老区振兴发展、特殊困难地区（大别山片区）扶贫开发、皖江示范区、皖南国际文化旅游示范区和省政府出台的合肥都市圈、芜马铜经济圈、加快皖西大别山区和皖北地区又好又快发展等重大发展战略，都将安徽林业发展作为生态建设与保护的重中之重。省委、省政府做出的建设创新型生态强省、打造绿色江淮新家园的重大决策，必须进一步培育生态创新竞争力，坚持标本兼治，加快建设资源节约型、环境友好型社会，推动环境管理由管控污染物总量为主向改善环境质量为主转变，实现绿水青山和金山银山有机统一，走生产发展、生活富裕、生态良好的文明发展道路的发展战略，要求提升皖西大别山区、皖南山区、江淮丘陵区森林生态安全屏障功能，编织水系林网、农田林网、骨干道路林网生态安全体系作为保护和培育森林生态系统，这为安徽林业发展带来新机遇。

三、面临挑战

随着经济社会的绿色发展、快速发展和人们对更多优质生态产品需求日益增强，如何实现增加森林资源、拓展生态空间、提升森林质量、提高林地生产力、增加林业效益和林农收入，是未来一个时期亟待解决的问题，我省林业仍面临保持可持续发展的挑战。一是森林资源总量不足、质量不高、分布不均衡的现状仍未改变，南北、东西森林资源分布差异较大，林地生产力较低，林业内部结构不尽合理。二是林业生产用地和用工成本逐年增加，未来保持造林绿化增量提高难度加大。三是体制机制缺乏活力，体制不顺、机制不活，一定程度上制约了林业发展。四是基础设施落后和管理服务水平不高，难以满足日趋重要的林业资源保护需求。林区道路建设、林业机械化滞后，森林防火、野生动植物保护、有害生物防治等现代化装备较为落后，林业科技进步贡献率低于全国平均水平，基层组织基础设施、林业信息化建设薄弱。

第二节　指导思想和原则目标

一、指导思想

高举中国特色社会主义伟大旗帜，全面贯彻党的十八大和十八届三中、四中、五中全会精神，深入贯彻习近平总书记系列重要讲话，牢固树立创新、协调、绿色、开放、共享的发展理念，实施以生态建设为主、生态保护为先的林业发展战略，以增绿增效为主线，以深化改革为动力，着力提升林业生态服务功能，加快推进现代林业建设，实现绿水青山和金山银山有机统一，打造生态文明建设的安徽样板，为全面建成小康社会、建设创新型"三个强省"和绿色江淮美好家园做出新贡献。

二、基本原则

1. 坚持把改善生态作为林业发展的根本方向

坚持保护生态就是保护生产力，改善生态就是发展生产力，以生态修复为主，实施山水林田湖生态治理，加快安徽国土绿化进程，加强林业科学经营，全面提升自然生态系统稳定性和林业生态服务功能。坚持把生态保护作为林业发展的基本任务。全面保护天然林、湿地和典型森林生态系统、濒危及珍稀动植物及其栖息地，严禁违法侵占林地、湿地，加快珍稀濒危野生动植物抢救性保护。

2. 坚持把提升产业作为林业发展的强大活力

坚持绿水青山就是金山银山的理念，变"砍树"为"用树"、"看树"，大力发展特色林业和新兴产业，改造提升传统产业，增强林业发展活力，不断积累生态资本和绿色财富，有力促进绿色富民。

3. 坚持把改革创新作为林业发展的根本动力

健全国有林和集体林管理体制，充分调动全社会发展林业的积极性，发挥科技创新的引领作用，实现由要素驱动向创新驱动转变，推动大众创业、万众创新，不断释放改革红利、创新红利，积极推进林业供给侧结构性改革，全面提升林业生态、经济和社会效益。

4. 坚持把依法治林作为林业发展的可靠保障

加快林业科学立法、民主立法，加强林业执法和普法，形成完备的林业法规体系、高效的法治实施体系、严密的法治监督体系、有力的法治保障体系，保护产权、规范公权，完善林业治理体系，提高林业治理能力。

三、规划目标

到 2020 年，安徽林业发展的总体目标是：全面完成千万亩森林增长工程建设任务，实施林业增绿增效行动，优化空间布局，提升国土绿化水平，落实林业生态红线，严格保护森林、湿地和野生动植物资源，使生态承载力和生态服务功能得到提升，加快推进林业机械化，全面加强森林经营，大力发展高效林业产业，提高林地生产力和优质生态产品供给能力，有力促进贫困地区脱贫和农民林业收入稳步增长。

——到 2020 年，全省森林覆盖率达到 30% 以上，增长 1 个百分点以上；林木绿化率达到 35%，增长 1.55 个百分点；林地保有量 6645 万亩，湿地保有量 1560 万亩；森林面积达到 6225 万亩，增加 215 万亩；林木总蓄积量达到 3.1 亿立方米，增加 0.49 亿立方米；森林蓄积量达到 2.7 亿立方米，增加 0.48 亿立方米。城市绿化覆盖率达到 50%，村庄绿化覆盖率达到 65%，均增长 5 个百分点。

——到 2020 年，全省乔木林单位面积蓄积量达到每亩 6 立方米，增加 1.21 立方米；自然保护区面积占土地总面积的比例达到 3.5%，增长 0.53 个百分点；濒危动植物保护率达到 95%；森林火灾受害率控制在 0.5‰ 以下，林业有害生物受害率控制在 6‰ 以下；林木良种使用率达到 83%；林业科技进步贡献率达到 55%；木材综合利用率达到 90%。到 2020 年，全省森林植被储碳量达到 54200 万吨；林业产业产值突破 5000 亿元，年均增长 12%；山区农民林业综合收入年均增长 10% 以上。

第三节 区域布局

围绕安徽融入"一带一路"、长江经济带、中原经济区、长三角城市群、皖南国际文化旅游示范区、大别山革命老区振兴发展、大别山片区扶贫开发等国家重大发展战略，结合我省重点生态功能区位，合理规划森林、湿地等生态空间，进一步优化林业生态布局和林业产业布局。

一、林业生态布局

构建"一圈、三带、三区"的生态建设与保护格局。"一圈",即环巢湖生态修复圈;"三带",即沿江湿地群保护带、江淮分水岭森林生态保护带和沿淮湿地群保护带;"三区",即皖南林业生态保育区、皖西林业生态保育区和皖北平原林业生态优化提升区。

1. 环巢湖生态修复圈

范围包括:合肥市的包河区、瑶海区、巢湖市、肥东县、肥西县、庐江县,马鞍山市的和县和含山县部分,芜湖市的无为县部分。该区域因长期过度开发利用,居住人口增加,生态承载力逐年降低,亟待进行有效修复。巢湖生态修复,加快水环境综合治理是合肥大湖名城建设的一个先决条件,也是生态宜居城市建设的一个先决条件。环巢湖生态修复要以构建合肥中心城市生态屏障为核心,辐射巢湖流域。通过营建护堤、护岸防护林,建设巢湖生态防护林带;全面清理水网养殖,适度开展退耕还湿,有效恢复湿地,提高水环境质量。探索建立环巢湖国家湿地公园,实行湿地生态补偿,打造巢湖国际重要湿地,全面提升巢湖生态质量;大力开展森林抚育和低产低效林改造,促进森林结构改善、质量和生态功能提升。

2. 沿江湿地群保护带

范围包括:安庆市的宿松县、望江县、怀宁县、桐城市、迎江区、宜秀区、大观区,池州市的东至县、贵池区,铜陵市的铜官区、郊区、义安区、枞阳县,芜湖市的镜湖区、弋江区、鸠江区、三山区、芜湖县、南陵县、繁昌县、无为县,马鞍山市的花山区、雨山区、博望区、当涂县、含山县、和县。该区域是国家长江经济带黄金水道重要组成部分,形成我省重要湿地分布群。沿江湿地群保护,主要围绕沿江绿色生态廊道建设,加快实施长江防护林、林业血防等重点生态工程;因地制宜建设水源涵养林、水土保持林和护堤护岸林;加强自然保护区和湿地公园建设;实施天然林保护工程,适度开展退耕还林、退耕还湿,加强越冬水鸟栖息地保护,加强以松材线虫病、美国白蛾为主的重大林业有害生物防治,提升森林防火监测预警和扑火装备水平;大力开展森林抚育经营,改造退化防护林和低产低效血防林,有效改善林分结构,提高森林质量。

3. 江淮分水岭森林生态保护带

范围包括:合肥市的长丰县、肥东县、肥西县,淮南市的田家庵区、大通区、寿县,滁州市的南谯区、来安县、全椒县、定远县、凤阳县、明光市,六安市的金安区、裕安区。该区域是全省生态脆弱地区,受自然地理条件影响,旱涝灾害频繁。长期以来,省委、省政府高度重视江淮分水岭地区生态修复和环境治理，制定了"把树种上"等一系列生态环境治理措施，2015年4月出台的《江淮分水岭区域发展规划》，提出以岭脊地区林带建设为重点，着力提升乡村环境质量。该区域生态保护的重点是：围绕丘陵增绿，全面完成千万亩森林增长工程，有效增加森林面积；实施岭脊地区退耕还林工程，建设岭脊都市森林生态景观带，建设岭脊一体化生态廊道；加强重要水源地保护，加快农田林网建设，开展退耕还湿，有效保护和恢复湿地，提升湿地生态质量。加强森林防火和林业有害生物防治，提高自然保护区、森林公园基础设施水平；开展森林抚育和低产低效林改造，有效改善森林结构，提高森林质量；减少杨絮、柳絮危害。

4. 沿淮湿地群保护带

范围包括：阜阳市的阜南县、颍上县，六安市的霍邱县，淮南市的凤台县、寿县、毛集实验区，蚌埠市的怀远县、固镇县，滁州市的凤阳县、明光市。沿淮人工河流交错，区域是国家重要行蓄洪区，也是国家粮食主产区，自然生态地位特殊。长期以来，过度开采煤炭资源，人口日益增加，土地塌陷现象较为严重。通过建立省级自然保护区和湿地公园，湿地资源得到一定保护，但因围垦养殖泛滥，湿地流失现象严重，亟待进行有效修复。沿淮湿地群保护，主要围绕省委省政府做出的促进皖北地区又好又快发展的若干意见，重点保护好沿淮生态环境。加快实施长江防护林工程，因地制宜建设水源涵养林、水土保持林和护岸护堤防护林，建设沿淮防护林带；加强自然保护区及湿地公园建设；开展退耕还湿，加强越冬水鸟栖息地保护；大力开展森林抚育和低产低效林改造，有效改善林分结构，提高森林质量。

5. 皖南林业生态保育区

范围包括：池州市的九华山区、青阳县、石台县，宣城市的宣州区、旌德县、郎溪县、泾县、广德县、宁国市、绩溪县，黄山市的屯溪区、徽州区、黄山区、歙县、休宁县、黟县、祁门县。该区域是皖南国际文化旅游示范区核心区，重点是加强新安江和青弋江流域生态修复与保护，实施国家湿地公园保护与恢复项目，加强自然保护区基础设施建设，提升自然保护区管理和珍稀濒危物种保护能力；加强森林公园建设，提升森林公园基础设施能力水平。加强黄山、九华山等森林重点火险区森林防火，开展区域内松材线虫等重大林业有害生物防治，强化生物多样性保护和陆生野生动物疫源疫病防控。加强古树名木保护，启动实施新一轮退耕还林和天然林保护工程，创建大黄山国家公园，积极推进黄山国家生态文明示范区建设。加强国家木材储备林基地建设，大力开展森林抚育和低产低效林改造，优化林分结构，提高森林质量效益。

6. 皖西林业生态保育区

范围包括：六安市的金安区、裕安区、叶集区、舒城县、霍山县、金寨县，安庆市的潜山县、岳西县、太湖县。该区域是大别山革命老区，也是国家重点生态功能区。该区生态保育的重点是：以增加森林资源和提升森林质量为根本，突出林业生态保护和建设的保障性作用，努力构建森林生态安全体系。大力培育森林资源，深入推进石质山造林、大别山水源涵养林建设工程。加强森林重点火险区综合治理，提升森林防火综合能力。加大松材线虫病、美国白蛾等重大林业有害生物防控治理力度，改善自然保护区基础设施条件，采取退田还湖、退耕还湿、栖息地改造等措施，构建江、河、库、塘、沼泽一体化的湿地生态系统，增强区域湿地调节能力，建立更加稳定和更富生物多样性的湿地生态系统。加强对大别山五针松、霍山石斛、银缕梅等野生植物极小种群保护，建立极小种群野生植物种质资源保护示范区，加大保护力度，维护生境平衡。加强古树名木保护，启动实施新一轮退耕还林和天然林保护工程，积极推进皖西大别山国家生态文明示范区建设。加强国家木材储备林基地建设，大力开展森林抚育和低产低效林改造，有效改善林分结构，提高森林质量效益。

7. 皖北平原生态优化提升区

范围包括：淮北市的杜集区、烈山区、相山区、濉溪县，亳州市的谯城区、涡阳县、蒙城县、利辛县，宿州市的埇桥区、砀山县、萧县、灵璧县、泗县，蚌埠市的龙子湖区、蚌山区、禹会区、淮上区、怀远县、五河县、固镇县，阜阳市的颍州区、颍泉区、颍东区、太和县、界首市、阜南县、颍上县、临泉县，淮南市的田家庵区、大通区、谢家集区、八公山区、潘集区、毛集实验区、凤台县、寿县，六安市的霍邱县。该区域是安徽粮食主产区，也是平原绿化重点区域。多年来，通过大力发展农田防护林，已建成的农田林网有效改善了农业生态环境，有力促进了粮食产量的稳步提高。因缺乏有效投入，加之木材加工行业的日益壮大，以杨树为主的板材加工原料需求与农田防护林体系建设矛盾日益突出，农田防护林功能日益退化，亟待进行有效修复。该区域建设的重点是：通过抚育、改造等手段，有效修复和提升现有农田防护林体系，同时，加大农田防护林和村片林建设力度，加强退化防护林修复，逐步恢复和优化农田林网，积极跟进引江济淮工程，加快推进引江济淮生态廊道建设。优化树种结构，减少杨絮、柳絮危害。

二、林业产业布局

打造"一群、一区、两带"的林业产业发展优化格局。"一群"，即皖北用材林生产及木材精加工集群；"一区"，即沿江江淮木本油料及花卉苗木基地建设提升区；"两带"，即皖西大别山森林旅游及特色经济林发展带、皖南山区森林旅游及特色林产品高效发展带。

皖北用材林生产及木材精加工集群。范围包括：皖北地区的宿州市、阜阳市，滁州市和六安市的部分县（市、区）。该区域以杨树为主的用材林及工业原料林基地已形成规模，人造板年产量约占全省总产量的70%以上，在全省及周边地区影响较大，已建成全国四大人造板生产基地，基本形成华东地区人造板集群。该区域的发展重点是：大力发展科技含量高、无污染、无公害的木材制品，稳定人造板产量，提升人造板精加工能力水平。同时，平衡发展以杨树为主的用材林基地，注重推广无絮杨树优良品种，有效降低森林病虫害及杨絮危害。加快实施林业精准扶贫、精准脱贫，积极引导贫困地区发展用材林。

1. 沿江江淮木本油料及花卉苗木基地建设提升区

范围包括：合肥、滁州、六安、马鞍山、芜湖、铜陵、池州和安庆市的部分县（市、区）。该区域是全省木本油料发展重点地区，包括油茶、山核桃等木本油料基地已基本形成规模，但与未来木本食用油发展需求相比，尚存亩均产量低、科技含量不高、加工能力不强等问题。发展的重点是：适量发展油茶，打造精品高产油茶基地，提高油茶加工能力，满足市场需求；大力发展薄壳山核桃，加快形成基地规模化布局。同时，该区域以合肥、芜湖苗木花卉市场为主的花卉苗木基地已基本形成，在华东地区乃至全国已具一定影响力。发展的重点是：培育科技含量高、市场前景广阔、季节特色明显的特色花卉苗木，积极融入地方生态旅游体系；大力发展花卉苗木交易市场，提升合肥苗木交易会、芜湖清水苗木交易市场竞争力。按精准扶贫和大别山片区脱贫实施方案，大力支持贫困地区发展木本油料和苗木花卉产业，全面提高林农收入。

2. 皖西大别山森林旅游及特色经济林发展带

范围包括：六安市、安庆市。该区域是大别山革命老区，以森林公园、湿地公园、自然保护区、森林旅游人家、特色花卉苗木基地为主开展的森林旅游产业特色明显，有力促进了大别山旅游业的发展。同时，该区域也是特色经济林发展重点地区，区域内板栗、竹子、杞柳在全省形成一定规模。按国家出台的大别山革命老区振兴发展规划和省委、省政府贯彻落实大别山振兴发展规划实施方案的要求，重点是大力发展森林旅游业和特色经济林，有力促进林农增收。区域森林旅游发展的重点是：打造森林旅游精品、大力发展旅游产品，提升森林公园、湿地公园、自然保护区基础设施能力水平，扶持一批森林旅游人家，充分发挥森林旅游人家的地方特色，加快森林健康疗养业发展，有力促进林农增收致富。特色经济林发展的重点是：改造低产低效的板

栗园，结合林下养殖、林下种植以短养长，提高板栗储存加工能力；大

力发展杞柳制品加工基地，形成规模化、市场化发展格局，扶持一批林业产业化龙头企业；大力发展笋用林、纸浆竹林、用材竹林、笋材两用林和生态公益竹林，加快实施竹业增效工程，有效增加竹林面积。按中央和省委、省政府打赢脱贫攻坚战有关精神，在该地区全面开展林业精准扶贫、精准脱贫，大力培育特色林业产业，并开展贫困地区生态综合补偿试点。

3. 皖南山区森林旅游及特色林产品高效发展带

范围包括：宣城市、池州市、黄山市。该区域是皖南国际文化旅游示范区核心区域，森林旅游资源和特色林产品十分丰富，在全国乃至世界影响深远。按国家出台的皖南国际旅游文化示范区规划，区域森林旅游发展的重点是：大力发展森林旅游业和特色林产品，有力促进林农增收。弘扬徽文化，打造森林旅游国际品牌，大力发展地方特色旅游产品，提升森林公园、湿地公园、自然保护区基础设施能力水平，扶持一批森林旅游人家。特色林产品发展的重点是：大力发展香榧产业，建设一批香榧高效示范园；改造低产低效的山核桃园区，提高单位面积产量，打造国际知名品牌；弘扬竹文化，大力发展笋用林、用材竹林和笋材两用林，加快推进竹业增效致富，提高林农收入；适量发展徽派盆景、竹雕、木雕，大力推广徽州传统工艺文化。探索开展林业碳汇交易试点，构建碳汇交易平台。

第四节　重点任务

一、全面提升国土绿化水平

到 2016 年，全面完成省政府确定的千万亩森林增长工程建设任务；到 2020 年，完成造林面积 500 万亩，其中：人工造林 300 万亩、封山育林 200 万亩。一是积极拓展造林空间，加大长江防护林、新一轮退耕还林、林业血防等国家重点生态工程建设力度，推进全省森林面积稳增长。二是以设区市、县、乡镇的建成区和规划区为重点，大力建设城市成片林、城郊森林公园和各类公共绿地，加强城乡接合部、城镇出入口通道森林长廊、森林景观建设，大力开展森林城市、森林城镇创建工作。三是结合美丽乡村建设，以各中心村为重点，引导农民在房前屋后、农村道路两旁开展植树，增加绿化覆盖面积，创建森林村庄。四是以铁路、高速公路和国道、省道沿线，以及江河沿线和湖泊、水库周边为重点，创建森林长廊示范段。积极跟进引江济淮工程，加强引江济淮工程生态长廊建设，有力保护工程区生态环境。五是加快实施城镇园林绿化和"三线三边"绿化提升行动，提升城市林业发展水平，大力开展城区周边石质山绿化攻坚行动，有效增加城市绿量，提升城市绿化美化水平。

二、全面提升林业质量效益

按因地制宜、分类施策、造育结合、量质并重的原则，全面推进森林经营工作，提升森林质量，促进林业提质增效和林农增收致富。一是加强天然林保育。科学开展天然林经营，保育结合，促进天然更新，优化林分树种结构，大力培育天然复层异龄林。对稀疏的天然林实行封育和补植补造，对重要水源地、景观区的中幼龄林，接近自然的理念进行培育改造，提高天然林质量。二是加强公益林保育。推进人工公益林近自然经营，优先选择乡土树种，加强新品种适应驯化，大力营造混交林，综合采用"封、改、补、抚"等措施，根据林分生长状况和自然分化情况科学实施抚育经营，适时调整林分密度，促进林分生长。三是加快培育商品林。大力推进人工商品林集约经营，提高森林经营强度，积极改造低产低效林，提高森林质量和林地产出，以速生丰产、大径级和珍贵树种用材林为培育重点，加快推进国家储备林基地建设。四是优化城乡树种结构，更新改造和优化树种，科学控制杨树、柳树比例，减少杨絮、柳絮对城乡居住的影响。五是加快发展高效林业产业。充分挖掘林业产业在绿色经营、绿色增长、绿色发展的优势和健康潜力，大力提升传统产业，积极扶持战略性新兴产业，壮大产业集群，打造林业产业品牌，加快森林健康疗养产业发展，全面实施林业精准扶贫精准脱贫，加快推进林业一、二、三产业融合发展，推动我省由林业产业大省向林业产业强省转变，有力促进绿色富民。

三、全面提升生态保护能力

围绕生态功能区生态屏障建设，加大长江、淮河、新安江三大流域森林、湿地和自然生态修复力度。一是加强天然林保护，全面停止天然林商业性采伐，使全省 2867 万亩天然林得到有效保护。二是在巢湖流域大力营造水源涵养林、风景林，开展湿地的保护、修复和生态科研监测，保护好国家重要湿地——巢湖。三是在大别山库区大力营造水源涵养林，加大自然保护区和湿地公园建设，有效控制大别山水土保持生态功能区水土流失，保护重要饮用水源地。四是在江淮分水岭地区大力开展植树造林，有效增加森林面积，力争该地区森林覆盖率达到全省平均水平。五是在皖南国际文化旅游示范区核心区，大力开展封山育林和森林抚育，改善林分结构，有效提高森林质量。六是在皖北平原区大力开展四旁植树，完善粮食主产区农田防护林网，有效改善小气候，为粮食生产提供生态屏障。七是科学划定长江、淮河和新安江流域重点生态功能区林业生态红线，加快构建皖江绿色生态廊道。八是加强森林重点火险区综合治理，提高森林防火基础设施建设水平。九是加强松材线虫病、美国白蛾等重大林业有害生物防控，建立监测预警体系、检疫御灾体系，完善监测预警机制，提升防治减灾能力。十是加强野生动植物极小种群保护，使野生动植物极小种群得到有效保护，维护生物多样性。

四、全面深化林业改革

一是全面完成141个国有林场改革任务，明确界定国有林场生态责任和保护方式，推进国有林场政事分开、事企分开和办社会职能分离，健全富余职工转移就业和社会保障体制，完善以购买服务为主的公益林管护机制，使全省国有林场生态功能显著提升，职工群众生产生活条件明显改善，管理体制全面创新。探索国有苗圃改革模式，积极推进国有苗圃改革。二是进一步深化集体林权制度改革，完善配套政策。加快林业要素市场建设，建立健全省、市、县（市、区）林权交易服务平台，加强森林资源资产评估指导监管；建立和完善林业融资担保机构、林权收储中心，大力培育林业产业化龙头企业、农民林业专业合作社、家庭林场等新型林业经营主体，积极发展林下经济，加快林权管理服务体系建设，完善森林保险体系，加强承包经营纠纷调处，积极推进县级林地承包经营纠纷仲裁体系建设，探索建立林业法律援助机制，维护林农合法权益。三是推进林业供给侧结构性改革。加快林业产业结构调整，促进林业产业转型升级，有效减少无效供给，扩大有效供给，加快推进林业企业去产能、去库存、去杠杆、降成本、补短板，增强林业产业供给结构适应性和灵活性，提高林业要素生产率，使供给体系更好地适应需求结构变化。

五、全面加强依法治林

一是加快完善地方林业法规规定，修订《安徽省实施〈中华人民共和国森林法〉办法》和《安徽省实施〈中华人民共和国野生动物保护法〉办法》，制定《安徽省林业有害生物防治条例》，出台《安徽省天然林保护管理办法》、《安徽省湿地生态效益补偿办法》、《安徽省林木良种补贴实施办法》、《安徽省国有林场管理办法》等规章。二是严格执法，全面普法，推进依法治林。建立政治过硬、业务精通的林业执法队伍以及覆盖全面的执法体系。对高发多发、社会敏感度高、影响大的破坏林业资源资产案件，组织开展"专项行动"、"联合行动"，提高震慑效果。通过普法宣传将法治精神变成全社会的共同行动，内化于心，外见于行，提升文化自觉，培养行为规范，用法治意识构筑全社会保护生态的无形红线。

第五节　重大工程

一、林业生态建设工程

(1) 新一轮退耕还林工程(巩固成果)。一是加强对现有退耕还林的管理和提升,巩固已有成果,切实保护退耕农民的合法权益,加快推进后续产业培育,确保已退耕的坡耕地不反弹。二是实施好新一轮退耕还林工程。以"治理水土流失、改善自然生态,为农民生产生活和经济社会发展创造良好生态条件"为总目标,根据"农民自愿,政府引导"的原则,落实政策措施,减少陡坡地耕种,缓解水土流失严重、生态环境恶化的趋势。主要建设任务:将全省25度以上坡耕地、15—25度重要水源地梯田及严重污染耕地逐步退耕还林。

(2) 长江防护林建设工程。重点在沿长江、淮河两侧生态区位较为重要的县(市、区)。长江沿岸以建设人工防浪林、护堤林为主,其他区域以实施封山育林为主;淮河流域重点开展人工造林,以增加森林总量为主,淮河以北地区以大力营造农田防护林为主,加快高标准农田林网建设步伐。低产低效林改造以有效遏制防护林退化、全面提高防护林质量、增强生态功能为目标,以灾害损失严重、生态脆弱地区退化防护林改造和黄河故道沙化治理为重点。主要建设任务:完成造林绿化450万亩,其中人工造林100万亩、封山育林150万亩、低产低效林改造200万亩。

(3) 林业血防工程。以防病抑螺为中心,以植树造林、改善环境为手段,把抑螺防病、为民除害放在首要位置,兼顾林业生产的经济效益和社会效益。一方面通过建立抑螺防病林等人工措施,改变钉螺的滋生环境,降低钉螺密度,切断人畜接触疫水途径,从根本上抑制血吸虫病的传播,通过林地隔离、土壤翻耕、林下间种、开沟沥水等综合营林管护措施,进一步稳固、强化抑螺效果;另一方面通过开展抑螺防病林的森林可持续经营活动,对低效抑螺防病林进行更新改造和森林抚育,建立科技示范区,开展抑螺防病林多功能最佳效益的综合技术体系研究,充分发挥抑螺防病林多功能林业的典范作用。主要建设任务:在纳入全国工程区范围的义安、宿松、望江、枞阳、怀宁等39个县(市、区),新造抑螺防病林56万亩,低效抑螺防病林成效提升改造74万亩。

(4) 城乡绿化提升工程。一是以改善城乡人居环境为目标,大力发展城市林业和乡村绿化,推进城乡绿化一体化建设。积极创建森林城市、绿化模范城市和园林城市，不断推进森林城镇、森林村庄建设，提升绿化质量，构建功能完备、结构均衡、生态良好的森林系统和绿地系统。主要建设任务：创建国家级森林城市5个、省级森林城市30个，创建森林乡镇500个，森林村庄1500个。二是大力创建森林长廊示范段。以生态廊道为纽带，联接各种现有绿化资源，共同构筑以森林植被为主体的国土生态安全保障体系，增强森林生态系统的整体性、协调性，提高森林生态效益。主要建设任务：新建森林长廊示范段5000千米，全省森林长廊总长度达到1万千米。

二、林业生态保护工程

（1）天然林保护工程。全面停止天然林商业性采伐，由政府与集体、个人签订停伐协议，明确保护责任。健全和落实天然林管护体系，形成远山瞭望、近山巡护、委托代理的森林管护模式，加强管护基础设施建设，实现管护区域全覆盖，有效保护2867万亩天然林资源。主要建设任务：将140万亩国有天然林和有培育成为国有天然林潜力的未成林封育地、疏林地、灌木林地全部纳入天然林保护范围。

（2）公益林培育工程。科学开展公益林培育经营，保育结合，人工促进天然更新和森林演替，调整林分层次结构，优化树种组成，大力培育天然复层异龄林；对稀疏的天然林实行封育和补植补造，对重要水源地、风景区等地的中幼林进行培育改造，确保天然林分面积逐渐增加，质量明显提升；推进人工公益林近自然经营，优先选择乡土树种、深根系树种作为目标树，大力培育混交、复层森林结构，根据林分生长状况和自然分化情况，科学实施抚育经营，适时调整林分密度，促进林木生长。主要建设任务：建设生态公益林2500万亩，重点生态公益林中阔叶林、混交林的比重达70％以上，林分质量进一步优化。

（3）野生动植物保护及自然保护区建设工程。加大野生动植物资源保护力度，提升野生动物救护繁育能力，加快实施极小种群野生动植物拯救工程；建立健全国家生物物种保护平台、野生动植物及栖息地监测体系和陆生野生动物疫源疫病监测防控体系，妥善应对野生动植物突发和敏感事件；加强野生动植物种质资源收集保存和救护繁育。建设和完善国家级、省级自然保护区，积极发展市、县级自然保护区和保护小区；稳步推进以自然保护区、森林公园、湿地公园为主体的自然保护体系建设；完成国家级和省级自然保护区资源本底和社区普查。主要建设任务：实施一批国家级自然保护区基础设施建设项目，加大扬子鳄野外放归力度，巩固国家级陆生野生动物疫源疫病监测站点，建设省级陆生野生动物疫源疫病监测站点；继续实施扬子鳄、云豹、黑麂等濒危野生动物和野生雉类、兰科植物等野生动植物拯救与保护工程,加强野生动物救护中心装备建设。

(4)湿地保护与恢复工程。实行湿地资源总量管理,严守全省湿地生态红线,对现有 1563 万亩湿地逐一编目、登记和公布,逐级分解落实保护任务,明确保护责任;在国际重要湿地、国家重要湿地、湿地公园和自然保护区严格禁止开发,在省级重要湿地采取设立自然保护区、湿地公园、自然保护小区等方式加强保护,并根据需要和具体条件实施退耕还湿、退养还滩。主要建设任务:新建一批湿地公园和自然保护区,通过实施湿地公园和自然保护区湿地保护与恢复项目,有效恢复湿地。

(5)森林防火工程。强化森林火灾责任、信息、救灾三个体系建设,提高综合防控能力。重点加强森林防火通信和指挥、火险预警和林火监测、森林火灾高风险区综合治理、森林航空消防和基础设施建设;与国家级指挥调度平台以及各市、县(市、区)森林防火指挥机构实现互联互通,提升指挥调度能力;加强专、兼职森林消防队伍建设,Ⅰ、Ⅱ、Ⅲ级森林火险县专业森林消防队伍人数分别达到 100 人、50 人、25 人以上,实现专业队伍装备、营房和训练设施建设标准化;完善全省林火阻隔网络,积极推进生物防火林带和重点区域森林防火应急道路建设,基本实现重点林区和林缘地带生物防火林带全布局、全贯通;加快完善省、市、县(市、区)三级森林防火物资储备库建设,积极开展航空护林,应用远程视频监控、无人机、卫星云图等先进技术和装备,提升科学防火水平。主要建设任务:实施 45 个森林火灾高危区综合治理项目,建设森林航空消防项目,建立健全省、市、县(市、区)三级防火通信和信息指挥系统。

(6)林业有害生物防治工程。完善监测预警、检疫御灾、防治减灾、服务保障等防控体系。建设省级监测预警平台,加强 37 个国家级中心测报点和 10 个省级测报点建设,开展市、县级测报站和基层测报点建设;完善省级检验室,加强市、县级检疫实验室基础设施建设,为防治检疫站(局)配备检疫执法装备和检疫追溯系统,完善 60 个森林植物检疫检查站的基础设施设备和检疫执法装备;建设省级应急指挥中心,建立灾损评估与处置专家决策支持系统和工作机制;建设省级药剂药械库,加强县级应急防治专业队建设,充实和完善县级防治检疫站(局)的地面防治设施设备;加强宣传培训、防治技术研发与推广,推进防治市场化、专业化进程,完善网络森林医院,建立省、市、县(市、区)三级专家服务体系,培育一批社会化防治组织。主要建设任务:实施重点地区以松材线虫病、美国白蛾为主的重大林业有害生物防控项目,建立健全省、市、县(市、区)三级监测预警体系。

(7)森林公园建设工程。完善全省森林公园网络体系,精心打造华东地区最具影响力的森林旅游目的地;加快森林公园和生态公园建设步伐,提高森林风景资源质量，加强风景廊道建设，完善保护利用设施，提高接待能力和服务水平。规划到 2020 年，全省森林公园总数达到 100 处，其中国家级 35 处，省级 65 处，经营总面积 270 万亩。建成在国内外享有较大影响的重点森林公园 15 处，打造 8 条生态体验精品路线，建设一批生态体验驿站和自驾游公共营地。实现年接待游客 5000 万人次，森林旅游综合社会产值 300 亿元。形成包括各种不同类型的森林自然景观在内，具有鲜明特色的森林公园协调发展的建设管理和开发利用体系。主要建设任务：新建国家级森林公园 4 处、省级森林公园 12 处，有重点地实施一批国家级森林公园林相改造项目，提升森林公园基础设施能力。

（8）古树名木保护工程。开展第三次古树名木资源普查工作，进一步查清全省古树名木资源总量、种类、分布、生长状况等，全面掌握古树名木资源保护现状，建立全省古树名木资源信息管理系统和动态监测体系，加快推进古树名木分级鉴定、建档管理、挂牌保护。抢救和复壮濒危、长势衰弱、受威胁的古树名木，加强古树名木周边生态保护和环境治理。探索建立古树名木保护基金制度。主要建设任务：实施全省古树名木挂牌项目，完善古树名木信息资源管理系统。

（9）点水源地水源涵养林保护工程。实施长江、淮河、新安江流域和环巢湖、大别山库区水源涵养林工程。加强森林经营，采取良种壮苗、森林抚育、退化防护林修复等措施，促进森林健康，提高森林生态系统稳定性。主要建设任务：实施营造林 153 万亩，其中人工造林 13 万亩、封山育林 20 万亩、森林抚育和低产低效林改造 120 万亩。

三、林业提质增效工程

（1）中幼龄林抚育经营工程。以促进森林可持续经营，构建健康、稳定、高效的森林生态系统为目标，以创新政策机制为动力，应用先进技术和科学经营措施，进一步优化森林结构，大力提升森林经营水平，提高单位面积森林蓄积量，提高林地生产力、增强森林综合功能和效益。以用材林和防护林为重点，实行分类经营、定向培育、分类指导。重点是中央森林抚育试点国有林和集体个人的公益林抚育经营，以及千万亩森林增长工程新造林所形成的幼龄林及部分急需抚育经营的中龄林，全面提升森林的多种功能，满足社会多样化需求。主要建设任务：实施中幼林抚育 1500 万亩，其中中央补贴森林抚育 500 万亩、省森林抚育 1000 万亩。

（2）低产低效林和退化防护林改造工程。以增加森林资源、提高林地生产力、增强森林综合功能和效益为根本，根据低产低效林成因与程度，科学合理确定改造模式，实行分类经营、分类指导、分区施策，通过结构调整、树种更替、补植补造、封山育林、林分抚育、嫁接复壮等多种方式进行，充分发挥当地土地资源、气候资源和人力资源优势，使林分年生长量、单位面积蓄积量、经济林地产出率、林农收入、森林生态效益五个方面得到大幅度提升。一是对树种不适、病虫害危害严重、生产力严重衰退的低产低效林，采取更新改造的方式，调整林种、树种和品种结构。二是对中度退化低产低效林，根据枯死、濒死木分布状况，采用抚育改造方式，伐除枯死、濒死木，并补植补造，优化林分结构。三是对轻度退化低产低效林，进行补植补造，采取疏伐、修枝、平茬、嫁接、浇水、施肥等方式促进林木生长，提高林分质量。主要建设任务：完成低产低效林改造 300 万亩，使林地产出率提高20％以上，森林内在结构更趋合理，森林的多种功能更加稳定和增强，带动全省森林质量的整体提升。

（3）木本油料发展工程。积极发展油茶、山核桃、薄壳山核桃、油用牡丹、香榧等木本油料基地，改造现有低产低效林。在皖南、皖西两大山区大力发展油茶基地；在皖南以沿天目山脉的宁国、绩溪、歙县为中心，在皖西大别山以金寨、霍山为中心，发展山核桃基地；以阜阳、宿州、亳州、滁州和黄山等市积极发展薄壳山核桃基地；以黄山、宣城、池州为建设区域大力发展香榧基地；以亳州、阜阳、铜陵、芜湖、六安等地积极发展油用牡丹基地。主要建设任务：全省木本油料种植面积达到 494 万亩，建成 39 个油茶、薄壳山核桃、山核桃、香榧、油用牡丹等木本油料生产重点县、126 个重点乡镇，年产木本食用油 6 万吨左右。同时，积极扶持一批国家和省级林业产业化龙头企业，示范带动板栗等木本粮食基地建设。

（4）特色经济林发展工程。一是大力发展地方特色经济林。在黄河故道及淮北地区重点发展以苹果、梨、石榴、葡萄为特色的水果，沿淮地区重点发展杞柳及加工基地。在江淮丘陵地区重点发展枣、桃、杏、柿等水果基地。在宣城、池州、黄山、芜湖等皖南山区和沿江地区重点发展青檀、蜜枣等特色经济林基地。在皖西、皖南山区以及滁州和沿江地区重点发展山茱萸、杜仲、望春花、宣木瓜等为主的木本中药材基地。重点发展一批特色经济林标准化生产园区。主要建设任务：新建特色经济林基地 10 万亩，对现有 200 万亩低产低效经济林提质增效，到 2020 年，全省实现特色经济林年产值 100 亿元以上。二是大力发展特色原料林。大力发展麻栎、青檀、黄连木等特色原料林基地建设，增加森林后备资源。主要建设任务：在大别山区、皖南山区、江淮丘陵区，积极发展麻栎、青檀、黄连木、油桐、乌桕为主的特色原料林基地 15 万亩，低产低效林改造 30 万亩。

（5）竹林增效工程。一是在广德、宁国等重点县（市、区）扩大竹林增产增效科技示范园面积，带动竹农开展毛竹新造和垦复，因地制宜建设红壳竹、元竹等基地。二是实行新造和培育相结合，开展丰产技术措施落实和竹农的培训，以新造扩鞭发展竹林资源和竹林垦复为重点，加大各类优质高效原料林基地建设力度。三是在皖南、皖西等地发展丰产笋用林，培育丰产笋材两用林。注重整合优化竹加工业，大力筹建和引进先进产品生产线和生产工艺，重视新产品研发，提高产品质量和附加值。四是积极推进竹生态旅游和竹文化发展。主要建设任务：新造和扩鞭扩园新增竹林 40 万亩，其中新造笋用林、笋材两用林 10 万亩，完成竹林质量提升 100 万亩，全省竹林面积达到 600 万亩，年产竹材突破 20000 万根、元杂竹 45 万吨、竹笋 40 万吨，到 2020 年全省竹产业年产值达到 260 亿元。

（6）特殊林木培育工程。一是加快国家储备林建设。以全面提高基地木材产出率、解决我省木材需求和保障木材安全为目标，以新造、低低效产林改造及现有林定向培育为主要方式，集约化经营，淮北地区重点建设以杨树为主的纸浆、人造板原料林基地，同时注重香椿、苦楝、刺槐、国槐、楸树等乡土树种的培育；淮河以南地区重点建设的树种包括杉木、马尾松、国外松、毛竹、栎类、枫香、榉树、红豆杉等为主的工业原料林。主要建设任务：建成木材战略储备生产基地 188 万亩，其中：新造林 67 万亩，现有林培育 121 万亩。二是加快特殊林木和珍稀树种培育。优选立地条件好的地段开展基地造林和四旁零星栽植，重点突出我省珍稀树种的森林景观和生物多样性以及森林文化基地的特点，增加森林后备资源。在山区利用树木的天然下种和萌芽萌蘖能力，对具备封育条件的疏林地、灌丛地等，采取限时封禁和相应的育林技术措施，人工促进天然更新，逐步恢复珍稀树种的森林植被。主要建设任务：特殊林木和珍稀树种新造林 10 万亩，封山抚育经营 20 万亩，建设林木良种繁育基地 6 个，新育苗面积 1 万亩。

（7）林下经济发展工程。结合全省农业及农村经济发展规划和全省林业产业发展规划，突出林下经济产业优势及产业特色，因地制宜，根据不同区位优势，确定区域林下经济发展方向，着力打造"一县一业"、"一乡一品"，以发展林下种养业、林间采集业和森林旅游业等为重点，积极发展林下经济，实现林业以短养长和农民增收致富。规划在地域上继续建设五大特色林下经济示范片，即沿淮淮北林下中药材与蔬果种植示范片、沿江苗木种植与生态旅游休闲示范片、江淮丘陵种植养殖示范片、大别山中药材种植与林产品采集加工示范片、皖南山区林产品采集加工与森林旅游示范片。主要建设任务：发展林下经济面积达到 2800 万亩，全省创建 500 个林下经济示范点，打造以林下经济为主体的 30 个现代林业示范区，林下经济产值在 2015 年基础上年均增长 10％以上，直接参与林下经济发展的林农人均收入实现翻番。

（8）花卉苗木建设工程。进一步打造好"中国（合肥）中部花木城"，积极构建以省会合肥为中心的皖中、皖南、皖东、皖西、皖北五大苗木花卉产业区和沿江苗木花卉产业带。大力培育优良观赏苗木和花卉，以培育优质绿化苗木和特色花卉为重点，不断满足日益增长的苗木花卉市场需求。积极开发、合理利用乡土野生竹藤花卉资源，培育具有国际竞争力的名特优新品种。主要建设任务：建成 10 个全国领先的优质高效苗木花卉示范基地，全省苗木花卉种植面积达到 250 万亩以上，年产值达到 100 亿元以上，基本实现林木种苗法制化、标准化、信息化、规范化管理，实现苗木花卉产业由数量扩张型向质量效益型转变。

四、林业基础保障工程

（1）林木良种建设工程。全面推进林木种质资源保护利用、林木良种选育推广和林木种苗的生产供应、行政执法、社会化服务体系建设。一是有效保护和利用林木种质资源。完成全省林木种质资源普查，制定全省林木种质资源的收集和开发利用计划。在皖南山区、皖西大别山区、皖东丘陵区和皖北平原区建立优良珍稀树种种质资源原地保存库，使全省种质资源保存库建设规模达到 5 万亩。二是选育一批优良品系，经省审（认）定推广使用的林木优良品系达到 200 个，并建立一批林木良种推广示范林。三是依托国有林场、自然保护区、国有苗圃，建设一批国家级和省级林木良种基地，规划新建和续建林木良种基地 3.5 万亩。四是新建一批以薄壳山核桃、香榧、红豆杉为主的木本粮油树种和生物质能源树种、珍贵用材树种等林木良种基地。五是完善省、市、县（市、区）三级林木种苗管理和质量检验机构，加强林木种苗执法能力和服务网络建设。主要建设任务：实施一批国家和省级林木良种基地、种质资源保存库建设项目，提升全省林木种苗检测检验储藏能力。

（2）林业科技创新和示范推广工程。建设林业科技支撑体系，全面提升林业科技水平。加强科技成果转化，力争实现科技进步贡献率达到 55% 以上，为现代林业发展提供全面的科技支撑。一是加快林业科技自主创新和成果转化，提高科技进步贡献率。面向生态建设和林业产业发展主战场，深化科技体制改革，建立林业科技创新体系，提高林业科技持续创新能力。二是加快林业技术标准体系建设，形成以国家标准和行业标准为核心，地方标准和企业标准相补充，覆盖林业一、二、三产业的林业标准体系。加强林业标准的宣传贯彻和执行，建立标准实施的检查、评估和信息反馈机制。三是加强林业科技推广示范基地建设，建设一批高标准林业科技示范基地，通过应用先进实用技术，实行集约化经营，提高森林质量，取得更高综合效益，发挥示范辐射作用。四是加强对林业科技推广人员和林业科技示范户的技术培训。制定全省林业科技推广机构推广人员技术培训规划，使全省林业科技推广机构的推广人员全部轮训一遍。五是推进林业科技推广工作机制创新。努力推进林业科技推广工作与"互联网＋"相结合，试点建设"互联网＋"林业技术推广平台，使互联网真正成为林业科技推广人员与新型林农、林业企业主、林业专业合作组织之间直接高效互动交流的平台。推进社会化林业科技推广服务实体建设，试点建立社会化、专业化的林业科技推广服务实体具体实施科技推广项目。主要建设任务：建设林业科技推广示范基地 20 万亩；完成各级林业科技推广机构推广人员培训 1000 人次、林业科技示范户及林农培训 3 万人次；加强林业科技推广机构基础设施建设，完善省、市、县（市、区）三级林业科技推广体系。

（3）林业基层组织及林区基础设施建设工程。一是稳定、巩固、完善全省 806 个基层林业工作站，建立健全省、市、县（市、区）三级林业工作站管理体系，积极推行乡镇林业工作站县级林业主管部门垂直管理模式。二是加快林业工作站、木竹检查站、森林植物检疫检查站等标准化建设，整合各类林业基层站点功能，推进多功能综合型站点建设，提升公共服务能力。主要建设任务：完成全省 25％林业基层站所标准化、规范化建设。巩固林区（场）棚户区（危旧房）改造成果，完善供水、供电、通信、小区绿化等配套设施，提高与城镇发展的融合度。加强林区道路建设，新建"断头路"连接道路和桥涵，升级改造现有通行状况较差的道路，加强休闲游憩绿道网建设。

（4）森林公安装备体系建设工程。建立健全森林公安机构，科学配置警力，形成覆盖全省的森林公安机构和队伍；完善经费保障体系，进一步理顺教育训练、表彰奖励等经费使用渠道；建立督查机构，落实督查工作保障，建立健全森林公安警务督查体系；加强森林公安基础设施建设，力争全省森林公安机构均具备独立办公条件；加强森林公安装备建设，森林公安民警标准化装备配备率达到 100％；加强森林公安信息化建设，以数据采集、资源整合和信息共享为突破口，推进林区警务、执法监督、涉林重点场所监控等应用系统建设，构建森林公安信息化工作业务体系。主要建设任务：实施一批基层森林派出所基础设施建设项目，完善森林公安装备化体系。

（5）林业信息化建设工程。依托"互联网＋"、物联网等先进理念以及大数据、云计算、人工智能等新兴技术，以实施"一个网站集群，四个应用平台，八个业务系统"为建设重点，即以整合和共享全省各类林业网站信息资源为突破口，全力抓好林业资源共享、林业成果展示、林权交易和林业电商交易等四个平台建设，以"安徽林业法治"、"安徽林业资源"、"安徽林业保护"、"安徽林业科技"、"安徽林业产业"、"安徽生态文化"、"安徽林业党建"、"安徽林业办公"系统建设为重点，将快速准确、公开透明的信息化服务，渗透到林业行业各领域、各环节，更好地服务于全省各级人民政府、涉林单位和个人，以林业信息化推动林业现代化，引领林业向"智慧化"迈进。主要建设任务：完善省、市、县（市、区）林业信息网站，建立健全林业信息网络体系。

（6）林业资源监测体系建设工程。强化林地及森林资源"一张图"建设、应用和维护更新，开展年度动态更新，形成"一个体系、一个库、一套数"的管理系统，保证森林资源数据的准确性和时效性，实现林地及森林资源"以图管地"的精确调查与有效监管，满足资源"批、供、用、补、查"日常监管的需要，为森林资源年度出数、林业生态建设和林业"双增"目标考核，以及保护发展森林资源目标责任制考核提供重要依据；深化遥感、定位、通信技术全面应用，加快构建天空地一体化监测预警评估体系，加强陆地生态系统定位观测站建设，实时掌握生态资源状况及动态变化，及时发现和评估重大生态灾害、重大生态环境损害情况。推进森林、湿地、野生动植物栖息地调查监测业务与空间技术的深度融合。研究建立系统科学、准确快捷的生态监测评价标准，加快编制林木、林地、湿地等林业资源资产负债表，推进损害森林资源责任追究制度建设，为推行生态政绩考核和生态损害责任追究制度提供科学依据。主要建设内容是：全面建成全省林地资源"一张图"，提升森林资源监测基础设施能力。

（7）林业宣传教育工程。整合现有林业科普资源，促进林业科普基地的建设，加强生态文化传播平台建设，提供丰富多样的生态文化创意产品与服务；开展生态价值观教育，积极参加全国"湿地日"、"野生动植物日"、"植树节"、"爱鸟周"、"科技活动周"、"防灾减灾日"、"环境保护日"、"地球日"等大型科普宣传活动，充分调动社会各方面的积极性，更好地向公众普及林业生态科学知识，促进公众对生态建设、生态安全、生态文明的关注和参与，提高公众的生态意识，培养爱护森林、保护自然的理念。加强林业职业教育和林业干部培训，提升林业职业技术培训能力。主要建设任务：完善林业宣传教育体系，建立省、市、县（市、区）各级林业宣传教育活动基地或宣教中心，提升林业宣教能力。完成安徽林业职业技术学院整体搬迁，加快推进学院专升本。

第六节 保障措施

一、强化依法治林

加强和改革林业立法工作，实现林业立法和改革决策相衔接、立法进程与发展进程相适应。紧紧围绕林业生态红线管理、林业有害生物防治、森林防火、自然保护区管理等重点领域，积极开展调研谋划，加快推进立法修法工作。健全落实依法行政工作机制，进一步加强重大行政决策和林业规范性文件合法性审查工作，定期开展规范性文件清理，及时立新废旧，实现动态管理。加强林业法制队伍建设，建立完善林业法律顾问制度。深化林业行政审批制度改革，加强事中事后监管，系统推进权力清单、责任清单和涉企收费清单制度建设，做到法定职责必须为，法无授权不可为。严格执行《水土保持法》，凡植树造林和林木采伐行为，一律要求制定水土流失预防措施。加强林业行政执法队伍建设，深入推进林业综合行政执法，调整执法职能，整合执法资源。进一步完善林业执法程序，建立执法全过程记录制度、行政裁量权基准制度，严格执行重大执法决定法制审核制度。广泛开展普法宣传教育，利用"植树节"、"安徽湿地日"、"爱鸟周"等重要节点，依托国有林场、自然保护区、森林公园、湿地公园等基地，宣传林业法律法规，弘扬生态文明理念，在全社会形成尊重自然、保护森林和湿地的良好氛围。

二、健全投入机制

建立健全林业政策保障和投入机制，形成支持林业发展的长效机制。完善公共财政支持林业的政策体系，重点加大对生态保护、生态修复、资源监测、科技支撑和林区基础设施的投资力度，不断完善新造林、森林抚育经营、林下经济、林业灾害监测和防治等补助制度，强化林业项目资金管理。完善林业金融支撑服务制度，进一步争取金融机构加大对林业建设的贷款投入力度，争取各级财政加大贷款贴息力度，落实好林业贴息政策。鼓励地方政府建立集体林权交易市场、林权收储中心和担保中心，规范森林资源资产评估行为，加快推进林权抵押贷款。积极支持保险机构建立森林保险专业查勘定损平台，推动建立再保险机制和森林巨灾风险基金，逐步由保物化成本转为保价值，增强林业抗风险能力。在国家储备林、森林公园、湿地公园以及林区公共服务设施等领域优先探索实施PPP（政府与社会资本合作模式）项目。

三、深化林业改革

全面深化林业改革，加快林业制度体系建设，初步实现林业治理体系和治理能力现代化。加强林权保护管理，完善集体林权制度，切实维护林业经营者的权益，突出国有林场的生态功能和服务社会能力。健全完善林业生态红线制度，积极推进红线指标落界，出台最为严格的管控措施，强化对重点生态功能区和生态环境敏感区域、生态脆弱区域的保护。编制林地、湿地、林木等林业自然资源资产负债表，建立生态资源监测和评估机制，推行生态政绩考核机制。完善生态保护补偿制度，建立健全森林、湿地动态补偿机制和差别化补偿机制，增加重点生态功能区转移支付，探索建立地区间横向和流域生态保护补偿机制。创新生态资金使用方式，利用生态补偿和生态保护工程资金使当地有劳动能力的部分贫困人口转为护林员等生态保护人员。国家和省级重点工程，在项目和资金安排上进一步向贫困地区倾斜。加快建立国家储备林、碳排放权交易等制度。

四、推进科技兴林

坚持以科技创新为先导，加快林业调结构转方式促升级，全面加快林业现代化建设。积极构建林业科技创新平台，集中林业企业、科研院所和高等院校的优势，广泛建立林业科技联盟，重点谋求关键技术和核心工艺的创新与突破。引导和支持创新要素向企业集聚，加快建立以企业为主体、市场为导向、科技为支撑、产学研相结合的林业技术创新体系。健全林业科技成果转化机制，建立市场主导的技术转移转化体系，促进科技成果资本化、产业化。加强林业科技示范基地建设，辐射带动更多林业企业、林农推广应用林业先进实用高效技术。加强林业科技推广体系建设，继续组织开展全省万名林业科技人员下基层服务活动，全面推进乡镇或区域林业工作站等基层站点能力建设，培养一批基层林业科技推广骨干人才。加强现代林业示范区建设，创新林业生态与产业发展机制和经营模式。建立健全林业科技下乡长效机制，积极开展林业科技推广人员和林农培训，加强林业职业教育，强化林业人才队伍建设，大力培育有文化、懂技术、善经营、会管理的新型林农。加强林业标准化建设，完善主要林产品质量认证体系，加快推进森林及林产品认证。

五、夯实基层基础

主动适应生态文明建设的需要，进一步加强林业机构队伍建设，切实转变政府职能，全面提升林业治理能力。加强林业组织管理体系建设，健全各级林业行政机构，加快事业单位分类改革，鼓励发展专业性林业社会组织，不断强化林业组织保障能力。重点加强林业工作站、木竹检查站、科技推广站、森林植物检疫站、森林公安派出所等基层单位建设，明确职能作用，健全机构设置，完善基础设施，提升服务能力。加强林业人才队伍建设，多渠道引进和培养高水平专业技术和经营管理人才，建立健全林业专业技术人才继续教育体系，完善人才评价激励机制和服务保障体系，激励人才向基层流动、到一线创业，实现人尽其才、才尽其用。加强党风廉政建设和反腐败工作，践行"两学一做"要求，严明政治纪律和政治规矩，健全改进作风长效机制，为"十三五"林业改革与发展提供坚强保障。

六、加强组织领导

各级党委、政府要把开展造林绿化、加强生态保护作为生态文明建设的重要任务来抓，在政策制定、项目建设、资金投入、体制创新等方面给予积极支持，进一步完善森林资源保护发展目标责任制和考核奖惩制。全省各级林业主管部门要积极做好与农业、水利、环保、发改、财政等部门的沟通衔接，切实加强对规划实施的组织领导，明确分工，完善机制，落实责任，全力推动规划实施。省林业厅有关部门按照职能分工，加强对规划实施的指导，研究制定具体措施，及时解决规划实施中的问题。同时，加强对规划实施情况的跟踪分析和督促检查，做好与全国林业发展规划、全省经济社会发展规划和相关专项规划的衔接与协调，推动规划各项指标和任务的落实。

第八章 六安市创新驱动发展专项资金管理办法

第一节 总 则

第一条 为贯彻落实创新驱动发展战略，加快转变经济发展方式，提升我市自主创新能力，根据《安徽省人民政府办公厅关于印发实施创新驱动发展战略进一步加快创新型省份建设配套文件的通知》（皖政办〔2014〕8 号）、《安徽省人民政府办公厅关于修订印发实施创新驱动发展战略进一步加快创新型省份建设配套文件的通知》（皖政办〔2015〕40 号）和《中共六安市委 六安市人民政府关于实施创新驱动发展战略加快建设创新型六安的意见》（六发〔2014〕9 号）等文件精神，结合我市实际，制定本办法。

第二条 设立市创新驱动发展专项资金，列入年度财政预算。围绕省主导产业和市首位产业、主导产业，按照企业投入为主、市、县（区）联动、扶优扶强的原则，重点支持企业自主创新能力建设、科学仪器设备购置租用、科技平台建设、科技人才创新创业等。

第三条 各县（区）参照本办法设立本级创新驱动发展专项资金。市属和省、部属单位由市财政按照本办法奖补标准给予支持；属于县（区）的企业和单位由同级财政按照本办法奖补标准的 60％给予支持，市在县（区）先行奖补的基础上按照本办法奖补标准的 40％给予支持；属于六安开发区、市集中示范园区的企业和单位由园区财政按本办法奖补标准的 40％给予支持，市在开发区和园区先行奖补的基础上按照本办法奖补标准的 60％给予支持。

第二节 企业自主创新能力建设奖励

第四条 对新认定的国家高新技术企业给予 20 万元的奖励；对列入安徽省高新技术培育企业，一次性给予 3 万元的经费补助；对新认定的国家、省、市级创新型企业分别给予 50 万元、30 万元、15 万元的奖励；对新认定的国家、省知识产权示范企业给予 50 万元、30 万元的奖励；对新认定的国家、省、市级知识产权优势企业分别给予 40 万元、20 万元、10 万元的奖励。

第五条 对新认定的国家重点（工程）实验室给予 300 万元的奖励；对符合省市共建条件的企业实验室，连续 3 年，每年给予 100 万元的经费支持；对在国家组织的运行评估中获优秀等次的国家级实验室，一次性给予 100 万元奖励；对新认定的国家、省、市级工程（技术）研究中心分别给予 300 万元、30 万元、10 万元的奖励；对新认定的国家级工业设计中心、企业国家级质检中心、国家级企业技术中心分别给予一次性 300 万元、200 万元和 100 万元奖励。对国家级工程（技术）研究中心、国家级工业设计中心、国家级企业技术中心在国家组织的运行评估中获优秀等次的，给予一次性 100 万元奖励；对获得国家、省级产业技术创新战略联盟试点的分别给予 50 万元、30 万元的奖励，对新成立的院士工作站、博士后工作站分别给予 30 万元、20 万元的奖励。

第六条 对新授权的国外发明专利给予每件 4 万元的奖励（同一发明专利最多不超过 2 个国家）；对新授权的国家发明专利给予每件 2 万元奖励；对新授权的国家实用新型专利给予每件 1200 元的奖励；对企业申请发明专利进入实审阶段的给予每件 2000 元奖励，每家企业最多奖励不超过 20 件。对当年获得国家、省专利金奖和优秀奖的分别给予 50 万元、20 万元和 30 万元、10 万元的奖励，对当年获得省专利产业化项目的给予 10 万元的奖励；对经知识产权管理部门批准开展知识产权分析评议并通过评审验收的企业给予最高不超过 10 万元的补贴；对开展知识产权规范化管理试点并通过验收的企业给予 3 万元的补贴；对开展专利权质押贷款的企业给予评估费国家规定标准的 80%、贷款利息 20%、担保费 20%的补贴（最高不超过 15 万元）。

第七条 企业转化科技成果获新药证书、动植物新品种，可申请研发后补助。企业获三类以上国家新药证书和药品注册批件且在我市投入生产，可在获批 3 年内申请补助：一、二、三类新药销售额在全省分别排前 10 名的，一类新药补助 150 万元，二类新药补助 100 万元，三类新药补助 50 万元。对国家和省审定的动植物新品种分别给予每个 30 万元、10 万元的奖励。

第八条 对获得国家科技奖一等奖、二等奖和三等奖的第一完成单位分别给予 100 万元、50 万元和 20 万元的奖励；对获得省政府科技奖一等奖、二等奖和三等奖的第一完成单位分别给予 30 万元、20 万元和 10 万元的奖励；对获得中国创新创业大赛一等奖、二等奖、三等奖和优秀奖的企业和团队，分别给予 5 万元、3 万元、2 万元、1 万元的奖励；获得安徽赛区一等奖、二等奖、三等奖和优秀奖的企业及团队，分别给予 3 万元、2 万元、1 万元和 5000 元的奖励；获得六安赛区一等奖、二等奖、三等奖和优秀奖的企业及团队，分别给予 1 万元、8000 元、5000 元和 3000 元的奖励。

第九条　对获批省创新驱动科技重大专项给予省拨项目经费 1：1 配套支持；对企业承担的经费在 100 万元以上的其他国家、省重大科技项目，按国家、省下拨经费的 5％予以奖励，最高不超过 500 万元。对我市企业在境外设立、合办或收购研发机构的，按其当年实际投资额的 10％予以奖励，最高不超过 500 万元。对列入省科技保险试点企业，按投保企业实际支出保费的 20％给予补助。

第三节　购置、租用科学仪器设备补助

第十条　对购置用于研发的关键仪器设备（原值 10 万元以上），且符合下列条件之一的企业，按其年度实际支出额的 15％予以补助，单台仪器设备补助不超过 200 万元，单个企业补助不超过 500 万元。

（一）年纳税超过 20 万元（不含土地使用税）的科技型企业；

（二）省备案的科技企业孵化器及在孵企业；

（三）省外或境外高校、科研机构、企业在我市企业设立的国家级应用研发机构或分支机构；

（四）产业技术研究院等产学研用结合的新型研发机构。

第十一条　对租用大型科学仪器设备的单位，按年度租金的 20％给予补助，最高不超过 200 万元。租用的大型科学仪器设备必须同时符合下列条件：

（一）必须是在科学研究、技术开发及其他科技活动中使用的，且单台价格在 30 万元以上、成套价格在 100 万元以上的仪器设备；

（二）须被纳入安徽省仪器设备共享平台网并向社会开放服务，且租用的仪器设备必须是用于新产品、新技术、新工艺的开发。

第四节　支持科技平台建设

第十二条　对新建的国家、省级高新技术产业开发区分别给予 500 万元、200 万元的奖励；对新建的国家、省级高新技术产业基地分别给予 100 万元、50 万元的奖励。

第十三条　对新建的国家、省、市级农业科技园区分别给予 100 万元、50 万元、20 万元的奖励；对新建的国家、省、市级科技特派员创业链工作站分别给予 50 万元、20 万元、10 万元的奖励；对新建的省、市级农业科技专

家大院分别给予 20 万元、10 万元的奖励；对当年评为市级优秀农业科技园区、优秀专家大院、优秀创业链工作站给予 5 万元奖励。

第十四条　对新认定的国家、省级科技企业孵化器分别给予 100 万元、50 万元的奖励；对经备案的国家级、省级和市级众创空间，分别给予 50 万元、30 万元和 20 万元补助。对新注册的有资质的专利代理机构给予 40 万元的奖励。对取得专利代理人资格且在本市范围内从事专利工作的每人给予一次性 1 万元的奖励。

第五节　扶持科技人才创新创业

第十五条　鼓励高校、科研院所科技人员在完成本职工作的前提下在本市兼职从事科技创业、成果转化等活动，由此产生的收入归个人所有；鼓励高校、科研院所将职务发明成果转化、转让等收益中单位留成部分，按 60%～95% 的比例划归参与研发的科技人员及其团队。高校、科研院所职务发明成果 1 年内未实施转化的，在成果所有权不变更的前提下，成果完成人或团队拥有成果转化处置权，转化收益中单位留成部分，按 70%—95% 比例划归成果完成人或团队。高校、科研院所科技人员创办的科技型企业，其知识产权等无形资产可按 50%～70% 比例折算为技术股份。对当年评为优秀的科技特派员给予 2000 元奖励，优秀首席专家给予 5000 元奖励。对当年评为优秀的创业导师给予 5000 元奖励。

第十六条　对携带具有自主知识产权的科技成果、高新技术产品，来我市创办公司或与市内企业共同设立公司，开展科技成果转化、高新技术产品产业化活动的省内外高层次科技人才团队，并获批省、市科技人才团队的，项目成功落地后，重点给予以下支持：

（一）科技人才团队按 A、B、C 三类予以支持，市、县区扶持资金分别出资参股 1000 万元、600 万元、300 万元。市政府委托市工业投资发展有限公司作为出资人，按照相关法律法规和政策规定，与科技团队及其他投资主体共同签订投资协议；

（二）科技人才团队创办的企业 5 年内在国内主板、中小板、创业板成功上市的，市、县区专项资金在企业中所占股份全部奖励给团队成员，每延迟 1 年上市奖励比例减少 20%；或达到协议约定的主营业务收入、上缴税收等，按照协议约定给予奖励；

（三）科技人才团队可以其携带的科技成果、高新技术产品、资金及研发技术、管理经验等入股，团队在所在企业的股份一般不低于 20%；

（四）相关部门在土地供给、基础设施配套、前期工作场所和生活场所提供等方面给予一定的支持。为科技人才团队成员配偶、子女的社会保险、就业、就学提供便捷服务。

第六节　申报与审批程序

第十七条　申请奖励或补助的企业、单位将申报材料和相关证明资料提交到所在县区相关部门初审后，由县（区）科技管理部门统一报送到市科技管理部门。属于市直企业和省、部属单位，将申报材料和相关证明材料提交到市直相关部门初审后，由市直相关部门统一报送到市科技管理部门。

第十八条　市科技管理部门会同市财政、发改、经信、质检、农业等部门，依照本办法规定的条件和要求，对各单位提出的申请进行审查，提出是否奖励或补助建议，公示无异议后报市政府；经市政府审定后，由市财政部门拨付资金。

第七节　监督管理

第十九条　市财政部门负责市创新驱动发展战略专项资金的日常管理和绩效考评，市审计部门负责专项资金使用、管理的审计和监督。

第二十条　申请单位以弄虚作假等方式套取财政资金的，一经核实，追回全额资金，列入诚信数据库，5年之内不得申报各类政府补助资金；构成犯罪的，依法追究刑事责任。

第二十一条　凡实名举报套取财政资金，经查证属实的，由市科技管理部门按追缴款的一定比例奖励举报人。

第八节　附　则

第二十二条　本办法与市已出台的奖励扶持政策重复部分，按照不重复享受的原则，依据本办法予以奖励。

第二十三条　本办法由市科技局、市财政局负责解释。

第二十四条　本办法自公布之日起施行，《六安市专利申请及专利实施资助办法》（六政〔2008〕15号）、《六安市创新驱动发展战略专项资金管理办法》（六政办〔2014〕31号）同时废止。

第九章 科技型中小企业技术创新基金项目

项目编号：

档案编号：

科技型中小企业技术创新基金项目申请材料

（材料编写版，非最终上报版格式）

项　目　类　别：创新基金

项　目　名　称：

技　术　领　域：

企　业　名　称：

企业法定代表人：

企　业　所　在　地：

项目组织单位：

服　务　机　构：

科技部科技型中小企业技术创新基金管理中心制

二〇一六年

第一节　项目概述

项目概述
【本部分写作要点】 项目主要分成 3～4 段来描述 第一段，先要把项目大概是什么样的东西、功能、用途等描述一下，然后重点强调公司在这个领域的竞争力和市场空间。 第二段，本申报项目采取的关键技术、创新点描述、项目成熟度以及完成后所处的阶段（研发、中试或产业化） 第三段，项目的知识产权、客户评价、查新报告、检测报告等其他辅助的说明，证明项目是企业实实在在要做的，并且未来会产业化。 本部分控制在 500 字左右

　　注释：对项目及产品基本情况介绍，包括项目产品的主要应用范围、技术创新点、项目成熟程度、项目完成时所处阶段等内容。概述限 500 字以内。

第二节　企业概况

一、基本信息

企业名称						
成立时间	＊＊＊＊年＊＊月＊＊日		注册资本			
	法定代表人		企业负责人		联系人	
姓名						
最高学历						
专业						
身份证号码						
职称						
办公电话						
移动电话						
E－mail						
股东构成						
股东名称（或姓名）	投资者经济形态（自然人或法人）	法人代码（或身份证号）	是否上市公司	境外公司或外籍	所占股份	投资方式（现金、知识产权、实物等）
开户银行			信用等级		如无可以不填	
账号			上年研究开发经费投入		万元	
上年度缴税总额	万元	上年度营业收入	万元	上年度创汇	万美元（折合）	
企业类型	1. 生产型　2. 研发型		员工总数		人	

（续表）

已有成果数（研发型企业填）已生产产品数（生产型企业填）		已转让成果数（研发型企业填）生产场地面积（生产型企业填，单位：平方米）	
企业登记类型（单选）	1. 国有企业　2. 集体企业　3. 股份合作企业　4. 联营企业　5. 有限责任公司　6. 股份有限公司　7. 私营企业　8. 其他企业　9. 港、澳、台商投资企业　10. 外商投资企业	企业特性（多选）	1. 国家火炬计划软件产业基地内企业　2. 认定的高新技术企业　3. 大专院校办的企业　4. 科研院所办的企业　5. 留学人员办的企业　6. 科研院所整体转制企业　7. 国家高新区内的企业　8. 国家创业服务中心内的企业　9. 其他

【注释】（1）上年度经营收入：指企业在销售商品或者提供劳务等经营业务中实现的全部营业收入；（2）员工总数：请填写企业年初和年末在编职工人数的平均值；（3）企业类型：分研发型企业和生产型企业。若是研发型企业，填写已有成果数，已转让成果数；生产型企业填写已生产产品数，生产场地面积。

二、管理团队

核心团队

总经理：

教育背景：

　　　＊＊＊＊年＊＊月——＊＊＊＊年＊＊月，＊＊大学，＊＊专业、博士

　　　＊＊＊＊年＊＊月——＊＊＊＊年＊＊月，＊＊大学，＊＊专业、硕士

　　　＊＊＊＊年＊＊月——＊＊＊＊年＊＊月，＊＊大学，＊＊专业、本科

工作业绩：（工作经历，突出做过哪些管理岗位及成绩、突出创新意识、开拓能力）

＊＊＊＊年＊＊月——＊＊＊＊年＊＊月，在＊＊公司，任＊＊＊职务，主要业绩

如下：

＊＊＊＊年＊＊月——＊＊＊＊年＊＊月，在＊＊公司，任＊＊＊职务，主要业绩

如下：

＊＊＊＊年＊＊月——＊＊＊＊年＊＊月，在＊＊公司，任＊＊＊职务，主要业绩

如下：

技术总监：

教育背景：

　　　＊＊＊＊年＊＊月——＊＊＊＊年＊＊月，＊＊大学，＊＊专业、博士

　　　＊＊＊＊年＊＊月——＊＊＊＊年＊＊月，＊＊大学，＊＊专业、硕士

　　　＊＊＊＊年＊＊月——＊＊＊＊年＊＊月，＊＊大学，＊＊专业、本科

工作业绩：（工作经历，突出做过哪些管理岗位及成绩、突出创新意识、开拓能力）

＊＊＊＊年＊＊月——＊＊＊＊年＊＊月，在＊＊公司，任＊＊＊职务，主要业绩

如下：

＊＊＊＊年＊＊月——＊＊＊＊年＊＊月，在＊＊公司，任＊＊＊职务，主要业绩

如下：

＊＊＊＊年＊＊月——＊＊＊＊年＊＊月，在＊＊公司，任＊＊＊职务，主要业绩

如下：

市场总监：

教育背景：

　　　＊＊＊＊年＊＊月——＊＊＊＊年＊＊月，＊＊大学，＊＊专业、博士

　　　＊＊＊＊年＊＊月——＊＊＊＊年＊＊月，＊＊大学，＊＊专业、硕士

　　　＊＊＊＊年＊＊月——＊＊＊＊年＊＊月，＊＊大学，＊＊专业、本科

工作业绩：（工作经历，突出做过哪些管理岗位及成绩、突出创新意识、开拓能力）

＊＊＊＊年＊＊月——＊＊＊＊年＊＊月，在＊＊公司，任＊＊＊职务，主要业绩

如下：

＊＊＊＊年＊＊月——＊＊＊＊年＊＊月，在＊＊公司，任＊＊＊职务，主要业绩

如下：

（续表）

＊＊＊＊年＊＊月——＊＊＊＊年＊＊月，在＊＊公司，任＊＊＊职务，主要业绩如下：

财务总监：

教育背景：

　　＊＊＊＊年＊＊月——＊＊＊＊年＊＊月，＊＊大学，＊＊专业、博士

　　＊＊＊＊年＊＊月——＊＊＊＊年＊＊月，＊＊大学，＊＊专业、硕士

　　＊＊＊＊年＊＊月——＊＊＊＊年＊＊月，＊＊大学，＊＊专业、本科

工作业绩：（工作经历，突出做过哪些管理岗位及成绩、突出创新意识、开拓能力）

＊＊＊＊年＊＊月——＊＊＊＊年＊＊月，在＊＊公司，任＊＊＊职务，主要业绩如下：

＊＊＊＊年＊＊月——＊＊＊＊年＊＊月，在＊＊公司，任＊＊＊职务，主要业绩如下：

＊＊＊＊年＊＊月——＊＊＊＊年＊＊月，在＊＊公司，任＊＊＊职务，主要业绩如下：

创业企业家介绍

　　不仅要对其一般履历作介绍，还要重点介绍他的企业家精神，包括创业动机、目的、抱负、成功和失败的经验和教训（注意：其失败的教训同样具有重大价值，不要一概回避），以及其对企业发展的规划等，如果他还在同时经营着其他企业，也可作简要介绍。要通过对其经历的细致介绍，突出创业企业家的创新意识、市场开拓能力、领导才能、专业知识等，突出其干事业的精神，体现出企业家具有创办企业和实施项目的能力和经验。

　　注释：核心团队：教育背景（学习及培训经历）、工作业绩。核心团队包括总经理、分管技术、市场、财务等方面的副总经理和同类职务的人员。创业企业家介绍（自我评价：创新意识、开拓能力、经营理念）。

三、企业现有能力

企业人力资源配备
人力资源配置的原则（参考：a. 合理原则，按需配置　b. 公平原则，择优配置　c. 年龄配置注意老中青搭配　d. 精简原则、效率原则　e. 充分考虑未来扩展和发展　f. 动态分配、岗位分析）
当前人力资源配置的结构及相关分析（包括企业管理人员、研发人员、生产人员、销售人员、财务人员、人力资源人员、其他人员的结构、基本情况。为什么要这么配置）。
（一般而言，管理人员，平均年龄需要在 30 岁以上，50 岁以下，平均行业工作年限 5 年以上，要突出行业经验，并突出在管理、市场、财务等方面都有丰富的经验；研发人员要突出平均行业研发年限，学历等；生产人员要突出生产量的需要，为什么需要那么多人，人员学历和经验；财务人员要突出财务经验，几个人员的话需要分别说明用途；其他人员，如行政等，要说明他们的职能等。简明扼要的说明，各个岗位多少人，什么用途等要合理，突出企业的精简和效率）

研发能力
目前，公司科研开发团队共有博士＊＊名、硕士＊＊名、本科＊＊名，其他＊＊名。公司 2008 年研发投入资金为　　　万元，2009 年研发投入资金为　　　万元。 　　公司主要研究开发＊＊为主， 　　已经完成的研发产品， 　　目前正进行开发的新产品有＊＊。 （包括企业的研发队伍和资金投入以及近年来取得的研究开发成果。 内容中要标明大专以上人员比例（≥30%），研发人员比例（≥10%），研发投入比例（≥5%）。以上比例可体现出企业的人力资源配置情况和开发创新队伍建设情况。技术转移类项目建议详细描述研发团队实力及已取得的科研成果情况。）

企业现有生产设施设备条件
企业现有生产设施设备条件，包括企业已具备的生产条件。

企业营销能力
经营模式：（直销、分销，或者通过网络营销等等模式，根据企业产品特点来进行） 市场策划能力、销售渠道等：（列举当前已有的渠道或者合作伙伴，列举当前已经采取的一些重要的营销手段，来说明企业在市场销售上没有太大问题）

（续表）

资金管理能力
包括企业财务主管、会计的专业背景、专业证书获得情况（附复印件），企业财务管理状况及采取的相应措施 　包括应收账款、应付账款的管理策略和回收及支付能力；是否得到过银行贷款并能够按期偿还，是否有银行颁发的资信等级证书。 如果目前未有历史记录可证明的话，可给出相关的、具体的制度或战略、战术措施。

企业其他特殊能力
包括已获得的质量认证、高新技术企业认证以及其他特殊资格或证明等。 　确已获得的证书，请在此处提供批准文号、时间等，并提供复印件作为附件。

　　注释：其他特殊能力，包括已获得的质量认证、高新技术企业认证以及其他特殊资格或证明等。

四、企业发展情况

企业最初成立情况及企业发展历程
成立年份，注册资本，人数，最初发生的重大事件以及发展历程中的重大事件等。这里一方面是要突出最初成立的企业已经具备了当前做这个项目的人员、技术、资金和设备基础，另外一方面可以写一下本项目的来源，为什么要做这个项目等。最后，企业发展历程中提及项目相关的事宜，最好能跟本项目有传承关系，最起码要在同一个行业
重大项目开发与主要产品上市
按年份罗列自公司成立到目前为止，进行了哪些项目的研发，在什么时候推出了哪些产品进行上市等
重大融资事件
股东增资、机构投资等事件。如无可以不写
公司人员总数、总资产、净资产变化、主营业务收入、利润水平情况变化情况
列表表示，最近三年这些指标的变化，并做出说明。也可以用描述性的语言说明，并给出一些较好指标的增幅，给出一些较差指标的说明等。 主要说明企业的增长速度，突出企业的经营能力
曾经获得（或申请过）创新基金支持情况
如果获得过，则把获得的时间，验收的时间等说明一下，并在附件中附一下验收的证明（或立项合同）； 如申报未获得的，需要说明什么时候申报的，自己分析室由于什么原因没有获得立项

注释：包括最初成立情况、重大项目开发、主要产品上市、重大融资事件、公司人员总数变化情况、总资产、净资产、主营业务收入、利润水平的重大突破以及本企业认为的其他重大事件。

第三节　项目技术与产品实现

一、项目基本情况

（一）项目基本信息

项目名称	建议 30 个字以内，含英文与数字。 突出创新点，且符合指南目录要求。 显示项目所处阶段合理（研制、开发、中试、生产） 没有繁杂、多余的内容，拿不准的可以不说 注意不要把一项好的应用面广的通用技术缩水		
申请基金路线	先申请地方创新基金，然后申请国家创新基金		
申报基金类型	创新项目	基金支持方式	无偿资助
是否留学人员创办企业		是否软件类项目	
是否高技术服务业		是否开行贷款贴息	
起始时间		计划完成时间	申请无偿资助的项目，计划完成时间只能为项目申请时间后的 24 个月（生物、医药类的部分项目可以放宽至 36 个月）；申请贷款贴息的项目，其项目计划完成时间为项目申请时间后的 12 个月至 36 个月
所属领域	电子信息——计算机及网络产品——网络产品		

　　注释：①所属领域根据指南填写；②起始时间请填写企业提出项目申请的时间。如 2007 年 6 月提出申请，其项目起始时间为 2007 年 6 月；③计划完成时间：申请无偿资助的项目，计划完成时间只能为项目申请时间后的 24 个月（生物、医药类的药品项目可以放宽至 36 个月）。例如 2007 年 6 月提出申请，项目计划完成时间为 2009 年 6 月，项目计划实现的技术、经济指标均按此时间点进行测算；申请贷款贴息的项目，其项目计划完成时间为项目申请时间后的 12 个月至 36 个月。

（二）项目技术传承

1. 项目所涉及知识产权归属状况

（1）企业自行开发，本企业拥有完全的独立自主的知识产权；

（2）企业与其他科研机构联合开发，依照有关协议，本企业拥有该项技术的所有权；

（3）企业与其他科研机构联合开发，依照有关协议，本企业拥有该项技术的使用权；

（4）企业委托其他机构开发，依照有关协议，本企业拥有该项技术的所有权；

（5）企业委托其他机构开发，依照有关协议，本企业拥有该项技术的使用权；

（6）企业从其他机构合法受让，依照有关协议，本企业拥有该技术的所有权；

（7）其他不会产生知识产权所有权和使用权争议的知识产权情况。

2. 项目技术来源

技术来源单位：

①企业　②大学　③科研院所　④其他单位

技术来源单位名称：	

（1）自主开发指在产品规划、产品的概念开发、产品的系统设计、产品的详细设计、产品的测试与改进、产品试用中以自身企业为主体进行考虑，拥有完全的决策权；

（2）产学研合作开发指以企业为主体，以科研院所为主要技术支撑（主要参加单位不超过2个），技术开发成果应用于企业；

（3）引进技术本企业消化创新指产品开发、设计中所用的技术属于国外技术，由本企业引进后，在此基础上消化、吸收，再创新；

（4）获得方式是指通过技术转让、技术出资、委托开发和共同开发获得的所有权或使用权。

如以上选择"自主开发"则下面不用填写！

产权归属及获得方式：

技术转让

技术出资

委托开发

共同开发

科技计划项目类别：

中俄协力会计划

国家自然科学基金

国家科技攻关计划

"863" 计划

国家重点基础研究计划（973 计划）

国家级其他计划

省部级计划

地方科技计划

其他

项目名称：

3. 与项目相关的专利情况（包括著作权）

专利号码	专利名称	专利类型	专利权人名称	专利权人性质（单位或个人）	专利权人与项目单位关系	专利进展情况	专利范围

其他知识产权情况：

注释：（1）专利权人：包括申请人名称、申请人性质（单位、个人）、申请人与申报单位的关系。如果是单位：专利申请单位与项目申报单位的关系（同一单位，是申报单位的主管单位、存在股权关系、不存在股权及主管关系、合作关系），专利申请个人与申报单位的关系（法定代表人、技术负责人、股东、非股东）；（2）专利进展情况（申请、已签发受理通知书和专利申请号、签发授权通知书正在公告申请文件、已颁发专利证书）；（3）专利范围（国内专利、国际专利及申请地）（4）其他知识产权情况：指非专利形态的知识产权情况。

提示：申请企业需对知识产权的使用权限明确，不会有纠纷。产学研开发必须有协议且协议中必须标明申请企业要拥有知识产权。另外如果涉及技术转让或者技术入股的，在附件中一定要有清楚的技术转让文件或技术入股证明等。）

（三）项目负责人及技术骨干基本情况（不超过5人）

第一人为项目负责人

姓名		身份证件号码	无身份证，可填写护照、军官证、警官证、士兵证
学历		所学专业	

（续表）

目前与企业之间的关系	○股东 ○非股东 ○全职 ○兼职 只选其中一项，要切合实际情况。	毕业学校	
手机		e—mail	
通信地址			

主要经历：（学习、工作经历）

主要业绩：（突出完成了那些研发项目）

技术特长：

姓名		身份证件号码	
学历		所学专业	
目前与企业之间的关系		毕业学校	
手机		e—mail	
通信地址			

姓名		身份证件号码	
学历		所学专业	
目前与企业之间的关系		毕业学校	
手机		e—mail	
通信地址			

姓名		身份证件号码	
学历		所学专业	
目前与企业之间的关系		毕业学校	
手机		e—mail	
通信地址			

注释：（1）第一张表格请填写项目负责人；（2）目前与企业之间的关系包括：全职、兼职、股东、非股东；（3）自我陈述（经历）：请填写本人优势、技术骨干等情况

二、项目技术方案与创新性

（一）项目总体技术概述

1. 总体技术方案

项目技术原理
项目所依据的技术原理，包括文献、专利，或发明等（对于中医药领域，应包括立项依据，即组方依据及中医药理论、药学研究总体方案，药理毒理研究总体方案、临床研究方案等）。 （1）是指你项目的核心技术，或者创新点所使用的技术，是依据什么原理得出的，可以是一些知名的理论、专利、基本的原理等等； （2）如果比较难归纳，则用一个图形来画一下你的技术原理图，你这个技术工作的原理是什么，为什么能达到你要的效果，根据原理图来说明
项目国内外研究开发现状
国内外相关技术的研究、开发现状、存在的主要问题及近期发展趋势

2. 项目主要内容及创新点

提示：

这是本报告的核心，要着力挖掘，深入剖析，强调项目的新颖性、独创性，并系统、具体地描述。

创新包括理论创新、应用创新、技术创新、工艺创新、结构创新。

要用技术语言，尽可能多的用实验数据对技术创新性进行描述，要有数据分析、对比，要有新旧技术、结构或工艺对比。

如果是技术创新，请说明目前一般采用什么技术，申报项目对什么技术进行了创新；如果是结构创新、工艺创新，需进行新旧结构或工艺对比，最好画出新旧结构图和工艺流程图。

建议用技术语言描述，尽可能多用实验数据，可参照查新报告中的创新内容具体描绘。

技术转移项目建议重点描述转移技术的先进性、适用性及转移的增值性。

创新点不是越多越好，而是突出跟别人的区别和优势。

项目主要内容及技术路线
项目主要内容： 描述研究内容及涉及的关键技术及技术指标（需描述产品架构图）； 描述项目的基本算法原理、产品结构组成、每个组成的功能、所采用技术等（此部分最好按要求画图说明）； 本部分内容，要重点突出，条理清晰。 项目技术路线： 技术路线描述包括工艺流程图、产品结构图、框架图等。 采用用什么技术开发项目、开发原则，说明研发工作中将采取的具体技术方法、工艺流程。可以画技术路线图、工艺流程图等。 　　可以把整个技术框架细分，然后看看先做什么技术，然后是什么，最后是什么，把这个技术的路线画成一个图，并用文字来说明技术的路线进程。 　　要体现核心技术并具体描述，突出项目技术的先进程度，是国际领先、国际先进还是国内领先、国内先进；突出项目技术含量的高低，包括项目本身技术的复杂程度、技术的依赖程度等

3. 项目创新点

理论创新
应用创新
技术创新
工艺创新
结构创新

　　注释：（1）创新类别包括理论创新、应用创新、技术创新、工艺创新、结构创新；（2）项目创新内容要分条目描述：要用技术语言，尽可能多用实验数据对技术创新，如：材料创新、结构创新、工艺创新等描述，要有新旧技术、结构或工艺对比，并附以画出新旧结构图和工艺流程图等。项目技术先进性（含量），要有数据分析、对比。

4. 预计项目完成时达到的关键技术及技术指标

预计项目完成时达到的关键技术及技术指标（指标尽可能量化）（验收指标）
描述项目完成时计划解决的关键技术问题及达到的技术性能指标。指标要尽可能量化，该指标为验收考核指标。

5. 项目实现的质量标准类型、标准名称

项目实现的质量标准类型、标准名称
你们行业所特有的一些质量标准进行罗列，没有的，统一参考 ISO 的标准，查一个最符合你们行业的标准

6. 通过本项目实施，企业新获得的相关证书情况（验收指标）

通过本项目实施，企业新获得的相关证书情况（是指未来两年新获得的，此处内容涉及未来立项合同签订，请慎重填写）	
质量认证体系证书	
国家相关行业许可证	
专利证书	
技术、产品鉴定证书	
其他	

注释：该指标为验收考核指标。

（二）项目技术成熟程度

1. 项目技术成熟性

项目所处 阶段（研发、中试、 批量生产、规模生产）		现阶段本项 目直接参与 人数		项目产品销售情况 （无销售、试销、 批量）	
关键技术成熟性分析					
采用的现有成熟关键技术：					
本项目已攻克的关键技术：					
待研究的关键技术：					
另须填写（如没有的就删除）： 项目产品是否经过试用（已试用、尚未试用）、代表性的试用单位及试用时间、代表性的用户意见； 项目产品是否通过技术检测（已检测、尚未检测）、检测单位、检测意见、检测时间； 项目产品是否通过技术鉴定（已鉴定、尚未鉴定）、鉴定单位、鉴定意见、鉴定时间； 项目产品是否已取得相关行业许可认证证书（已取得、未取得、不用取得）、其中已取得：认证证书的名称、认证单位、发证时间、有限期限；未取得：是否已提出申请、提出时间、欲获得的许可认证名称、预计获得时间。 项目是否获得其他国家或部门（省部级以上）计划的支持（已获得、尚未获得）、其中已取得：计划的名称、获得支持的时间。【此部分一定不要写是同一项目，可能是本项目的前期研发项目或叫前身。否则政府认为已经有资金扶持过了，就不再扶持了】					

注释：关键技术成熟性分析（包括采用的现有成熟关键技术、已攻克的关键技术、待研究的关键技术等）须填写项目产品是否经过试用（已试用、尚未试用）、代表性的试用单位及试用时间、代表性的用户意见；项目产品是否通过技术检测（已检测、尚未检测）、检测单位、检测意见、检测时间；项目产品是否通过技术鉴定（已鉴定、尚未鉴定）、鉴定单位、鉴定意见、鉴定时间；项目产品是否已取得相关行业许可认证证书（已取得、未取得、不用取得）、其中已取得：认证证书的名称、认证单位、发证时间、有限期限；未取得：是否已提出申请、提出时间、欲获得的许可认证名称、预计获得时间。项目是否获得其他国家或部门（省部级以上）计划的支持（已获得、尚未获得）、其中已取得：计划的名称、获得支持的时间。

2. 项目实施风险及应对措施

项目实施风险及应对措施
描述项目技术实现主要面临的风险及应对措施。例如，从以下思路进行写作（可以不按照这个思路来写）： 技术本身存在的是否可能开发成功的风险以及应对 技术团队稳定性的风险以及应对 知识产权是否会有纠纷风险以及应对 技术先进性如何保证的风险以及应对

三、项目产品化

（一）项目产品特性

产品形态（单选）
1. 最终消费产品　2. 工业产品　3. 工业中间产品　4. 技术贸易（包括转让）技术服务 5. 其他
产品用途
产品对相关产业或行业的影响（重点项目填写）
产品对经济社会可持续、协调发展的影响（重点项目填写）
项目开发对民生改善、经济社会发展或区域优势资源利用的影响（重点项目填写）

（二）现阶段本项目经济效益状况

本项目产品累计销售收入	万元	本项目产品累计净利润	万元
本项目产品累计缴税总额	万元	本项目产品累计创汇	万美元（折合）

（三）项目产品生产方式及条件（初创期小企业创新项目不填此栏）

生产方式
1. 自我加工；2. 委托加工
生产工艺流程（软件除外）中必备的生产条件
项目现有生产、加工条件
已经拥有的生产、加工、研发等条件（软件、硬件、办公条件、工厂等等）
项目产业化还需完备的设备、仪器，需要完善的生产条件
罗列出来，按照：名称、数量、型号、单价等罗列。按和财务预测部分固定资产投资对应起来

注释：生产方式（自我加工/委托加工）

（四）产品化实施计划（验收指标）

项目完成时所处阶段	完成时项目产品销售情况	执行的标准
（1）样品；（2）中试；（3）批量生产；（4）规模生产	（1）无销售；（2）试销；（3）批量	（1）国际标准；（2）国家标准；（3）行业标准；（4）地方标准；（5）企业标准；（6）其他
项目产品化实施计划的具体进度安排、阶段目标及主要工作内容		
主要是指项目执行期内，每一个阶段达到的具体目标，包括进度指标、技术开发指标、资金落实额、生产建设情况、实现的销售收入等，每一个阶段必须有实际可考核的定量或定性的描述。 2011 年 4 月——2011 年 11 月：达到_____目标，主要工作内容 2011 年 12 月——2011 年 5 月：达到_____目标，主要工作内容 2011 年 6 月——2011 年 11 月：达到_____目标，主要工作内容 2011 年 12 月——2012 年 5 月：达到_____目标，主要工作内容		

注释（1）产品化实施计划的相关内容均为项目验收时的指标，请认真填写。（2）项目产品化实施计划的具体进度安排、阶段目标及主要工作内容：对于初创期项目可填写项目产品开发的进度安排、阶段目标及每个阶段主要工作内容（3）该指标为验收考核指标，要注意指标制定的合理性。

第四节　项目产品市场与竞争

一、市场概述

项目产品市场概况及需求情况
要介绍项目产品国内外市场容量，发展状况，未来发展趋势。要有数据分析、对比。本产品的市场需求量的预测，必须客观，实事求是。 分析该产品市场可接受的容量，国内、外市场在哪，主要市场在哪

　　注释：简要介绍国内外行业状况、市场容量，分析该产品在市场中的增加趋势，要有数据分析、对比。

项目产品的目标市场
结合产品优势、企业优势，确定该产品的细分市场定位。 清晰阐述目标市场状况（规模、趋势、影响因素） 典型客户：列出典型用户，如××公司、××科研机构等

　　注释：结合产品优势、企业优势，确定该产品的细分市场定位。

二、竞争优势分析

项目产品的主要竞争者
在项目产品的目标市场中，主要的同类产品名称，产品开发企业，产品开发、产品销售情况

项目产品技术性能比较优势：
根据主要竞争对手的情况，分析本项目产品的技术性能比较优势，要有数据分析、对比。

对比性能指标	本公司项目	某公司一项目	某公司二项目	某公司三项目	某公司四项目

（续表）

项目产品其他市场竞争优势（初创期小企业创新项目不填此栏）
从产品的顾客价值、价格优势、生产及销售合作网络建设、行业认知、企业管理、客户管理等方面进行阐述。（根据主要竞争对手的情况，阐述本产品的竞争优势）。可以列表说明

注释：从产品的技术优势、营销优势、行业的认知、企业管理优势等多方面分析与市场同类产品的竞争优势。

第五节　商业模式

一、项目产品的开发、生产策略

项目产品的开发、生产策略（初创期小企业创新项目不填此栏）
主要阐述如何利用企业优势，合理组合各种资源，组织产品的开发与生产，提高产品性能，降低产品成本，提高产品综合竞争能力。 产品开发策略主要说明该产品开发能很好地利用企业现有的基础，或能与企业现有产品进行组合，提高综合竞争力；或能很好地满足市场的需求、便于销售等。 生产策略主要说明企业采取的生产方式（如自行加工、委托加工等）与企业现有的基础或产品的特性是否匹配等

注释：利用企业优势、合理组合各种资源，描述对产品开发、生产、销售进行的合理策划，提高产品综合竞争力，满足市场的需求，在较短时间内开发和生产出具有竞争力的产品。

二、项目产品的市场营销策略

项目产品的市场营销策略（初创期小企业创新项目不填此栏）
制订产品市场的推广计划，制订产品销售计划，及制订计划时所采取的各种策略。如渠道开发：主要销售的地区、领域、对象；是否已有相应的销售和服务网络，如果有，应加以描述，如果现在还没有，需描述建立此网络的计划和所需的资源。总体要有可行性和合理性

注释：制订产品市场的推广计划，制订产品销售计划，及制订计划时所采取的各种策略

三、项目获利方式

项目产品获利方式
阐述如何将项目产品转化为商业价值，转化为商品，实现商业价值，形成现金流，获取利润的模式。分析项目的获利方式（其中可分析技术的先进性对获利方式的贡献程度等），分析这种获利方式是否是最佳的，及持久性

注释：分析项目的获利方式（其中可分析技术的先进性对获利方式的贡献程度等），分析这种获利方式是否是最佳及持久性。

四、公司治理结构及人力资源规划

公司治理结构及人力资源规划（初创期小企业创新项目不填此栏）
阐述本项目在开发、生产、销售等环节上人力资源的设置和培养

第六节　企业财务与项目融资

一、企业历史财务分析

（一）近三年财务分析

近三年财务分析				
年份	总资产	净资产	主营业务收入	净利润
2010				
2011				
2012				
2012 年 5 月				
重点项目从申报前三年度和最近一个月的企业的总资产、净资产、主营业务收入、净利润的增减情况进行分析说明；成长期企业创新项目、初创期企业创新项目从申报前二年度和最近一个月的企业的总资产、净资产、主营业务收入、净利润的增减情况进行分析说明				

注释：对近 3 年企业的总资产、净资产、主营业务收入、净利润的增减情况进行分析说明。

（二）对上年度财务报表中的主要科目进行分析说明

对上年度财务报表中的主要科目进行分析说明
1. 应收账款：按照账龄分析法进行列示
2. 其他应收应付款：按照账龄分析法进行列示
3. 应付账款：要列示主要债权人、应付款金额、期限
银行贷款：列示贷款明细表，包括贷款银行、贷款金额、贷款起止日期
总收入：各构成部分按金额和占总收入的比重进行分析列示

注释：主要包括应收账款、应付账款、其他应收应付款、银行贷款、总收入等科目，对应收账款要求按照账龄分析法进行列示，对银行贷款要求列示贷款明细表，包括贷款银行、贷款金额、贷款起止日期，对主要应付账款要列示债权人、应付款金额、期限；对总收入的构成按金额和占总收入的比重进行分析列示。

二、项目投融资

（一）项目投资

近期项目完成的投资情况（上年度1月1日——申报前一个月内）			
项目已完成投资总额		万元	
资金使用情况说明	主要用于项目组中试前期科研生产设备的购置及研发费用支持，其中设备购置　万元，技术研发费用　万元。（以上两部分可以分别罗列明细）		
本项目实施期间新增投资预算及依据			
项目计划投资总额		万元	
其中项目新增投资额		万元	
其中固定资产投资	万元	其中流动资金投资	万元
资金使用方向细目（包括固定资产投入、在建工程、研发投入、管理费等）			

申请无偿资助类项目计划新增投资＜1000万元，申请贷款贴息类项目计划新增投资＜3000万元。

企业应全面、合理地说明固定资产和流动资金的投资估算。

测算依据：

（1）新增固定资产投资估算表：（不得将基建和购买小汽车或消费性支出列入下表）

类别　项目	单价（万元）	数量	总价（万元）
总计			

（2）流动资金估算表：

费用支出	金额（万元）
研发费用	
管理费用	
生产费用	
营销费用	
其他	
合计	

　　注释：（1）项目已完成投资总额：指涉及该项目研制、开发、试验生产以及生产过程中所有已投入的资金总和。（2）项目计划投资总额：指项目执行期内预计总投资额，包括执行期内已完成的投资额和项目新增投资额。（3）其中项目新增投资总额：指项目实施期间内所需的新增投资。（4）其中固定资产投资：指项目执行期内新增投资额中用于固定资产投资。（5）其中流动资金投资：指项目执行期内新增投资额中用于流动资金投资。

(二）项目融资

地方（已设立地方创业资金）立项上报				
本企业承诺：为完成本项目，本企业愿意以自筹资金补足申请额和地方立项额之间的差异				
并且承诺：本企业愿意在获得地方立项支持后继续申请国家创新基金，并以自筹资金补足申请资金额与实际立项金额之间的差异				
项目新增投资额				
企业自筹	万元			
银行贷款	万元			
申请财政拨款	万元	其中地方创新基金	万元	
		国家创新基金资助	万元	申请支持方式
其他	万元			
企业自筹资金来源说明				

注释：（1）计划新增投资总额＝企业自筹＋银行贷款＋财政拨款＋其他；（2）对于申请银行贷款的企业，需要企业提供以往同银行来往的贷款合同和执行情况，以及银行出具的信用评级文件；（3）创新基金资助金额初创期企业创新项目为 50 万元，成长期企业创新项目为 50－100 万元，重点项目为 100－200 万元；（4）申请企业在此须承诺以自有资金来补足申请地方创新资金、国家创新基金金额与立项金额的差异。

三、项目经济效益分析

（一）项目产品生产规模及销售量（初创期小企业创新项目不填此栏）

	项目产品生产规模	销售收入（万元）	总成本费用（万元）	净利润（万元）	职工年均人数
项目申报后第一年					
项目申报后第二年					
项目申报后第三年					

（续表）

项目申报后 第四年				
项目申报后 第五年				
相关分析				

（二）项目执行期内项目产品实现的经济效益预测（验收指标）

累计销售收入	万元	累计净利润	万元
累计缴税总额	万元	累计创汇	万美元
因本项目新增就业人数	人		
预测分析			

　　注释：（1）项目执行期指从项目起始时间到计划完成时间内的一段时间。（2）该指标为验收考核指标，要注意指标制定的合理性。

（三）项目产品生产成本（初创期小企业创新项目不填此栏）

项目产品生产成本的主要构成因素分析
预测产品的单位成本

（四）项目产品定价（初创期小企业创新项目不填此栏）

分析说明项目产品的价格
定价策略

（五）项目投资静态分析（重点项目填写）

项目投资静态分析

注释：项目投资静态分析需要计算投资回收期及投资利润率

四、企业发展预测

（一）项目完成时企业发展情况（验收指标）

企业资产规模	企业年营业收入	企业人员总数
万元	万元	人
测算依据：		

注释：该指标为验收考核指标，要注意指标制定的合理性。

（二）企业未来 5 年的定位及发展计划

企业未来 5 年的定位及发展计划
分析企业未来 1—5 年的定位及发展规划，分析该项目的发展对企业成长的重要性。

第七节　附件

一、* 注册应提交的材料 *

（1）企业注册承诺书（注册时从系统中打印；法人签字，企业加盖公章）；

（2）企业注册信息表（注册时从系统中打印；法人签字，企业加盖公章）；

（3）企业营业执照副本（加盖企业公章）；

（4）税务登记证副本（加盖企业公章）；

（5）企业章程（加盖企业公章）；

（6）验资证明（加盖企业公章）

（7）海淀区创新企业证书（限海淀区创新企业提供）。

请将注册材料按以上编号顺序装订1套，并于系统提交后的5个工作日内，报送各相应服务机构审核，零散材料将不予受理，同时将所有原件一并提交查验。

二、附件材料

① 企业注册材料（科技部网络工作系统注册用全套材料）；

② 经会计师事务所（或审计师事务所）审计的企业2008年、2009年年度的会计报表和相应的审计报告（含会计师事务所营业执照、注册会计师证书的复印件），2010年度最近一个月的会计报表。会计报表必须包括资产负债表、损益表、现金流量表及报表附注等；经过审计的财务报表每页需加盖审计单位印章（或盖骑缝章）。

2010年注册的新办企业，报送企业本年度最近一个月的企业会计报表；

③ 可以说明项目情况的证明文件（如技术报告、查新报告、鉴定证书、检测报告、用户使用报告等）；

④ 高新技术企业认定证书（限高新技术企业提供）、海淀区创新企业证书（限海淀区创新企业提供）；

⑤ 国家专卖、专控及特殊行业的产品，须附相关主管机构出具的批准证明；

⑥ 留学人员投资（含独资和合资）创办的企业，须提供留学就读学校出具的学位（学历）证书、本人有效身份证明、投资资金证明或股权证明、中

国驻外使领馆教育处，或省级以上留学人员服务中心出具的有效证明等文件；

⑦ 能说明项目知识产权归属及授权使用的具有法律效力的证明文件（如：专利证书，软件著作权登记证书、技术合同等）。企业与技术持有单位合作的项目签订技术合同时，技术持有单位必须是具有法人资质的单位。

⑧ 与项目和企业有关的其他参考材料（如环保证明、奖励证明、用户订单、产品照片等）；

⑨ 曾列入国家科技经费支持的科技计划项目，必须提供有关的立项批准文件和验收结论（仅申报海淀园创新资金的项目，承担的国家计划未验收时，附立项批准文件即可）；

⑩ 其他有关证明材料（如申请贷款贴息的企业应提供贷款合同、有效付息凭证复印件；企业属本申请须知中所列的"优先支持的重点范围"，请提供相应的证明材料）。

注：请按以上顺序编制目录，并进行热压装订，封面颜色按领域区分：

电子信息技术：深蓝色

生物与新医药：深绿色

新材料：黄色

光机电一体化：大红色

资源与环境：橘黄色

新能源与高效节能：白色

高技术服务业：按上述应用领域选择颜色

企业基本财务数据

7. 企业基本财务数据　　　*　　　*

科目	前四年	前三年	前两年	前一年	最近一个月
货币资金					
短期投资					
应收账款					
其他应收账款					
预付账款					
存货					
流动资金合计					
固定资产原值					
固定资产净值					
在建工程					

（续表）

科目	前四年	前三年	前两年	前一年	最近一个月
固定资产合计					
无形资产					
递延资产					
总资产					
短期借款					
应付账款					
预收账款					
应付工资					
其他应付款					
流动负债合计					
负债合计					
实收资本					
资本公积					
盈余公积					
未分配利润					
所有者权益合计					
主营业务收入					
主营业务成本					
经营费用					
主营业务利润					
营业费用					
管理费用					
财务费用					
营业利润					
投资收益					
营业外收入					
营业外支出					
其他业务利润					
利润总额					

（续表）

科目	前四年	前三年	前两年	前一年	最近一个月
净利润					
销售商品、提供劳务收到的现金					
购买商品、接受劳务支付的现金					
支付给职工以及为职工支付的现金					
经营活动产生的现金流量净额					
投资活动产生的现金流入小计					
构建固定资产、无形资产和其他长期投资所支付的现金					
投资活动产生的现金流出小计					
筹资活动产生的现金流量净额					
筹资活动产生的现金流入小计					
筹资活动产生的现金流出小计					
投资活动产生的现金流量净额					
现金及现金等价物净增加额					
销售收入					
净资产					

* 重点项目申报企业填写前四年数据。

根据实际情况，系统中这些附件您可以提供多个也可以不提供。专家在网络评审中，将通过这些索引/摘要进行相关判断，请认真、全面、准确的按要求进行索引/摘要。

务请各重复申报（重复申报指该项目曾经上报过创新基金管理中心）的企业在本申报系统中的第八部分"8附录、数字化摘要信息"中，进入"其他需要提供的附件材料"，建立题为"关于重复申报的说明"附件，说明该项目为什么重复申报、项目的改进等相关内容，该内容可以填写到数字化摘要中。

描述	要求	状态
企业法人营业执照	索引	您已经输入0条记录
企业财务报表	索引	您已经输入0条记录
查新报告	索引、摘要	您已经输入0条记录

（续表）

描述	要求	状态
样机外观图片	索引	您已经输入 0 条记录
整机厂的合作配套意向书或配套试验报告	索引	您已经输入 0 条记录
动物试验报告	索引	您已经输入 0 条记录
专利证书	索引	您已经输入 0 条记录
检测报告	索引	您已经输入 0 条记录
用户报告	索引	您已经输入 0 条记录
特殊产品生产许可证	索引	您已经输入 0 条记录
软件著作权登记证书	索引	您已经输入 0 条记录
环境保护产品认定证书	索引	您已经输入 0 条记录
企业审计报告	索引、摘要	您已经输入 0 条记录
会计师事务所企业法人营业执照	索引、摘要	您已经输入 0 条记录
科技成果（新产品）鉴定证书	索引、摘要	您已经输入 0 条记录
科学技术成果鉴定证书－主要研制人员名单	索引、摘要	您已经输入 0 条记录
科学技术成果鉴定证书－鉴定委员会名单	索引、摘要	您已经输入 0 条记录
临床批文	索引、摘要	您已经输入 0 条记录
"863"专家组推荐意见	索引、摘要	您已经输入 0 条记录
"863"专家组成员名单	索引、摘要	您已经输入 0 条记录
技术合同（转让合同、合作合同等）	索引、摘要	您已经输入 0 条记录
其他计划立项证明（合同）	索引、摘要	您已经输入 0 条记录
其他需要提供的附件材料	索引、摘要	您已经输入 0 条记录
技术转移机构附件：技术提供方机构类型	索引、摘要	您已经输入 0 条记录
会计师事务所执业许可证	索引	您已经输入 0 条记录
注册会计师证书的复印件	索引	您已经输入 0 条记录
质量体系，环境体系认证	索引	您已经输入 0 条记录
环保证明	索引	您已经输入 0 条记录
出口证明	索引	您已经输入 0 条记录
高新技术企业证书	索引	您已经输入 0 条记录
计量器具样机试验合格证书	索引	您已经输入 0 条记录
获奖证书	索引	您已经输入 0 条记录

（续表）

描述	要求	状态
药品 GMP 证书	索引	您已经输入 0 条记录
通讯、电力入网证	索引	您已经输入 0 条记录
农肥、农药登记证	索引	您已经输入 0 条记录
减、免税批准通知书	索引	您已经输入 0 条记录
中俄合作专项资金申请表	索引	您已经输入 0 条记录
银行贷款承诺	索引	您已经输入 0 条记录
银行贷款合同、借款凭证、贷款付息单等	索引	您已经输入 0 条记录
股东会议决议	索引	您已经输入 0 条记录
国际技术转移依托机构意见表	索引	您已经输入 0 条记录

第十章　安徽省科技计划项目

第一节　安徽省科技计划项目申报书

安徽省科技计划项目申报书

项　目　名　称：_____

申报单位（公章）：_____

主　管　部　门：_____

通　讯　地　址：_____

联系人、电话：_____

申　报　日　期：_____

安徽省科学技术厅制

二〇一六年

编 写 说 明

1. 本申报书适用于申报安徽省科技厅科技计划项目时使用，经主管部门审查签署意见并加盖公章后报送。

2. 申报单位指项目第一承担单位。

3. 主管部门指申报单位的所在市科技局或归口管理部门。

4. 文本规格为 A4 开，封面格式不变，正文一律用小 4 号宋体字打印，标题用小 4 号黑体字打印。一式四份。

项目申报书编写提纲

一、项目概述

二、国内外研究现状和发展趋势

三、立项的背景和意义（含科技发展、应用或产业化前景）

四、研究内容（主要包括研究重点与开发内容，含研究方案、技术路线、组织方式。）

五、预期目标（含技术和经济指标，项目目标的涵盖范围要与项目名称相对应；目标应该明确具体，可考核；其目标在实施年度内能够完成。）

六、年度分阶段计划安排

七、单位现有研究基础、条件和主要研究人员简况

八、经费概算（含细化概算支出，附资金概算表）

九、项目的风险分析（含技术、市场、环境影响的风险分析等）

十、主管部门或评估机构的意见

十一、有关附件（包括项目主持人的身份证和职称复印件）

附表：

安徽省科技计划项目资金概算表

项目名称：

起止时间：

承担单位全称（公章）：

承担单位账户全称：

开户行全称：

开户行账号：

项目联系人：

联系电话：

传　真：

主管部门（公章）：

单位：万元

资金来源概算	概算金额	其 中			
		年	年	年	年
申请省财政拨款					
市县财政匹配					
主管部门配套					
单位自筹					
银行贷款					
其 他					
来源合计					

资金支出概算	概算金额	其中：省财政拨款	备 注
设备费			
材料费			
测试化验加工费			
燃料动力费			
差旅费			
会议费			
国际合作与交流费			
出版、文献、信息传播、知识产权事务费			
劳务费			
专家咨询费			
管理费			
其他			
支出合计			

特别说明：（购置主要仪器设备须列出清单）

《安徽省科技计划项目资金概算表》
填报说明

1. 本表主要为项目资金概算管理设计。

2. "项目名称"应与项目申报书中的名称一致，并写全称。

3. "起止时间"指项目自申请立项至结题验收的起止时间，按"×××
×年××月——××××年××月"的格式填列。

4. 承担单位账户、账号一但确认，不得更改，且立项后项目受款单位与
承担单位及账户名必须一致（凡拨入地方财政专户必须说明）。

5. "项目联系人"应为参与项目组人员。

6. 概算支出科目根据科技计划经费管理有关规定进行概算列支。

注：项目承担单位除须填报资金概算表外，还可根据具体情况对某些概
算支出科目补充说明。

第二节 安徽省科技计划项目论证书

计划类别_____ 编号_____

安徽省科技计划项目论证书

项 目 名 称：_____

主 持 单 位（公章）：_____

主 管 部 门：_____

组 织 论 证 单 位：_____

组 织 论 证 日 期：_____

安徽省科学技术厅制

二〇一六年

填 写 说 明

1. 本论证书由省科技厅相关业务处室指导填写。所含"项目可行性研究报告"应是在专家论证后，经修改完善的上报材料。

2. 主持单位指项目第一承担单位。

3. 主管部门指主持单位的所在市科技局或归口管理部门。

4. 计划类别、编号由省科技厅统一编排。

5. 文本规格为 A4，封面格式不变，正文一律用小 4 号宋体打印，标题用小 4 号黑体字打印。一式四份。

6. 项目分设课题的，可以课题为单位填写，并在正文第一页相关栏注明"××项目××课题"。

一、可行性研究提纲

（一）基本情况

项目名称。

内容摘要（限 200 字以内）。

主持单位及参加单位（单位名称、性质、地址、法人代表、联系电话）。

项目主持人（姓名、性别、年龄、单位、专业、技术职称及近五年主要科技工作业绩）。

（二）立项依据

1. 提出背景与经济、社会意义（属产品开发类的须作市场分析）。

2. 国内外同类研究、发展动态。

（三）研究方案

1. 研究内容。

2. 关键技术与难点。

3. 拟采取的技术方案、工艺路线（附流程图）及可行性分析。

4. 提交成果形式与主要技术、经济指标。

5. 进度计划。

（四）保障条件

1. 研究、开发能力与已有工作基础。

2. 现有设施条件，尚缺条件和解决途径。

3. 项目组成员（姓名、性别、年龄、专业、技术职务、单位）与分工。

4. 主持及参加单位的保障承诺。

（五）研究经费

1. 经费预算。

2. 经费来源。

3. 申请省财政经费的主要用途（按申报书资金预算细化支出分列）。

（六）环保措施（对环境影响及治理对策）。

（七）成果转化（研究成果转化难易分析及推广应用前景）。

二、编写"可行性研究报告"人员名单

序号	姓 名	性别	年龄	职 称	职 务	单 位
1						
2						
3						
4						
5						
6						
7						
8						
9						
10						
11						
12						
13						
14						
15						
16						

三、论证意见

1. 必要性评价 2. 可行性评价 3. 先进性、实用性、创新性评价 4. 经费预算评价 5. 修改意见

论证委员会主任（签名）：

年 月 日

四、论证委员名单

姓 名	单 位	所学专业	现从事专业	职称、职务	本人签名

五、组织论证单位意见

负 责 人：（盖章）

年 月 日

六、省科技厅意见

负　责　人：（签名）

年　月　日

第三节 安徽省科技计划项目任务书

计划类别_____ 编号_____

安徽省科技计划项目任务书

项目名称：

项目主持单位：

归口管理部门：

联系人：

联系电话：

安徽省科学技术厅制

二〇一六年

填　写　说　明

1. 本任务书由省科技厅相关业务处室指导填写。

2. 项目主持单位指项目第一承担单位。

3. 归口管理部门指主持单位所在市科技局或归口部门。

4. 计划类别、编号由省科技厅统一编排。

5. 文本规格为A4，封面格式不变，正文一律用小4号宋体打印，标题用小4号黑体字打印。一式四份。本任务书可从安徽省科技厅网站下载（www. ahinfo. gov. cn）。

6. 项目分设课题的，可以课题为单位填写，并在正文第一页相关栏注明"××项目××课题"。

7. 开户银行和账号要与项目申报书资金概算表填写一致，户名必须与项目承担单位名称一致。

基本信息

项目主持单位					单位性质	
项目主持人	姓　名				联系电话	
	学　历	1. 博士 2. 硕士 3. 学士 4 其他			职称	1. 高级 2. 中级 3. 初级 4. 其他
项目组 人数	总人数	其 中	高级 职称	中级 职称	初级 职称	其 他
项目所属 领域	1. 电子信息 2. 新材料 3. 光机电一体化 4. 生物医药 5. 农业 6. 资源与 环境 7. 新能源与高效节能 8. 医疗卫生 9. 公共安全 10. 现代服务业 11. 其他					
实现经 济效益 （万元）	产　值	（其中项目实施新增产值：　　　　　）				
	利　税	（其中项目实施新增利税：　　　　　）				
	创汇（美元）					
取得知 识产权	1. 专利 2. 技术标准 3. 动、植物新品种 4. 生物、医药新品种 5. 软件著 作权 6. 集成电路布图设计权 7. 其他					
专利（项）	申请专利	（其中发明：　）		授权专利	（其中发明：　　）	
制定技术 标准（项）	企业标准	地方标准		行业标准	国家标准	国际标准
产学研联合	合作单位 名称	合作单位性质		合作形式		合作经费 支出
		1. 企业 2. 院所 3. 高校		1. 技术开发 2. 技术转 让 3. 技术入股 4. 合办 企业 5. 咨询服务 6. 其他		

本任务书所称_____项目，由皖科计字〔　〕　号文批准立项。为规范项目实施和管理，安徽省科技厅（甲方）和项目主持单位（乙方）_____

_____及项目管理部门（丙方）_____

_____签署本任务书。任务书内容以项目申报书或论证报告为准，承担单位须按照规定的任务认真履行。

一、项目摘要

二、提交成果形式和主要技术、经济指标

三、进度计划

	年度实施内容和考核指标
年　月 至 年　月	
年　月 至 年　月	
年　月 至 年　月	

四、经费预算

单位：万元（保留两位小数）

资金来源预算	预算金额	其　中			
		年	年	年	年
省财政拨款					
市县财政匹配					
主管部门配套					
单位自筹					
银行贷款					
其　他					
合　计					

资金支出预算	预算金额	其中：省财政拨款	备　注
设备费			
材料费			
测试化验加工费			
燃料动力费			
差旅费			
会议费			
国际合作与交流费			
出版、文献、信息传播、知识产权事务费			
劳务费			
专家咨询费			
管理费			
其他			
支出合计			

单位账户全称：

开户行全称：

开户行账号：

五、主持单位和主要参加单位分工

	单　位	分　工
1		
2		
3		
4		
备　注		

六、项目组成员

姓 名	性别	出生年月	学历	专业	职称、职务	所在单位	项目分工	本人签名

七、规定条款：

1. 任务书三方按照《安徽省科技计划项目管理暂行办法》管理、监督和组织实施。

2. 乙方按年度编当年计划项目执行情况和下一年工作执行计划，完成甲方下达的有关项目统计报表，准确提供相关数据和资料。计划项目执行情况报告一般编报期限为每年底。甲方对乙方计划项目执行情况进行监督，并不定期进行检查或评估。

3. 甲方根据经费拨款计划拨款，对乙方不能按时提交上年计划项目执行情况、未完成计划任务或计划执行较差的项目，甲方有权停止拨款。

4. 乙方按省科技计划项目经费有关规定开支，专款专用，不得挪用和截留。项目终止时若有经费结余，按有关规定处理。

5. 丙方协助甲方监督、指导和支持乙方项目的实施。协同甲方进行项目执行情况的检查或评估。

6. 本项目涉及的保密事项，按国家、省保密有关规定执行。

7. 项目完成后应按省有关科技项目管理办法验收结题。知识产权归属按国家、省有关规定执行。

8. 本任务书一式 4 份，自签订之日起生效。甲方存 2 份，乙方、丙方各存 1 份。

9. 本任务书自正式发布之日启用，原安徽省科研项目合同书废止。

八、任务书签订各方签章

经办人（签字）：

负责人（签字）：   甲　方（公章）：
                                                    年　月　日

项目主持人（签字）：   单位负责人（签字）：

                                                    乙　方（公章）：
                                                    年　月　日

经办人（签字）：   负责人（签字）：

                                                    丙　方（公章）：
                                                    年　月　日

第四节 安徽省科技计划项目验收申请表

安徽省科技计划项目验收申请表

申请验收单位（盖章）：　　　　　　　　　　　　　　　　　　填表时间：

项目名称				编号	
计划类别		单位联系人		联系电话	
邮政编码		单位地址			
单位性质		1. 企业　2. 高校　3. 院所　4. 其他			
项目主持人		项目起始时间		计划完成时间	
验收形式		验收时间		验收地点	
项目主要参加单位					
1.					
2.					
验收文件和资料目录					
1. 项目实施工作报告 2. 技术研制报告 3. 经费决算报告 4. 合同书 5. 测试报告 6. 用户使用报告等相关证明附件（满足画"√"，以上文件资料用于省科技攻关计划项目验收，其他计划项目参见省科技厅相关规定要求。）					
项目归口管理部门意见					
负责人签字（单位盖章）：　　年　月　日					
省科技厅主管处意见					
（是否推荐为宣传典型：　是　否） 　　　　　　　　　　经办人：　负责人签字：　　年　月　日					
省科技厅发展计划处意见					
负责人签字：　　年　月　日					

第十一章　安徽省工程技术研究中心项目

第一节　安徽省工程技术研究中心建设申报书

安徽省工程技术研究中心建设申报书
编写大纲

一、安徽省×××工程技术研究中心

二、依托单位：(全称)

三、合作单位：(全称)

四、主管部门：(省直有关部门、市(试点县)科技局、部属高校)

五、申报日期：年　月　日

六、组建中心的目的和意义：

重点说明：本技术领域的确切定义，在行业发展中的地位和作用，组建中心的必要性、可行性；对行业技术进步的带动作用。

七、国内外技术、产业发展状况和趋势

国内外的现状与发展趋势，省内的技术水平和技术需求等。

八、依托单位情况

说明单位的基本情况（包括人员、机构、设施、研究开发活动及效益）；

依托单位在该技术领域的优势（承担的国家、省内有关课题，取得的有关科技成果，在国内、省内的地位和影响，人才队伍等）；

九、组建内容及实施方案设想

（一）组建中心的目标和任务；

（二）中心的组织机构及管理运行模式；

（三）如何发挥在行业科技进步中的带动作用；

（四）有关经费预算：包括申请财政拨款、贷款和自筹资金。

安徽省工程技术研究中心简明信息表

时间：年　月　日（盖章）

中　心 名　称						
依托单位 名　称			单位性质		1. 高等院校　2. 科研机构 3. 企业　　　　4. 其他	
联系人		联系电话 手　机		地址		
所属领域		□ 工业领域　　□ 农业领域　　□ 社会发展领域				
单位职工 总　数	（其中大专学历 以上：　）	主要经济指标 （上一年度）	销售收入	利税	出口创汇	
单位简介（200字左右）						
备注						

第二节　安徽省工程技术研究中心建设可行性报告

项目编号＿＿＿＿＿＿＿＿＿＿＿＿＿

安徽省工程技术研究中心
建设可行性报告

中心名称：＿＿＿＿＿＿＿＿＿＿＿＿＿

依托单位：＿＿＿＿＿＿＿＿＿＿＿＿＿

合作单位：＿＿＿＿＿＿＿＿＿＿＿＿＿

主管部门：＿＿＿＿＿＿＿＿＿＿＿＿＿

论证时间：＿＿＿＿＿＿＿＿＿＿＿＿＿

安徽省科学技术厅编制

填 报 说 明

1. 本论证书与申报书为配套文件，由省科技厅业务处室指导填写。《可行性研究报告》需要经专家论证修改完善。

2. 主持单位指项目第一承担单位。

3. 项目编号由省科技厅统一编排。

4. 文本规格为 A4 开，封面格式不变，一式五份报省科技厅。

可行性研究报告编写提纲

（一）基本情况

项目名称

项目摘要（限 300 字以内）

依托单位及合作单位（单位名称、性质、通讯地址、法人代表、联系电话）

（二）组建中心的目的和意义

1. 组建中心的必要性和可行性；

2. 建成后预期的社会经济效益。

（三）国内外技术发展趋势和省内需求

1. 国内技术现状及发展趋势；

2. 省内的现状及技术需求。

（四）依托单位和合作单位现有的基础条件和优势

1. 在该技术领域的研究、开发、设计及成果转化情况；

2. 有关人员队伍、基础设施、试验装置等情况。

（五）"中心"建设的目标和任务

1. 研究开发能力和水平　拟研究开发的工程化技术、工艺、装备；推出的新产品；消化吸收、进技术、…

2. 社会经济效益　成果辐射产生的效益，对行业技术进步的促进作用，"中心"自身的经济效益和自我发展能力…

3. 人员培训和对外开放服务；

4. "中心"建设近期的目标任务。

（六）"中心"的总体设计和布局

1. 依托单位和合作单位之间的职责、分工；

2. "中心"的基本结构、各单元的职责和关系；

3. "中心"拟采取的管理模式和运行机制；

4. 人员配备情况。工程技术人员、管理人员和学术带头人简介。

（七）"中心"组建计划进度

（八）经费预算与支出

1. 投资总额和资金来源。财政拨款、贷款、单位自筹、部门和地方的匹配资金；

2. 分年度的经费预算；

3. 经费支出明细（参见项目任务书六－2）。基本建设投资、主要新增仪器设备清单。

（九）依托单位意见及保障承诺

（十）合作单位意见及保障承诺

专家论证意见：

　　（一）对本"中心"可行性方案的评价（论证内容主要有：本"中心"的方向是否正确，对经济和社会发展是否具有重大意义；承担单位的技术力量和基础条件是否能满足任务的需求；所提的技术方案和实施方案是否可行；主要技术指标是否先进；经费预算是否合理，…）

　　（二）对本"中心"可行性方案的建议。

论证委员会主任委员：

年　　　　月　　　　日

专家论证委员会成员名单

序号	姓名	工作单位	职称	职务	专业	签名

主管部门意见：

负责人：

年　月　日

省科技厅意见：

负责人：

年　月　日

第三节　安徽省工程技术研究中心建设项目任务书

项目编号＿＿＿＿＿＿＿＿＿＿＿＿＿＿＿

安徽省工程技术研究中心建设项目任务书

中心名称：＿＿＿＿＿＿＿＿＿＿＿＿＿＿

依托单位：＿＿＿＿＿＿＿＿＿＿＿＿＿＿

合作单位：＿＿＿＿＿＿＿＿＿＿＿＿＿＿

主管部门：＿＿＿＿＿＿＿＿＿＿＿＿＿＿

填报时间：＿＿＿＿＿＿＿＿＿＿＿＿＿＿

安徽省科学技术厅编制

填 写 说 明

1. 本《项目任务书》是安徽省工程技术研究中心建设立项、实施、检查、验收的依据，具有行政约束力。

2.《项目任务书》由项目执行单位，根据经专家论证并修改后的《安徽省工程技术研究中心可行性研究报告》填写，经主管部门签署意见后，一式五份报送省科技厅。

3. 填报单位应按《项目任务书》中各栏要求填写，字迹清楚，数字准确，必要时可加附页或说明材料。

一、"组建"中心"的目的和意义

二、"中心"建设的主要内容

1."中心"的主要任务和职能

2. "中心"的总体设计和布局

三、"中心"建成后的考核目标

1. 工程技术研究开发能力和水平（拟开发的新产品、新工艺、新材料，拟建设的试验装置，所要达到的规模及水平，…）

2. 社会经济效益（科技成果向企业辐射或"中心"自身转化产生的效益，对行业技术进步的影响，…）

3. 培训人员及对外开发服务（为行业培训工程技术人员，接纳外单位科技人员到"中心"从事工程化研究开发，…）

4. "中心"内部运行管理和自我发展能力（基础设施建设、管理运行状况、资产增值、技术储备，…）

四、实施方案和进度

1. 实施方案概述

2. 实施进度及分阶段目标

五、项目组成员及分工

姓名	工作单位	职务	职称	专业	在本项目中的分工	签名

六、资金投入用途

1. 资金投入

单位：万元

金额　　　年度 来源	年	年	年
财政拨款			
自　筹			
其　它			
合　计			

户　　名：

开户银行：

账　　号：

2. 资金支出概算

科目名称	总预算	其中：省财政经费
1. 设备费		
（1）购置设备费		
（2）试制设备费		
（3）设备改造与租赁费		
2. 材料费		
3. 测试化验加工费		
4. 燃料动力费		
5. 差旅费		
6. 会议费		
7. 国际合作与交流费		
8. 出版/文献/信息传播/知识产权事务费		
9. 劳务费		
10. 专家咨询费		
11. 管理费		
12. 其他		

备　注：（列出主要新增仪器设备清单金额）

七、依托单位意见

负责人（签字）：

年 月 日

八、合作单位意见

负责人（签字）：

年 月 日

九、主管部门意见

负责人（签字）：

年 月 日

十、省科技厅意见

负责人（签字）：

年 月 日

第十二章　科研成果鉴定

第一节　科技成果鉴定报告

×××××××技术研究

成果鉴定材料

×××××××有限公司

×××××××工程技术研究中心

二〇　年　月

第二节　科技成果鉴定申请表

技成果鉴定申请表

成　果　名　称：_____

完　成　单　位：_____

申　请　鉴　定　单　位：　　　　　　　　（盖章）

申　请　鉴　定　日　期：

申　请　组　织　鉴　定　单　位：

组织鉴定单位受理日期：____经办人：____（签字）

国家科学技术委员会
安徽省科学技术委员会翻印
一九九四年制

科技成果 中文名称										

限 35 个汉字

研究 起始时间		研究 终止时间	

申请鉴定单位	单位名称					
	隶属省部	代码		名称		
	所在地区	代码		名称		单位 属性 （ ）
	联系人					
	邮政编码		联系电话			
	通信地址					

单位属性栏内容：1. 独立科研机构 2. 大专院校 3. 工矿企业 4. 集体个体 5. 其他

联系电话：1. _____ 2. _____

任务来源	（ ）	1－国家计划 2－省部计划 3－计划外
成果有无密级	（ ）0－无 1－有	密 级（ ） 1－秘密 2－机密 3－绝密

内 容 简 介

内 容 简 介

技 术 资 料 目 录

主要研制人员名单

序号	姓 名	性别	出生年月	技术职称	文化程度	工作单位	对成果创造性贡献	完成人签字
1								
2								
3								
4								
5								
6								
7								
8								
9								
10								
11								
12								
13								
14								
15								

项目负责人签字：

经办人签字：

申请鉴定单位意见	
	领导签字_____（盖章）
主管业务部门意见	
	领导签字_____（盖章）
任务下达单位意见	
	领导签字_____（盖章）
组织鉴定单位意见	
	经办人_____（签字）；主管领导_____（签字）
鉴 定 形 式	

填 写 说 明

1.《科技成果鉴定申请表》。本表规格为标准 A4 纸，竖装。必须打印或铅印，字体为 4 号字。

2. 成果名称：由成果完成单位填写。

3. 完成单位：指承担该项目主要研制任务的单位。由二个以上单位共同完成时，原则按计划任务书或技术合同中研制单位的顺序由第一完成单位填写，如有变化，填写前，完成单位必须协商一致。

4. 申请鉴定单位：由成果完成单位填写，名称必须与单位公章完全一致。二个以上单位完成的，原则由计划任务书或合同书中第一承担单位提出申请，如有变化，在提出申请鉴定之前，各完成单位必须协商一致。

5. 申请鉴定日期：由成果完成单位填写，并以申请鉴定单位盖章日期为准。

6. 申请组织鉴定单位：指向有组织鉴定权，并向其提出鉴定申请的单位。由成果完成单位填写。

7. 组织鉴定单位受理日期：指申请鉴定单位将本鉴定申请表送达申请组织鉴定单位的日期。由经办人填写并签字。

8. 申请表中的"科技成果名称"必须填写全称，并与封面上的科技成果名称完全一致。

9. 研究起始时间：是指该项成果开始研究或开发的时间，应以计划任务书或合同、协议书上的时间为准。

10. 研究终止时间：是指该成果最终完成的时间为准。

11. 申请鉴定单位

（1）单位名称：即封面上的申请鉴定单位。

（2）隶属省部：指申请鉴定单位的隶属关系属于哪个地方或部门，如果本单位有双重隶属关系，请按本单位最主要的隶属关系填写。隶属省部的名称由申请鉴定单位填写，代码由申请组织鉴定单位按照"省、自治区、直辖市名称与代码；国务院各部、委、局及其机构名称与代码"填写。

（3）所在地区：是指鉴定申请单位所在的省、自治区、直辖市，地区名称由申请鉴定单位填写，代码由申请组织鉴定单位按照"省、自治区、直辖市名称与代码"填写。

(4) 单位属性：是指成果第一完成单位在1、独立科研机构 2、大专院校 3、工矿企业 4、集体个体 5、其他五类性质中属于哪一类，并在括号中选填相应的数字即可。

(5) 联系人：是指申请鉴定单位的该项成果的技术负责人。

(6) 通信地址：指鉴定申请单位的通信地址，要依次写明省、市（区）、县、街和门牌号码。

12. 任务来源：是指该项目隶属于哪个计划，请在括号中选填1、2、3即可。

13. 成果有无密级：根据国家有关科技保密规定，确定该项目是否有密级。

14. 密级：根据国家有关科技保密的规定确定的密级。该项目如无密级此栏可不填，如有密级请在括号内选填1、2、3即可。

15. 内容简介，应包括如下内容

(1) 任务来源：计划项目应写清计划名称及其编号。计划外的应说明是横向或自选项目。

(2) 应用领域和技术原理。

(3) 性能指标（写明计划任务书或合同书要求的主要性能指标和实际达到的性能指标）。

(4) 与国内外同类技术比较。

(5) 成果的创造性、先进性。

(6) 作用意义（直接经济效益和社会意义）。

(7) 推广应用的范围、条件和前景以及存在的问题和改进意见。

16. 技术资料目录：指按照规定应由申请鉴定单位提供的主要文件和技术资料。

17. 主要研究人员：由成果完成单位根据研究人员对成果的创造性贡献大小顺序填写。并应得到所有完成单位的认可。

18. 申请鉴定单位意见：由申请鉴定单位填写，经领导签字后，加盖单位公章。

19. 主管业务部门意见：由申请鉴定单位的上级业务主管部门填写，经领导签字后，加盖单位公章。

20. 任务下达单位意见：由该项目的任务下达单位填写，经领导签字后，加盖单位公章。

21. 组织鉴定单位意见：由组织鉴定单位填写，由经办人和主管领导签字。

22. 鉴定形式：由组织鉴定单位填写。

第十三章　公益性行业科研专项

第一节　公益性行业科研专项简介

公益性行业科研专项（下简称专项）是财政部、科技部为贯彻落实《国家中长期科学和技术发展规划纲要（2006－2020 年）》（以下简称《规划纲要》），根据《国务院办公厅转发财政部科技部关于改进和加强中央财政科技经费管理若干意见的通知》（国办发〔2006〕56 号），于 2006 年新设立的中央财政专项，选择公益特点突出、行业科研任务较重的 10 个部门作为先行试点，包括农业部、水利部、气象局、林业局、环保局、海洋局、地震局、质检局、中医药局。

专项主要围绕《规划纲要》的重点领域和优先主题，组织开展行业内应急性、培育性、基础性科研工作，提高行业发展科技支撑力度。主要内容包括：

（一）行业应用基础研究；

（二）行业重大公益性技术前期预研；

（三）行业实用技术研究开发；

（四）国家标准和行业重要技术标准研究；

（五）计量、检验检测技术研究；

（六）项目的管理和使用原则：（1）明确目标，突出重点：体现行业科研的特点与重点，与国家科技计划支持的项目合理区分层次，做好衔接，避免重复交叉。专项只设项目层次，不分解。（2）权责明确，规范管理。（3）科学安排，整合协调。（4）专款专用，追踪问效。项目采取招标或择优委托方式确定项目承担单位。

（七）组织管理方式：成立专项经费管理咨询委员会（外系统人员占 40%以上）。委员会主任由行业主管部门领导担任。

（八）项目立项程序：

（1）项目建议的提出：专项委员会根据行业科技发展战略规划，向行业主管部门提出专项项目建议，并提出项目承担单位选择方式建议。

（2）项目建议的审核：行业主管部门对专项委员会提出的项目建议进行审核。

（3）审核查重：科技部对行业部门报送的项目进行审核，查重，将意见反馈行业主管部门，同时抄送财政部。

（4）项目的调整：行业主管部门根据科技部的反馈意见，委托委员会进行调整，同时委员会提出项目承担单位选择方式建议。

（5）项目实施方案的编制：行业主管部门确定项目承担单位方式（择优委托或招投标），组织项目承担单位编制项目实施方案。行业主管部门对项目实施方案进行评审。

（6）项目建议报财政部：行业主管部门根据评审结果，提出专项经费项目预算安排建议，按照优先排序先后，报财政部。

（7）中介机构对预算评审评估：财政部会同科技部组织专家或委托中介机构进行项目预算评审评估。财政部批复项目总预算。

（8）签订任务书：行业外部门根据财政部批复，与项目承担单位签订项目任务书，下达总预算。

第二节　公益性行业科研专项经费项目建议书

公益性行业科研专项经费项目建议书
（格式）

项　目　编　号：＿＿＿＿＿＿＿＿＿＿＿＿＿

项　目　名　称：＿＿＿＿＿＿＿＿＿＿＿＿＿

行业主管部门：＿＿＿＿＿＿＿＿＿＿＿＿＿

联　　系　　人：＿＿＿＿＿＿＿＿＿＿＿＿＿

联　系　电　话：＿＿＿＿＿＿＿＿＿＿＿＿＿

E　－　mail：＿＿＿＿＿＿＿＿＿＿＿＿＿

二〇一〇年

填 写 说 明

　　1. 本建议书为申请国家公益性行业科研专项项目的主要文件。各项内容必须认真填写，表内栏目不能空缺，无此项内容时填"/"。

　　2. "项目名称"要简洁、明确，字数不超过 20 个汉字。

　　3. "项目基本信息表"的"内容摘要"包括项目的目标、工作内容及预期成果。

　　4. 建议书总篇幅建议控制在 5000 字以内。

项目基本信息表

项目编号	
项目名称	
所属行业	国土资源
经费概算	万元　实施周期　年
所属领域	□能源　□资源　□环境　□农业　□材料　□制造业　□交通运输　□信息产业与现代服务业　□人口与健康　□城镇化与城市发展　□公共安全与其他社会事业
项目与《纲要》的衔接性	□明确列入《纲要》　领域　优先主题 □基本属于《纲要》　领域　优先主题的范畴 □其他（请说明）
项目定位	□应急性 □培育性 □基础性
创新类型	□原始创新　□集成创新　□引进消化吸收再创新
项目完成时的应用类型	□形成自主研发能力　□形成规模生产能力 □局部试点示范　□较大范围推广应用
内容摘要 （500字以内）	
项目承担单位的建议	牵头承担单位建议：＿＿＿＿＿＿＿＿＿＿＿＿＿＿＿ 其他承担单位建议：＿＿＿＿＿＿＿＿＿＿＿（列前三个）

一、项目立项的必要性及需求分析

（1）项目立项的必要性（围绕《国家中长期科学和技术发展规划纲要（2006－2020年）》重点领域及其优先主题，组织开展本行业应急性、培育性、基础性科研工作，解决行业科技发展问题的必要性分析）。

（2）分析说明项目实施能够产生的重大经济、社会效益。

二、项目目标及主要任务

（1）主要目标（项目目标的涵盖范围要与项目名称相对应；目标应该明确具体，可考核，并在项目实施周期内能够完成。）

（2）研究与开发任务与内容（主要包括研究重点与开发内容，以及相应的考核指标。其内容应与项目目标有直接对应关系，为实现项目目标所应进行的重点研究内容不应有遗漏，也不应包括与项目目标关系度不大的内容。）

（3）项目的技术关键、技术难点、创新点

三、相关领域国内外技术现状、发展趋势及国内现有工作基础

（1）国内外技术发展趋势与现状、专利等知识产权及相关技术标准情况分析。

（2）国内现有工作基础（主要从国内技术基础、研发力量等方面阐述项目的可行性）。

四、技术、经济效益及成果共享方式

（1）技术、经济、社会效益分析

（2）成果社会共享方式和范围

五、实施年限、经费概算与资金筹措

（1）年度计划、阶段目标

（2）经费概算（概要说明项目经费概算情况）。

六、必要的支撑条件、组织措施及实施方案

（1）必要外部支撑条件

（2）项目承担单位建议

（3）组织实施方案与管理措施

七、推荐意见（与本行业有关已承担或正在承担的国家其他科技计划项目（课题）之间的关联联系请做出说明。）

八、其他需要说明的问题（与建议的项目承担单位有关已承担或正在承担的国家其他科技计划项目（课题）之间的关联联系请作出说明。）

第三节 公益性行业科研专项经费项目任务书

××公益性行业科研专项经费
项目任务书

项　目　名　称：＿＿＿＿＿＿＿＿＿＿＿

项　目　编　号：＿＿＿＿＿＿＿＿＿＿＿

项目承担单位(公章)：＿＿＿＿＿＿＿＿＿＿＿

项目负责人（签字）：＿＿＿＿＿＿＿＿＿＿＿

项　目　起　止　年　月：＿＿＿＿＿＿＿＿＿＿＿

国家×××××局

二〇　　年　　月

填 写 说 明

1. 本任务书甲方为国家环境保护总局科技标准司，乙方为项目承担单位。

2. 项目经费来源与支出预算须与项目预算书一致。

3. 任务书签订流程：

（1）任务书由项目承担单位组织协作单位共同编写，加盖承担单位公章；项目有推荐单位的，须由项目推荐单位审核并加盖推荐单位公章。推荐单位是指各省、自治区、直辖市环保局。

（2）任务书报国家环境保护总局科技标准司审核后签订。

4. 其他说明

（1）任务书各项填报内容页面不够可另附页；

（2）本任务书用 A4 幅面纸，正文用小四号宋体字打印，标题用小四号黑体字打印，表格用五号宋体字打印，行距 25 磅，页码居中，封面不显示页码，侧钉装订；

（3）本任务书一式 8 份以上，份数根据项目具体情况报送，其中国家环境保护总局科技标准司 3 份，项目承担单位和协作单位各 1 份，项目推荐单位 1 份，科技部 1 份，财政部 1 份。

项目信息表

项目编号							
项目名称							
承担单位信息	单位名称						
	通讯地址				邮政编码		
	联系人	姓 名		处（室）		职 务	
		联系电话		传 真		手 机	
	电子信箱						

项目起始时间		项目完成时间		实施年限	年

项目经费预算	万元	申请财政拨款	万元
		其他财政拨款	万元
		单位自有货币资金	万元
		其他资金	万元

年度经费预算	第1年	万元	第2年	万元	第3年	万元

协作单位预算	序号	单位名称	经费预算
			万元
			万元
			万元
			万元
			万元
			万元

项目负责人	姓 名		出生日期	
	学 位	□博士　□硕士　□学士　□其他	性 别	
	职 称		专 业	
	所在单位			
	身份证号码			
	联系电话		电子邮箱	

参加人数	人。其中：	高级　人，中级　人，初级　人，其他　人；
		博士　人，硕士　人，学士　人，其他　人。

累计工作时间	人月

研究类型	□环保行业应用基础研究　　　　　　□重大环境技术前期预研 □环境管理和环境治理实用技术及应急处理技术开发 □国家标准和国家环境保护行业标准研究　□环境监测监理技术研究
创新类型	□原始创新　　　□集成创新　　　□引进消化吸收再创新
预期成果与 应用类型	□形成专利　□形成国家标准和行业重要技术标准 □形成实用技术自主研发能力　□局部试点示范 □业务化运行　□较大范围推广应用　□研究报告 □形成环保管理应用理论或公益技术　□论文论著
研究内容 （100 字以内）	
考核指标 （100 字以内）	

一、目标和任务

（①研究目标；②主要研究内容和任务；③技术路线，要解决的主要技术难点和问题，技术方案和创新点等。）

二、预期成果及考核指标

（包括主要技术指标、主要经济或应用指标、人才队伍建设及其他应考核的指标，须明确满足环境管理需求的考核指标。各项考核指标应尽可能量化）

三、乙方的承诺和保障条件

四、年度计划及年度目标

年度	项目年度计划及年度目标
年	
年	
年	
年	

五、项目任务合同总金额及明细支出预算

（单位：万元）

序号	支出科目		预算金额	备注
1	咨询费			
2	差旅费			
3	会议费			
4	专用材料费			
5	劳务费			
6	专用设备购置费			
7	其他	测试化验费		
		燃料动力费		
		国际合作与交流费		
		出版/文献/信息传播/知识产权事务费		
		管理费		
		其他		
	合同总金额			

注：（1）各项费用须与财政部审批的费用保持一致；

（2）咨询费、专用材料费、专用设备购置费即为财政部审批中的专家咨询费、材料费、设备费；

（3）各项费用的支出应按照项目预算申报书和预算说明书来执行。

乙方财务负责人（签章）：　　　　　　　　　　　（乙方财务专用章）

　　　　　　　　　　　　　　　　　　　　　　　年　月　日

六、主要研究人员

序号	姓　名	性别	年龄	所在单位	职　称	业务专业	在项目中任务分工	累计工作时间（人月）
项目负责人								
主要研究人员								

七、项目任务书签订各方签章

甲方：国家环境保护总局科技标准司

负责人（签章）：

(公 章)

年　月　日

乙方（项目承担单位）：

项目负责人（签章）：

(公 章)

单位负责人（签章）：　　　　　　　　　　　　年　月　日

项目推荐单位：

单位负责人（签章）：　　　　　　　　　　　　(公 章)

年　月　日

八、项目承担单位与协作单位合作协议（项目协作单位任务分工、经费预算、知识产权及其他事项）

承担单位负责人（签章）：　　　　　　协作单位负责人（签章）：

(单位公章)　　　　　　　　　　　　　(单位公章)

年　月　日　　　　　　　　　　　　　年　月　日

九、自筹经费来源证明

证　　明

　　_____（单位全称）为
_____项目，提供_____万元配套
资金，资金来源为_____。
　　配套资金主要用于（填写具体预算支出科
目）：_____。
　　特此证明！

出资单位（公章）：
年　月　日

　　注：本合同第"九"项中资金来源分为：1、国家其他财政拨款；2、地
方财政拨款；3、从承担单位获得的资助；4、从其他渠道获得的资助。

十、共同条款

1. 项目各方应共同遵守《国家环境保护总局公益性行业科研专项经费管理暂行办法》（以下简称《办法》），本任务书未规定事宜，按《办法》有关条款处理。

2. 乙方须按甲方要求编报项目年度计划实施情况和有关统计报表，及时报甲方。

3. 项目执行过程中，乙方如需调整任务，应根据《办法》有关规定，向甲方提出包含调整内容和理由说明的申请报告，经甲方审核批准后方可施行。未经正式批准前，乙方须按原任务书执行。

4. 乙方因某种原因（如：与实施方案内容有出入、技术措施或某些条件不落实）致使计划无法执行，而要求中止任务，应视不同情况，部分、全部退还所拨经费；如乙方没有提出中止任务的要求，甲方可根据调查情况提出中止任务的处理建议。

5. 乙方承担任务所需国拨经费按《办法》管理和使用。

6. 甲方根据《办法》有关规定，监督经费的使用情况，凡不符合规定的开支，甲方有权提出调整意见。

7. 项目承担单位要严格按本任务书履行承担的任务，并于每年年底前，提交项目年度执行情况总结、经费决算及下年度工作计划。

8. 项目结束后，乙方应根据《办法》的要求，向甲方提交验收申请，由甲方组织有关专家，依据任务书的内容对项目进行验收。

9. 本项目形成的知识产权等成果归国家所有，项目成果统一标注"2007年国家环保公益性行业科研专项经费资助（项目编号）"。任务执行过程中，项目任务书中所涉及的知识产权等成果，未经甲方许可，乙方不得向第三方转让。

第十四章　农业科技成果转化资金项目

第一节　农业科技成果转化资金项目申请书

单位类别	□　1. 企业法人　2. 事业法人　3. 社团法人
项目密级	□　1. 公开级　2. 国内级　3. 内部级

农业科技成果转化资金项目
申请书

项　目　名　称：＿＿＿＿＿＿＿＿＿＿＿＿

单　位　名　称：＿＿＿＿＿＿＿＿＿＿（公章）

单位法定代表人：＿＿＿＿＿＿＿＿＿（签章）

单位所在地区：＿＿省（市）＿＿市＿＿县（市、区）

推　荐　单　位：＿＿＿＿＿＿＿＿＿＿（公章）

填　报　日　期：＿＿＿＿＿＿年＿＿＿＿月＿＿＿＿日

中华人民共和国科学技术部
二〇一二年制

填 写 说 明

一、本申请书适用范围

申请"农业科技成果转化资金"的各类涉农科研机构，高等院校以及科技型企业。

二、填写要求

1.《农业科技成果转化资金项目申请书》为申请单位申请转化资金项目的重要文件。申请书一律实行网上填报，在线打印。纸质材料按要求签字盖章后，与其他材料一起报送各省、市科技厅（委、局）、部门科技司（局）。

2. 表中文字叙述要重点突出，词语简练。各项内容必须如实填写，各项栏目不得空缺，无此内容时填"无"。

3. 单位名称需填写全称（并与银行开户的户名一致），开户银行的名称必须填写完整（如：中国工商银行北京市分行海淀支行紫竹院分理处），银行账号必须填写完整（不能缩位、简化）。

4. 申请单位应认真填报每一项内容（项目立项后，合同书由申请书内容自动提取，不允许修改），确认无误后再提交，申报信息一旦在网上提交成功，其内容将无法修改。

三、填写说明

1. 推荐单位：指省、自治区、直辖市、计划单列市科技厅（科委、科技局）、新疆生产建设兵团科技局以及国务院有关部门科技司（局）。

2. 组织机构代码：项目承担单位组织机构代码证上的标识代码。它是由全国组织机构代码管理中心所赋予的唯一法人标识代码。

3. 信用等级：指由本单位的开户银行核定的信用等级。

4. 科研院所整体转制企业：指 1999 年 1 月 1 日以后地市以上政府部门所属独立技术开发型科研机构整建制转型为科技企业或进入国有大中型企业（或企业集团）的企业。

5. 科研院所办的企业：指地市以上政府部门所属独立研究与开发机构创办领办的企业。

6. 大专院校办的企业：指经国家教育主管部门批准成立，国家承认学历并颁发学历证明的大专院校创办领办的企业。

7. 涉农科技型企业：指具有农业技术开发与转化能力的企业。

8. 国家农业工程技术研究中心：指经由国家正式批准成立，取得独立法人资格，农业领域的国家工程技术研究中心。

9. 单位总收入：对于企业，是指企业全年的生产产品销售收入、技术性收入和与本企业产品相关的商品的销售收入、其他业务收入、营业外收入等各种收入的总和；对于事业单位，是指事业单位全年的财政补助收入、上级补助收入、拨入专款、科研收入、技术收入、试制产品收入、学术活动收入、科普活动收入、预算外资金收入、附属单位交款、其他收入、经营收入等各种收入的总和。

10. 科技开发总收入：对于企业，是指技术性收入和试制产品收入的总和；对于事业单位，是指技术收入、试制产品收入、学术活动收入、科普活动收入以及附属单位交款中科技开发收入的部分等收入的总和。

11. 项目起始时间：指项目申请农业科技成果转化资金支持的时间，由系统自动生成。

12. 项目实施周期：一般不超过 2 年，特殊项目可延长到 3—4 年，特别重大项目一般不超过 4 年。

13. 投入人月数：指项目满月度工作量人员数。（例如：有 5 人参加该项目，其中 2 人工作量为 10 个月，3 人工作量为 15 个月，则投入人月数为：
$(2 \times 10 + 3 \times 15 = 65)$

14. 项目执行期内计划完成的指标：项目执行期指项目从项目起始到结束的时间段。项目执行期内计划完成的指标是指在项目执行期内该项目实际可实现的累计指标，而不是达到的生产能力。此指标是项目验收时的主要考核依据。其中，获专利数量、动植物新品种、新工艺、新设备、新材料是指已经获得授权或审批的数量。

15. 产量单位：重量单位统一使用"公斤"，面积单位统一使用"亩"，其他统一使用本领域的规范单位。

16. 附件清单：对申请材料中提供的附件进行简要描述。推荐单位对主要附件进行扫描上传。

一、单位基本情况

单位名称					注册时间	
主管部门					组织机构代码	
通信地址					邮政编码	
电子信箱					单位所在地区	
单位法定 代表人情况	姓名		性别		最高学历	
	身份证件		身份证件号码			
联系人		联系电话		移动电话		
开户银行类别		1 农业银行　2 工商银行　3 建设银行　4 中国银行　5 其他				
开户银行					信用等级	
银行账号						
单位性质	□□□（请将下列符合单位情况的代码填入空格内，最多填三项） 1. 农业科研院所　2. 高等院校　3. 科研院所整体转制企业 4. 科研院所办的企业　5. 大专院校办的企业　6. 涉农科技型企业 7. 国家农业工程技术研究中心　8. 其他					
	□□（请将下列符合单位情况的代码填入空格内） AA 事业型研究单位　AB 大专院校　AD 群众团体 AE 其他事业单位　BA 转制型企业　BB 国有企业 BC 集体所有制企业　BD 私营企业　BE 合资企业 BF 外商投资企业　BG 港、澳、台投资企业　BH 其他企业					
职工总数	人	其中本科以上	人	研究开发人员		人
单位注册（或开办）资金		万元	上年末单位总资产			万元
上年度单位总收入		万元	上年度单位净利润			万元
上年度单位科技开发总收入		万元	上年度单位科技开发净利润			万元
上年度单位技术开发经费支出额		万元	上年度单位交税总额			万元
股权结构（企业填写）	主要出资人全称		出资额（万元）		占比例%	
科研开发主要产品	该产品开发收入占本单位科技开发总收入的百分比					

二、项目基本情况

项目编号			计划类别	
项目起始时间		2012 年 4 月	项目实施周期	

<table>
<tr><td colspan="6">项目相关单位人员基本信息</td></tr>
<tr><td rowspan="5">项目负责人</td><td>姓名</td><td></td><td>性别</td><td>出生日期</td><td>学位</td></tr>
<tr><td>所在单位</td><td></td><td colspan="2">专业</td><td>职称</td></tr>
<tr><td>身份证件</td><td></td><td colspan="2">身份证件号码</td><td></td></tr>
<tr><td rowspan="2">联系电话</td><td rowspan="2"></td><td>移动</td><td rowspan="2"></td><td>电子</td></tr>
<tr><td>电话</td><td>信箱</td></tr>
<tr><td rowspan="3">财务负责人</td><td>姓名</td><td></td><td colspan="2">身份证件号码</td><td></td></tr>
<tr><td>联系电话</td><td></td><td colspan="2">移动电话</td><td></td></tr>
<tr><td>电子信箱</td><td></td><td></td><td></td><td></td></tr>
<tr><td rowspan="4">项目参与单位</td><td>单位名称</td><td>负责人</td><td>单位性质</td><td>组织机构代码</td><td>分工</td></tr>
<tr><td></td><td></td><td></td><td></td><td></td></tr>
<tr><td></td><td></td><td></td><td></td><td></td></tr>
<tr><td></td><td></td><td></td><td></td><td></td></tr>
</table>

项目人员组成信息（单位：人）

项目参加人数	高级职称人数	中级职称人数	初级职称人数	无职称人数	投入人月数
	博　士	硕　士	学　士	其他	

项目技术情况

技术领域及产业	技术领域子领域产业
技术来源	□1. 自有技术　2. 产学研合作开发技术　3. 国内其他单位技术 4. 引进技术本单位消化创新　5. 国外技术
	□ 1. 国家攻关（支撑）计划　2. "863" 计划　3. 国家级其他计划 4. 省部级计划　5. 其他

项 目 主要优势	□□□（按优势大小选择下列三种情况填入空格内） 1. 应用前景很好　2. 经济效益显著　3. 社会效益显著 4. 生态效益显著　5. 科技成果创新性突出　6. 其他
预期成果 类型（多选）	□□□ 01 论文和著作　02 研究（咨询）报告　03 新产品　04 新品种　05 新装置　06 新材料　07 新工艺（或新方法、新模式）　08 计算机软件　09 人才培养　10 技术标准　11 基地建设　12 专利　13 商标　99 其他

项目简介

1. 本项目的国内外发展状况，转化的成果内容，需要转化的核心技术及申请本项目的必要性。（限 500 字以内）

2. 项目总体目标（限 200 字以内）

项目申请前的情况

年均就业人数 （人）	累计资金投入 （万元）	累计产品销售 收入（万元）	累计净利润 （万元）	累计缴税总额 （万元）	累计创汇总额 （万美元）
项目已获专利情况	已获专利 授权数	项	其中发明 专利数	项	

主要内容

1. 申请项目的转化内容、关键技术、技术难点、创新点。（限 500 字以内）

2. 本项目的技术、工艺、产品中间试验或技术、集成配套示范的具体内容，采取的技术路线和技术方案。（限 500 字以内）

考核指标与进度计划：

说明转化的成果可以达到的熟化目标，可以满足产业化生产的程度，执行的质量标准、通过的国家相关行业许可认证及企业通过的质量认证体系等。项目执行期结束时达到的主要技术与性能指标（需用定量数据描述）（限 150 字以内）

主要用途（限 100 字以内）

项目执行期内计划完成的指标

取得的成果情况（定量描述，空格为根据项目特点自行确定指标）

获专利数量（个）	动植物新品种（个）	新工艺（条）	新设备（台/套）	新材料（项）	建立实验示范区（个）	示范推广面积/扩繁推广面积（亩）	建立中试线（条）	建立生产线（条）	

经济效益指标

产量（数量/单位）		销售收入（万元）	技术服务收入（万元）	净利润（万元）	缴税总额（万元）	创汇（万美元）

社会效益指标（定量描述，空格为根据项目特点自行确定指标）

新增就业人数	带动农民增收（万元）	培训人数	培养人才数		

阶段目标（应进行比较详细的、可考核的定量定性描述，需明确项目执行期满一年的指标）

时间阶段	定量定性指标（限50字以内）

项目实施后的影响	大	较大	一般	没有	文字说明（限200字）
对农业和农村经济结构战略性调整的影响					
对合理利用自然资源的影响					
对改善农业生态环境和生态效益的影响					
对提高农业产业化水平的影响					
对提高农业国际竞争力的影响					
对增加就业和农民收入的影响					

项目实施方案

1. 说明本项目开展中间性试验或生产性试验的具体地点和规模（限150字以内）

2. 各参加单位承担的具体工作任务和分工（限150字以内）

3. 说明本项目各项工作所需设备、原辅材料的来源、供应渠道，项目实施已具备的条件和需新增加的基本建设内容；简述转化过程中的"三废"情况及处理的措施和方案（限200字以内）

三、单位财务情况

企业填报）　　　　　　　财务盖章　　　　单位：元

财务科目		2010 年度	2011 年度
流动资产	1		
其中：货币资金	2		
应收账款	3		
存货	4		
固定资产	5		
其中：固定资产净值	6		
在建工程	7		
无形资产及递延资产	8		
总资产	9		
流动负债	10		
其中：短期借款	11		
应付账款	12		
应付工资	13		
预付账款	14		
长期负债	15		
总负债	16		
所有者权益	17		
其中：实收资本	18		
资本公积	19		
盈余公积	20		
未分配利润	21		
主营业务收入	22		
主营业务成本	23		
主营业务利润	24		
营业费用	25		
管理费用	26		
财务费用	27		
营业利润	28		
投资收益	29		
营业外收入	30		
营业外支出	31		
利润总额	32		
经营活动产生的现金流量净额	33		
投资活动产生的现金流量净额	34		
现金及现金等价物净增加额	35		

其他需要说明：

（事业单位填报）　　　　　　　财务盖章　　单位：元

财务科目		2010 年度	2011 年度
资产合计	1		
其中：货币资金	2		
对外投资	3		
应收账款	4		
存货	5		
其他应收款	6		
固定资产	7		
无形资产	8		
负债合计	9		
其中：借入款项	10		
应付账款	11		
预付账款	12		
其他应付款	13		
净资产	14		
其中：事业基金	15		
固定基金	16		
专用基金	17		
其他净资产	18		
收入总计	19		
其中：财政拨款	20		
事业收入	21		
经营收入	22		
其他收入	23		
上年结余	24		
支出总计	25		
其中：专款支出	26		
事业支出	27		
经营支出	28		
其他支出	29		
结余分配	30		
年末结余	31		

其他需要说明：

四、经费来源和经费预算

（单位：万元）

（一）经费来源

科　目	2012 年	2013 年	2014 年	合　计
1 国家转化资金拨款		/	/	
2 其他国家级拨款				
3 地方政府拨款				
4 金融机构贷款				
5 单位自筹资金				
6 其他资金				
合　计				

（二）经费支出

科　目	2012 年	2013 年	2014 年	合计	其中国拨转化资金支出预算
1 区域实验与示范费					
2 中间试验或生产性试验费					
3 设备仪器购置费					
4 培训费					
5 差旅及会议费					
6……					
7……					
合　计					

（三）资金使用计划

时　间	使用金额	使用说明

备注：国拨转化资金支出主要用于经费支出科目中 1～5 项。

五、项目参加人员

类型	姓名	单位	出生日期	性别	证件类型	证件号码	专业	分工
负责人								
主要参加人员								
主要参加人员								
主要参加人员								
主要参加人员								
主要参加人员								
主要参加人员								
主要参加人员								
主要参加人员								
主要参加人员								

六、附件清单

附 件 名 称	数量	内 容 摘 要
1. 单位法人证明、组织机构代码证		
2. 成果证明 （1）新品种：区试报告，或审定证书，或同等效力的证明； （2）新兽药：安全性评价与药效试验报告； （3）疫苗：临床试验批件； （4）新农药（含植物生长调节剂类）：田间试验报告与安全性评价报告； （5）饲料添加剂：安全性评价报告； （6）新肥料：田间试验报告及肥料检测报告； （7）机械类：样机检测报告与其他证明文件； （8）仪器类：样机检测报告与其他证明文件； （9）其他能证明成果情况的材料：认定证明、或专利证明、或版权证明。		
3. 能说明项目知识产权归属及授权使用的证明文件 （1）专利证书 （2）软件著作权登记证书 （3）技术转让合同等 （4）其他		
4. 审计报告（企业法人提供） （1）报告 （2）资产负债表 （3）损益表 （4）现金流量表 （5）会计报表附注 （6）其他		
4. 审计报告（事业法人提供） （1）资产负债表 （2）收入支出表 （3）其他		

七、论证专家意见（含对成果证明文件有效性和经费预算的合理性的认定意见，限 1000 字）

专家组组长：

副组长：

年　月　日

论证专家组名单

序号	姓名	单　位	职称	专业	签字

八、推荐单位推荐意见

项目名称	

项目的推荐评价意见（就本项目的申请书、可行性报告的真实性、可靠性，成果证明文件的有效性，经费预算的合理性以及项目的竞争优势、存在的问题和主要风险做出评价，并对本项目资金匹配金额及匹配方式提出意见，限 500 字）

（公 章）

年 月 日

第二节 农业科技成果转化资金项目可行性研究报告

农业科技成果转化资金项目
可行性研究报告

项目名称：＿＿＿＿＿＿＿＿＿＿＿＿＿＿＿＿

单位名称：＿＿＿＿＿＿＿＿＿＿＿＿＿＿＿＿

推荐单位：＿＿＿＿＿＿＿＿＿＿＿＿＿＿＿＿

编写时间：＿＿＿＿年＿＿＿＿月＿＿＿＿日

中华人民共和国科学技术部
二〇一二年制

目 录

五、项目支撑条件分析

（一）申请单位基本情况

（二）单位转化能力论述

（三）单位职工队伍情况

（四）单位管理情况

（五）单位财务经济状况

（六）合作单位研发能力

农业科技成果转化资金项目可行性研究报告编写提纲

一、总论

（一）申请项目概述

包括项目已有的核心技术，本次申请需中试、转化的主要内容、创新点、技术水平，项目在农业生产中的主要用途及应用范围。

（二）项目预期目标（此栏目各项指标是项目立项后，签订合同的主要内容，也是项目验收的主要依据）

1. 总体目标：包括项目执行期间（指农业科技成果转化资金资助期限内）计划投资额；项目完成时达到的成果熟化程度、项目执行期结束时达到的主要技术与性能指标（需用定量的数据描述）、执行的质量标准、通过的国家相关行业许可认证及企业通过的质量认证体系等；转化后可获得的经济、社会、生态效益等。

2. 阶段目标：（阶段目标的完成情况是项目后续资金划拨的重要依据）在项目执行期内和结束时，每一阶段应达到的具体目标，包括进度指标、技术工程化指标、资金落实额、生产建设情况、实现的销售收入和示范规模等。每一阶段目标应进行比较详细的、可进行考核的定性定量描述。阶段目标完成时指标应与"总体目标"条款中的"技术、质量指标"一致。

3. 资金投入及使用计划：包括在项目执行期内计划投资额，其中已到位投资额和需新增加的投资额；列表说明项目执行期内由单位负责完成的新增投资资金到位时间和到位金额。

二、项目技术成果的先进性分析

（一）简述

简述本项目所涉及的具体农业生产领域国内外发展现状、存在的主要问题及近期发展趋势，并将本项目技术成果转化后在克服生产中现存的主要问题与国内、国外同类技术、产品进行质量性能等量化比较，描述项目实施前后技术经济指标将发生的主要变化（可以表格方式说明）。

（二）项目创新点

论述项目创新点，包括技术创新、产品结构创新、生产工艺创新、产品性能及使用效果的显著变化等。申报单位应在不泄露商业秘密的前提下，尽可能详细地说明本项目的创新点、创新范围、创新难度，并附上权威机构出示的近期查新报告、检测报告、实验报告或其他能说明项目技术水平的证明材料，已有样品的可附照片。

（三）知识产权状况

详细描述项目的技术来源、合作单位情况；说明项目知识产权，尤其是核心技术知识产权的归属情况。合作转化和委托转化的科技成果，及购买的科技成果，需附上相关的合作转化协议书和成果转让说明；引进技术再转化的成果，需说明再转化的主要内容并提供相应的技术资料；单位自主转化的成果，需提供相应的技术资料或技术鉴定报告。

三、项目实施方案分析

（一）项目的转化内容与技术路线论述

详细说明本项目开展中间性试验，或技术组装、配套、集成，或生产性试验示范的具体内容，以及所采取的技术路线与技术方案。

（二）项目组织实施方案

说明本项目开展中间性试验或生产性试验示范的具体地点与规模；各参加单位承担的具体工作任务和分工（需附相关合作协议）；论述开展本项目各项工作所需设备、原辅材料的来源、供应渠道，工程建设已具备的条件和需新增加的基本建设内容；简述转化过程中的"三废"情况及处理的措施和方案；如果是需要行业主管部门审批的技术成果，说明是否已获得批准或许可，如果还没有获得，需描述目前申请、审批进展情况以及预计何时可以获得。

（三）项目产品市场调查与竞争能力预测

说明本项目成果转化后技术或产品在农业生产中的用途，分析本项目产品的国内外市场竞争能力、在国内外市场占有份额等。

（四）投资预算与资金筹措

投资预算——根据项目需要转化的内容和目标，估算本项目在资金资助期内计划投资额，至项目申报时已到位的投资额、需要新增投资额，并对已到位投资部分分项说明资金来源及主要用途。

新增资金的筹措——对新增投资部分，需阐述资金筹措渠道、预计到位时间、目前进展情况。具体包括：利用银行贷款并已获得贷款的，在附件中须提供贷款合同，尚未取得贷款的，需说明目前贷款的进展情况；自筹资金部分，须详细说明筹措渠道、筹集额度；地方政府配套部分，应说明拨款部门、资金使用方式、资金到位时间，已经拨款的，须附相关证明文件；申请农业技术成果转化资金部分，需明确说明申请种类及其金额。

资金使用计划——根据项目实施进度和筹资方式，编制资金使用计划。对农业科技成果转化资金部分，需单独列出明细表说明主要使用方向。

（五）项目实施风险评价

对项目的风险性及不确定因素进行识别分析，提出降低风险的措施。

（六）项目实施计划

详细描述项目各项工作的进展计划，以甘特图[①]的形式列出，并明确标出完成各项工作预计所需时间及达到的阶段目标。此处列出的各项指标应与"总论"中"阶段目标"的描述相吻合。

四、项目预期效益分析

（一）成果转化目标分析

分析经中试、组装、工程化后，成果可以达到的熟化目标，如经转化后技术可以满足大面积推广或产业化生产的程度等。

（二）经济效益分析

1. 产品成本分析

按财务制度的规定，估算项目产品的年生产成本（包括人工费、材料费、制造费等）和期间费用（包括管理费及相关财务费用），并提供计算生产成本的基础；说明对生产成本产生负面影响的主要因素以及可采取的对策。

2. 产品单位售价与盈利预测

根据产品的成本和市场分析，预测本项目产品进入市场的单位销售价格，并编制该项目五年内的产业化生产和推广应用预测，包括收入预测、成本预测、利润预测，上述预测分析要求列表计算。

---

① 注：甘特图（GANT）——是查看项目进程最常用的工具图，也叫线条图或横道图，由二维坐标构成，其横坐标表示时间，纵坐标表示任务。申请单位应将转化资金项目执行期内的各项任务分解，每项任务用一条横线表示，其长度是完成这项任务所需的时间，将横线按任务的起止时间放在图内。

3. 经济效益分析

根据销售价格和市场占有情况的分析，预测本项目在农业科技成果转化资金资助期限内累计可实现的销售收入、净利润、缴税总额、创汇或替代进口情况。

4. 项目投资评价

计算项目的净现值、内部收益率、投资回收期。

（三）社会效益、生态效益分析

分析本项目实施后对于农业和农村经济结构战略性调整的影响，对于合理利用自然资源的影响，对改善农业生态环境和生态效益的影响，对于提高农业产业化水平的影响，对于提高农业国际竞争能力的影响，以及对于增加农民收入的影响等。

五、项目支撑条件分析

（一）申报单位基本情况

包括单位名称、通讯地址、注册时间、注册资金、登记注册类型、主管单位（部门）名称。

（二）单位转化能力论述

农业新技术、新产品开发能力情况，从事农业科技成果转化的业绩和投入情况（企业应说明科技转化投入占企业年销售收入的比例）；科研转化队伍情况；与本项目相关的技术储备情况等。

项目技术负责人的基本情况，包括学历、所学专业、主要工作经历、技术专长和工作业绩；项目技术负责人与单位之间的任用关系。

（三）单位职工队伍情况

单位法定代表人的基本情况，包括学历、所学专业、主要经历、技术专长、创新意识、开拓能力及主要工作业绩。

单位人员情况，包括人员总数、大专以上人员数；主要管理人员数、文化水平、年龄结构；技术开发、生产、销售人员比例等。

（四）单位管理情况

申报单位管理制度、质量保障体系的建设情况；产权明晰情况，其中有限责任公司、股份有限公司、股份合作企业、联营企业和外商投资企业需说明股东（联营单位）的构成及各自所占的股份（合作关系）；企业信用等级、企业商誉、企业获奖情况等。

（五）单位财务经济状况

企业应说明上年末单位总资产、总负债、固定资产总额、总收入、产品销售收入、净利润、上交税费、流动比率、速动比率、总资产报酬率、净资产收益率、应收账款周转率。事业单位应详细说明本单位的资产负债和从事成果转化等方面的技术开发性收入。

（六）合作单位研发能力

简述本项目合作单位的科研开发实力，合作单位与本项目开发内容相关的技术储备和开发优势，合作单位在本项目相关开发内容方面已取得的阶段成果。

第三节 农业科技成果转化资金项目合同书

合同编号：_____

安徽省农业科技成果转化资金项目合同书

项目名称：_____

承担单位：_____

联 系 人：_____

联系电话：_____

电子邮箱：_____

单位地址：_____

邮政编码：_____

起止年限：_____至_____

安徽省科学技术厅

二〇〇九年制

一、项目简介

简述本项目国内外发展状况，已有的核心技术，存在的主要问题及发展趋势，本次申请需中试、转化的主要内容、创新点、技术水平、主要用途及应用范围。属于公益型项目，请描述项目完成时所要实现的社会效益（限 500 字以内）

二、主要内容和技术路线

1. 详细描述项目已有的核心技术，本次申请转化成果的主要内容、创新点、技术水平，项目在农业生产中的主要用途及应用范围（限 500 字以内）
2. 说明本项目转化成果的技术、工艺或产品中间性试验或技术组装、配套、集成和生产性示范的具体内容，以及所采用的技术路线和技术方案（限 500 字以内）

三、考核指标与计划进度

<table>
<tr><td>
1. 说明成果可以达到的熟化目标，可以满足产业化生产的程度：执行的质量标准、通过的国家相关行业许可认证及企业通过的质量认证体系等。项目执行期结束时达到的主要技术与性能指标（需用定量的数据描述）（限 150 字以内）

</td></tr>
<tr><td>
2. 主要用途（限 100 字以内）

</td></tr>
</table>

3. 项目执行期内预计成果情况

新增就业 人数	培训人数	获专利 数量	动植物 新品种	开发 新产品	建立实验 示范区	建立 中试线	建立 生产线

4. 项目在执行期内达到的经济效益指标

产量	销售收入 （万元）	技术服务收入 （万元）	净利润 （万元）	缴税总额 （万元）	创汇 （万美元）

5. 项目在执行期内达到的社会效益指标（依项目自行确定指标）

社会效益指标				
定量描述				

6. 阶段目标（应进行比较详细的、可考核的定量定性描述，至少填写两个阶段）

时间阶段	定量定性指标（限 50 字以内）
起始： 结束：	
起始： 结束：	

（续表）

起始： 结束：	

7. 分析本项目实施后对于农业和农村经济结构战略性调整的影响，对合理利用自然资源的影响，对改善农业生态环境和生态效益的影响，对提高农业产业化水平的影响，对提高农业国际竞争力的影响，以及对增加农民收入的影响等（限200字以内）

四、项目实施方案

1. 说明本项目开展中间性试验或生产性试验的具体地点和规模（限150字以内）

2. 各参加单位承担的具体工作任务和分工（限150字以内）

3. 说明本项目各项工作所需设备、原辅材料的来源、供应渠道，工作建设已具备的条件和需新增加的基本建设内容；简述转化过程中的"三废"情况及处理的措施和方案（限200字以内）

五、经费来源和经费预算（单位：万元）

（一）经费来源				
科　目	年	年	年	合　计
1　省财政拨款				
2　市县财政匹配				
3　主管部门配套				
4　单位自筹				
5　银行贷款				
6　其他				
合　计				

（二）经费支出					
科　目	年	年	年	合　计	其中：省财政拨款
1　区域实验费					
2　中间试验或生产性试验费					
3　设备仪器购置费					
4　培训费					
5　差旅及会议费					
6　检测费等其他研发经费					
7　建筑工程					
8　流动资金					
9　其他（主要为不可预见费）					
合　计					

（三）资金使用计划		
时　间	使用金额	使用说明

六、项目参加人员

类型	姓名	性别	出生年月	职称、职务	专业	工作单位	项目分工	本人签名
负责人								
主要参加人员								
主要参加人员								
主要参加人员								
主要参加人员								
主要参加人员								
主要参加人员								
主要参加人员								
主要参加人员								
主要参加人员								

七、共同条款

签约各方共同遵守如下条款：

第一条　合同书三方按照《安徽省农业科技成果转化资金使用管理暂行办法》管理、监督和组织实施。

第二条　乙方按年度编报当年计划项目执行情况和下一年工作执行计划，完成甲方下达的有关项目统计报表，准确提供相关数据和资料。计划项目执行情况报告一般编报期限为每年底。甲方对乙方计划项目执行情况进行监督，并不定期进行检查或评估。

第三条　甲方根据经费拨款计划拨款，对乙方不能按时提交上年计划项目执行情况、未完成计划任务或计划执行较差的项目，甲方有权停止拨款。

第四条　乙方按省科技计划项目经费有关规定开支，专款专用，不得挪用和截留。项目终止时若有经费结余，按有关规定处理。

第五条　丙方协助甲方监督、指导和支持乙方项目的实施。协同甲方进行项目执行情况的检查或评估。

第六条　本项目涉及的保密事项，按国家、省保密有关规定执行。

第七条　项目完成后应按省有关科技项目管理办法验收结题。知识产权归属按国家、省有关规定执行。

第八条　本合同书一式4份，自签订之日起生效。甲方存2份，乙方、丙方各存1份。

八、合同签约各方

甲方（主管单位）：安徽省科技厅
负责人（签字）：　　　　　　　　　　　联系人：   　　　　　　　　　　　　　　　　　　　　　　　年　月　日
乙方（承担单位）： 负责人（签字）：　　　　　　　　　　　联系人：   　　　　　　　　　　　　　　　　　　　　　　　年　月　日 收款单位： 开户银行： 账　　号：
丙方（推荐单位）： 主管领导（签字）：　　　　　　　　　　联系人：   　　　　　　　　　　　　　　　　　　　　　　　年　月　日

图书在版编目(CIP)数据

生物技术产业政策与项目申报/陈存武,陈乃富主编.—合肥:合肥工业
大学出版社,2017.6
ISBN 978-7-5650-2319-4

Ⅰ.①生… Ⅱ.①陈…②陈… Ⅲ.①生物能源—教材 Ⅳ.①TK6

中国版本图书馆 CIP 数据核字(2017)第 153787 号

生物技术产业政策与项目申报

陈存武　陈乃富　主编　　　　　　　责任编辑　马成勋

出　版	合肥工业大学出版社	版　次	2017 年 6 月第 1 版
地　址	合肥市屯溪路 193 号	印　次	2017 年 6 月第 1 次印刷
邮　编	230009	开　本	710 毫米×1000 毫米　1/16
电　话	理工编辑部:0551-62903200	印　张	21.75
	市场营销中心:0551-62903198	字　数	410 千字
网　址	www.hfutpress.com.cn	印　刷	安徽昶颉包装印务有限责任公司
E-mail	hfutpress@163.com	发　行	全国新华书店

ISBN 978-7-5650-2319-4　　　　　　　定价:43.50 元

如果有影响阅读的印装质量问题,请与出版社市场营销中心联系调换。